AF618393

Baustoffe und Baustoffprüfung

Gerhard Stehno

Springer-Verlag Wien New York

Univ.-Prof. Dipl.-Ing. Dr. Gerhard Stehno
Institut für Baustofflehre und Materialprüfung,
Fakultät für Bauingenieurwesen und Architektur,
Universität Innsbruck, Österreich

Softcover reprint of the hardcover 1st edition 1981

Mit 116 Abbildungen

CIP-Kurztitelaufnahme der Deutschen Bibliothek

Stehno, Gerhard:
Baustoffe und Baustoffprüfung / Gerhard Stehno.
Wien; New York: Springer, 1981.
ISBN-13:978-3-7091-8633-6

ISBN-13:978-3-7091-8633-6 e-ISBN-13:978-3-7091-8632-9
DOI: 10.1007/978-3-7091-8632-9

Vorwort

Die moderne Baustoffkunde bezieht ihr Wissen aus den Erkenntnissen der Naturwissenschaften, insbesondere aus Physik und Chemie, aus den Ergebnissen der Materialprüfung, und nicht zuletzt aus handwerklichen Erfahrungen. Im Rahmen eines einzigen Buches ist es natürlich schwierig, diesen komplexen Gegebenheiten ausführlich Rechnung zu tragen. Will man nicht zu umfassend werden, wird daher ein Teil immer zu kurz kommen. Dieses Buch gibt eine Einführung in die Grundlagen. Aus diesem Grund wurde auch der Umfang auf die für das Bauwesen wichtigsten und geläufigsten Baustoffe beschränkt. Für ein eingehendes Studium finden sich am Ende der einzelnen Kapitel Hinweise auf die einschlägige Literatur und auf die wichtigsten Normen.

Hauptsächliches Anliegen war es, die Eigenschaften der Baustoffe in bezug auf ihre Anwendung zu betrachten. Deshalb wurde auch das Kapitel über die Systematik der Baustoffkennwerte relativ ausführlich gehalten. In der bautechnischen Praxis hat es sich nämlich gezeigt, daß man für die Beurteilung einer Vielzahl von neuartigen Baustoffen mit konventionellen Kennwerten, wie z.B. Dichte, Druck-, Biegezug- oder Zugfestigkeit usw. allein nicht mehr das Auslangen findet. Zur technologischen Charakterisierung etlicher neuer auf dem Markt befindlicher Baustoffe ist die Kenntnis von Kenngrößen aus dem Bereich der Wärmetechnik, des Feuchtigkeitsschutzes, der Akustik usw. unbedingt vonnöten. In diesem Zusammenhang haben auch die Methoden der statistischen Auswertung von Prüfergebnissen besondere Bedeutung erlangt.

Im Anschluß an die systematischen Darlegungen der einzelnen Baustoffkennwerte werden die wichtigsten Baustoffe abschnittsweise behandelt. Entsprechend dem Titel des Buches, „Baustoffe und Baustoffprüfung", werden bei der Beschreibung der einzelnen Baustoffe zumindest deren wichtigste Prüfungen erläutert. Eine eingehende Behandlung aller bestehenden Prüfvorschriften wäre über den Rahmen dieses Buches hinausgegangen; diesbezüglich wird auf die entsprechenden Normen verwiesen.

Vorkenntnisse werden zum Lesen dieses Buches nicht vorausgesetzt. Seine Aufgabe ist es, den im Bauwesen Tätigen, den Studenten der Studienrichtungen Bauingenieurwesen und Architektur sowie den Schülern der Höheren Technischen Lehranstalten die Eigenschaften der Baustoffe und deren wichtigste Prüfverfahren näherzubringen.

Der Verfasser möchte allen, die bei der Fertigstellung des Buches mitgeholfen haben, seinen Dank aussprechen. Dies betrifft insbesondere Herrn Universitätsprofessor Dr. O.W. Blümel, von dem wertvolle Anregungen für die Niederschrift stammen, und Herrn cand.ing. H. Sliwa für seine Bemühungen beim Herstellen der Diagramme und Zeichnungen.

Innsbruck, im November 1981 G. Stehno

Inhaltsverzeichnis

1. Einleitung 1

2. Systematik der Baustoffkennwerte 3

2.1. Allgemeines 3

2.2. Masse, Gewicht, Dichte, Rohdichte, Schüttdichte 5

2.3. Dichtigkeit und Porosität 7

2.4. Verhalten von Baustoffen gegenüber Feuchtigkeit 8

2.4.1. Wassergehalt der Luft 8
2.4.2. Wassergehalt von Baustoffen 8
2.4.3. Wassertransport in Baustoffen 9
2.4.4. Wasserundurchlässigkeit 11
2.4.5. Wasserdampfdiffusion 12

2.5. Mechanische Eigenschaften 13

2.5.1. Statische Festigkeiten 14
2.5.1.1. Druckfestigkeiten 14
2.5.1.2. Zugfestigkeit 18
2.5.1.3. Spaltzugfestigkeit 19
2.5.1.4. Biegefestigkeit 20
2.5.1.5. Scherfestigkeit 22
2.5.1.6. Torsionsfestigkeit 22
2.5.1.7. Haftfestigkeit 23
2.5.1.8. Schlagfestigkeit 23

2.5.2. Dauerstandsfestigkeit 24

2.5.3. Dynamische Festigkeiten 24
2.5.3.1. Ermüdungsfestigkeit 24

2.5.4. Härte 27

2.5.5. Verschleißwiderstand 27

2.6. Formänderungseigenschaften der Baustoffe 28

2.6.1. Formänderungen infolge Lasteinwirkungen 28
2.6.1.1. Elastische Formänderungen 28
2.6.1.2. Plastische Formänderungen 32
2.6.1.3. Zeitabhängige Formänderungen 32

2.6.2. Formänderungen infolge Temperaturänderungen 34

2.6.3. Formänderungen infolge Einflüssen von Feuchtigkeit 35

2.7. Beständigkeit 35

2.7.1. Raumbeständigkeit . . . 35
2.7.2. Frostbeständigkeit . . . 36
2.7.3. Witterungsbeständigkeit . . . 36
2.7.4. Korrosionsbeständigkeit . . . 37
2.7.5. Feuerbeständigkeit . . . 37
2.7.5.1. Brandverhalten von Baustoffen . . . 37
2.7.5.2. Brandverhalten von Bauteilen . . . 38
2.8. Thermische Eigenschaften und Wärmeschutz . . . 39
2.8.1. Wärmeleitfähigkeit . . . 39
2.8.2. Wärmeübergang . . . 40
2.8.3. Wärmedurchgang durch Bauteile . . . 40
2.8.4. Wärmespeicherungsvermögen . . . 41
2.8.5. Wärmeeindringzahl . . . 41
2.9. Akustische Eigenschaften und Schallschutz . . . 42
2.9.1. Luftschallschutz von Wänden und Decken . . . 42
2.9.2. Schallabsorption . . . 44
2.10. Statistische Methoden zur Beurteilung von Baustoffkennwerten . . . 44
2.10.1. Allgemeine statistische Verfahren . . . 44
2.11. Literatur und Normen . . . 48
3. Natursteine . . . 50
3.1. Einteilung der Gesteine . . . 50
3.1.1. Magmatische Gesteine . . . 50
3.1.2. Sedimentäre Gesteine . . . 50
3.1.3. Metamorphe Gesteine . . . 52
3.2. Verarbeitung der Natursteine . . . 52
3.3. Prüfung der Natursteine . . . 53
3.4. Literatur und Normen . . . 53
4. Keramische Baustoffe . . . 54
4.1. Mauerziegel . . . 55
4.2. Dachziegel . . . 57
4.3. Weitere Ziegelarten . . . 59
4.4. Klinkerziegel . . . 59
4.5. Steingut . . . 60
4.6. Steinzeug . . . 61

4.7. Porzellan 61

4.8. Feuerfeste Baustoffe 61

4.9. Literatur und Normen 62

5. Bindemittel 63

5.1. Baukalke 63

5.1.1. Luftkalke 64

5.1.2. Hydraulische Kalke 65

5.2. Baugipse und Anhydritbinder 66

5.2.1. Baugipssorten 67

5.3. Magnesiabinder 68

5.4. Zemente 68

5.4.1. Aufbau des Zementsteins 71

5.4.2. Technische Eigenschaften des Zementsteins 74

5.4.2.1. Festigkeit 74

5.4.2.2. Mahlfeinheit 76

5.4.2.3. Schwinden, Quellen, Kriechen 76

5.4.2.4. Widerstandsfähigkeit gegen chemische Angriffe 78

5.4.2.5. Hydratationswärme des erhärteten Zementsteins 78

5.4.3. Einteilung und Arten der Zemente 79

5.4.3.1. Portlandzement 79

5.4.3.2. Hüttenzement 79

5.4.3.3. Tonerdeschmelzzement 80

5.5. Literatur und Normen 81

6. Mörtel 82

6.1. Mauermörtel 82

6.2. Putzmörtel 84

6.3. Estrichmörtel 86

6.3.1. Zementestrich 88

6.3.2. Gips- und Anhydritestriche 89

6.3.3. Magnesiaestrich 89

6.4. Einpreßmörtel 89

6.5. Kalk- und Zementgebundene Fertigteilerzeugnisse 90

6.5.1. Kalksandsteine und Hüttensteine 90

6.5.2. Asbestzement 91

6.5.3. Holzwolle-Leichtbauplatten 91

6.6. Literatur und Normen 91

7. Normalbeton 93

7.1. Grundstoffe für die Betonherstellung 95

7.1.1. Zement 95

7.1.2. Zuschlagstoffe 96

7.1.2.1. Verlangte Eigenschaften der Zuschlagstoffe 97

7.1.2.2. Kornzusammensetzung 99

7.1.3. Zugabewasser 104

7.1.4. Betonzusätze 106

7.1.4.1. Betonzusatzmittel 106

7.1.4.2. Betonzusatzstoffe 107

7.2. Wasserzementfaktor und Betonzusammensetzung 108

7.3. Praktisches Beispiel für die Anwendung der Stoffraumrechnung 114

7.4. Betonverarbeitung 115

7.5. Betonerhärtung 117

7.6. Eigenschaften des erhärteten Betons 119

7.6.1. Druckfestigkeit 119

7.6.2. Biegezugfestigkeit 120

7.6.3. Zug- und Spaltzugfestigkeit 120

7.6.4. Statischer Elastizitätsmodul 121

7.6.5. Verschleißwiderstand 121

7.6.6. Wasserundurchlässigkeit 122

7.6.7. Beständigkeit 122

7.6.8. Längen- und Formänderungen 123

7.7. Spezielle Betone 125

7.8. Literatur und Normen 126

8. Leichtbeton 129

8.1. Leichtbeton mit Kornporen 129

8.2. Leichtbeton mit Haufwerksporen 136

8.3. Gas- und Schaumbeton 136

8.4. Eigenschaften des erhärteten Leichtbetons 137

8.5. Literatur und Normen 139

9. Holz 140

9.1. Aufbau und Struktur des Holzes 140

9.2. Holzeigenschaften 141

9.2.1. Rohdichte und Holzfeuchtigkeit 142

9.2.2. Holzfestigkeit 143

9.2.3. Elastische Eigenschaften des Holzes 145

9.2.4. Hygroskopische Eigenschaften des Holzes 146
9.3. Holzfehler und Schädigungen des Holzes 147
9.3.1. Pflanzliche Holzschädlinge 148
9.3.2. Tierische Holzschädlinge 148
9.4. Holzschutz 148
9.4.1. Holzschutz gegen pflanzliche und tierische Holzschädlinge 148
9.4.2. Holzschutz gegen Feuereinwirkung 149
9.5. Holzlieferformen 150
9.6. Holzwerkstoffe 150
9.7. Literatur und Normen 151

10. Kunststoffe 153
10.1. Chemischer Aufbau 153
10.2. Struktur der Kunststoffe 154
10.3. Lieferformen und Verarbeitung der Kunststoffe 158
10.3.1. Lieferformen für die Verarbeitung 158
10.3.2. Lieferformen der verarbeiteten Kunststoffe 158
10.3.3. Verarbeitung 160
10.4. Eigenschaften der Kunststoffe 160
10.4.1. Mechanisches Verhalten der Kunststoffe 161
10.4.2. Thermisches Verhalten der Kunststoffe 162
10.4.3. Beständigkeit der Kunststoffe 165
10.5. Glasfaserverstärkte Kunststoffe (GFK) 166
10.6. Literatur und Normen 169

11. Bituminöse Baustoffe 171
11.1. Eigenschaften bituminöser Baustoffe 171
11.2. Bitumen 172
11.2.1. Bitumenarten 174
11.3. Asphalte 176
11.4. Teer 177
11.5. Bituminöse Baustoffe für den Straßenbau 178
11.5.1. Einteilung bituminöser Fahrbahnbefestigungen 180
11.5.1.1. Makadambauweise 181
11.5.1.2. Asphaltbeton im Heißeinbau 181
11.5.1.3. Gußasphalt 182
11.6. Gußasphaltestrich 182
11.6.1. Gußasphaltestrich für Innenflächen 183
11.6.2. Gußasphaltestrich für Außenflächen 183

11.7. Bituminöse Abdichtungsstoffe . . . 183
11.7.1. Dachdeckung . . . 184
11.7.2. Bauwerksabdichtungen . . . 184
11.8. Literatur, Richtlinien, Normen . . . 185

12. Glas . . . 188
12.1. Flachglas . . . 188
12.2. Glassonderformen . . . 190
12.3. Sicherheitsgläser . . . 191
12.4. Isoliergläser . . . 191
12.5. Glasbaustoffe . . . 192
12.6. Literatur und Normen . . . 192

13. Metallische Baustoffe . . . 193
13.1. Eisen und Stahl . . . 193
13.1.1. Gußeisen . . . 195
13.1.2. Stahlherstellung . . . 196
13.1.2.1. Blasstahlverfahren . . . 196
13.1.2.2. Herdschmelzfrischverfahren . . . 197
13.1.2.3. Elektroverfahren . . . 198
13.1.3. Stahlvergießungsarten und Weiterverarbeitung . . . 198
13.1.4. Struktureller Aufbau von Eisen und Stahl . . . 199
13.1.5. Wärmebehandlung von Stahl . . . 202
13.1.5.1. Glühen der Stähle . . . 203
13.1.5.2. Härten der Stähle . . . 203
13.1.5.3. Vergüten der Stähle . . . 204
13.1.5.4. Kalthärten der Stähle . . . 204
13.1.6. Mechanische Eigenschaften der Stähle . . . 204
13.1.6.1. Zugfestigkeit . . . 204
13.1.6.2. Oberflächenhärte . . . 206
13.1.6.3. Dauerbeanspruchung . . . 206
13.1.6.4. Verformbarkeitseigenschaften . . . 206
13.1.7. Korrosion und Korrosionsschutz . . . 208
13.1.8. Allgemeine Baustähle . . . 210
13.1.9. Betonstähle . . . 212
13.1.10. Spannstähle . . . 214
13.2. Aluminium und Aluminiumlegierungen . . . 216
13.3. Literatur und Normen . . . 218

Sachverzeichnis . . . 220

1. Einleitung

Die Lehre von den Baustoffen im herkömmlichen Sinne ist eine empirische Wissenschaft, die sich in den letzten Jahren stark weiterentwickelt hat. Die Erfolge bei der Entwicklung von neuen Baustoffen, die ihren Ausdruck in einer Vielzahl neuartiger Materialien gefunden hat, müssen als Ergebnis einer großen Anzahl von systematischen Versuchen angesehen werden. Zweck dieser Entwicklungen war und ist es, für die verschiedenfältigen technischen Aufgaben im Bauwesen die geeignetsten Werkstoffe zu finden.

Bis vor nicht allzu langer Zeit wurden im Bauwesen in erster Linie konventionelle Baustoffe, wie Beton, Stahl oder Holz verwendet. Diese herkömmlichen Baustoffe haben den an sie gestellten technischen Anforderungen im allgemeinen Genüge geleistet und ihre Anwendbarkeit war durch eine jahrzehntelange Erfahrung bewiesen. Mit der umfangreicheren Verwendung von neuen Baustoffen, wie z.B. Leichtbeton, Aluminium, Kunststoffe, Kunststoffprodukte usw. hat es sich aber gezeigt, daß bei der Verwendung dieser Materialien Baufehler praktisch in jeder Phase des Bauablaufes möglich werden. Die moderne Bautechnik hat nämlich im Gegensatz zu früheren Zeiten leichtere und dünnere Konstruktionen entwickelt, deren baustoff-physikalische Eigenschaften man bei der Planung und Ausführung berücksichtigen muß, da sonst in der Folge allgemeine Schäden oder Funktionsmängel an den Bauwerken auftreten können. Daraus wird ersichtlich, daß bereits bei der Planung von Bauwerken Überlegungen hinsichtlich der richtigen Auswahl von Baustoffen bzw. eine Abstimmung im Hinblick auf deren unterschiedliche Eigenschaften und Verhaltensweisen unerläßlich sind. In diesem Zusammenhang muß man auch verschiedenartig auftretende Umwelteinflüsse entsprechend berücksichtigen, da diese je nach Umgebung die Baustoffeigenschaften verschiedentlich beeinflussen. Ein Baustoff wird ein entsprechendes Verhalten zeigen, je nachdem ob er in der verschmutzten Atmosphäre einer Industriestadt oder in einem Gebiet ohne Industrie eingesetzt wird. Eine Reihe von Baustoffen sind gegenüber Umwelteinwirkungen sehr empfindlich, aus diesem Grund muß man sich über das Verhalten dieser Materialien unter verschiedenen äußeren Bedingungen ein klares Bild machen.

Diese Probleme, die sich den Bauingenieuren heute stellen, hatten in früheren Zeiten keine solch starke Bedeutung. Damals war die Zahl der Baustoffe wesentlich beschränkter, es standen genügend qualifizierte Arbeitskräfte zur Verfügung und die wirtschaftlichen Belange standen nicht so sehr im Vordergrund.

Heute hat sich die Zahl der Baustoffe fast unübersichtlich vermehrt, diese Vielzahl von neuen Materialien und die Möglichkeit, diese untereinander zu kombinieren, hat dazu geführt, daß die alten handwerklichen Regeln für die Anwendung der Baustoffe in vielen Fällen nicht mehr gelten. Diese Vielfalt der ständig neu auf den Markt gebrachten Baustoffe bringt es mit sich, daß der Bauingenieur hinsichtlich der Kenntnis um das Wesen dieser Materialien in vielen Fällen überfordert ist und Erfahrungen erst aus dem Auftreten von Bauschäden sammeln kann. Diesem Umstand, daß durch eine ungünstige Baustoffauswahl bzw. Baustoffanordnung Baufehler bereits von vorneherein geplant werden, läßt sich nur durch eine Kenntnis der wissenschaftlichen Zusammenhänge bei den einzelnen Werkstoffen begegnen. Zur richtigen Anwendung der Baustoffe wurden Normen und Richtlinien geschaffen, die den Bauausführenden als entsprechende Hilfe dienen sollen. Da die Entwicklung neuer Baustoffe aber wesentlich rascher vor sich geht als die Herausgabe einschlägiger Normen, können in den Normenwerken aber nur allgemein gebräuchliche und bewährte Baustoffe enthalten sein. Deshalb sind vor der Aufnahme von neuen Baustoffen in Normen bauaufsichtliche Zulassungsprüfungen notwendig. In vielen Fällen ist aber für neu entwickelte Baustoffe die Kenntnis der Normen oder der Zulassungsbescheide nicht ausreichend, vielmehr muß ein Verständnis für den Aufbau und das Wesen der Baustoffe vorliegen.

Ziel dieses Buches ist es, eine Einführung über die Herkunft, Herstellung, Verwendung und Prüfung der für das Bauwesen wichtigsten Baustoffe zu geben, um so zu einer richtigen Anwendung und Verarbeitung einen Beitrag zu liefern.

2. Systematik der Baustoffkennwerte

2.1. Allgemeines

Für eine Beschreibung der jeweils notwendigen baupraktischen Anforderungen und Eigenschaften der Baustoffe ist die Festlegung von sogenannten Baustoffkennwerten erforderlich. Für die in Verwendung stehenden Baustoffe existieren sogenannte Normen (Österreich ÖNORM, Deutschland DIN-Norm, Internationale Norm ISO), die in der Regel zwischen den Baustoffherstellern, Anwendern, Behörden und Prüfanstalten erarbeitet werden und den jeweiligen Wissensstand über die Materialien enthalten. Entsprechend dem technischen Fortschritt werden diese Normen in gewissen zeitlichen Abständen erneuert und weiterentwickelt. Eine Kontrolle, ob die einzelnen Baustoffe den jeweiligen Normen entsprechen, erfolgt durch entsprechende Prüfungen.

Erstrebenswert wäre es, wenn sich jede Baustoffeigenschaft durch einen oder mehrere Kennwerte quantitativ darstellen ließe. Zahlenmäßig lassen sich zum Beispiel Kräfte, Formänderungen, Temperaturen usw. erfassen. Eigenschaften wie Frostbeständigkeit, Witterungsbeständigkeit oder Entflammbarkeit können in der Regel nur qualitativ beschrieben werden.

Zu allen Baustoffkenngrößen, die sich durch Zahlenwerte darstellen lassen, gehören Toleranzen. Darunter versteht man jene Bereiche, in denen die herstellungsbedingten Abweichungen der Baustoffkennwerte liegen dürfen, ohne daß dadurch die Funktionen der Baustoffe beeinträchtigt werden.

Die Maßordnungen im Bauwesen sind in der ÖNORM B 1010 und die Maßtoleranzen in der ÖNORM B 1100 festgelegt. In Deutschland gilt für die Maßordnung im Hochbau die DIN 4172. Solche Maßordnungen stellen eine Grundlage für die Festlegung der Maße von Bauwerken, Bauteilen und Baustoffen dar. Durch sie werden deren Abmessungen soweit eingeschränkt, daß eine rationelle Herstellung und Verarbeitung gesichert ist.

Die ÖNORM B 1010 basiert auf dem Begriff der Modulordnung. Diese Modulordnung verwendet als Einheitsmaß einen sogenannten Grundmodul M = 100 mm, der ein nach internationalen Übereinkünften festgelegtes Einheitsmaß darstellt. Die Modulordnung beruht im wesentlichen auf der Anwendung dieses Grundmoduls M, sowie der Multimoduln 3M = 300 mm, 6M = 600 mm usw., sowie der submodularen Maße M/2 = 50 mm, M/4 = 25 mm, M/5 = 20 mm, M/10 = 10 mm usw. Im allgemeinen ist man bestrebt, zur Einschränkung der Auswahl möglichst Baustoffe mit Vorzugsmaßen zu verwenden.

Die Grundlage aller Maßangaben bildet das Internationale Einheitensystem (Abkürzung SI). Das SI-System unterscheidet 3 Klassen von Einheiten:

Basiseinheiten,
ergänzende (oder zusätzliche) *Einheiten* und
abgeleitete Einheiten,

die zusammen das kohärente System der SI-Einheiten bilden.

Das SI-Einheitensystem ist auf 7 Basiseinheiten aufgebaut. Es sind dies:
Meter (m) für die Länge,
Kilogramm (kg) für die Masse,
Sekunde (s) für die Zeit,
Ampere (A) für die elektrische Stromstärke,
Kelvin (K) für die Temperatur,
Mol (mol) für die Stoffmenge und
Candela (cd) für die Lichtstärke.

Tabelle 2.1. *Abgeleitete SI-Einheiten*

Größe (Formelzeichen)	SI-Einheit Name	Zeichen	Einheitenterm aus abgeleiteten SI-Einheiten	aus SI-Basiseinheiten
Frequenz (f, υ)	Hertz	Hz		s^{-1}
Kraft (F)	Newton	N		kg ms^{-2}
Spannung (σ), Druck (p)	Pascal	Pa	N/m^2	kg m^{-1} s^{-2}
Arbeit, Energie (W)	Joule	J	Nm	kg m^2 s^{-2}
Leistung (P)	Watt	W	J/s	kg m^2 s^{-3}
Celsius-Temperatur (t, Θ)	Grad Celsius	°C		K
Wärmemenge (Q)	Joule	J	Nm	kg m^2 s^{-2}
Wärmestrom (ϕ)	Watt	W	J/s	kg m^2 s^{-3}
Wärmeleitfähigkeit (λ)			W/(m K)	kg ms^{-3} K^{-1}
Wärmeübergangszahl (α)			W/(m^2 K)	kg s^{-3} K^{-1}
Wärmedurchgangszahl (k)			W/(m^2 K)	kg s^{-3} K^{-1}
Wärmekapazität (C)			J/K	kg m^2 s^{-2} K^{-1}
spezifische Wärmekapazität (c)			J/(kg K)	m^2 s^{-2} K^{-1}
Lichtstärke (I_V)	Candela	cd		
Lichtstrom (ϕ_V)	Lumen	lm		cd sr
Beleuchtungsstärke (E_V)	Lux	lx	lm/m^2	m^{-2} cd sr

In Tabelle 2.1. sind wichtige abgeleitete SI-Einheiten festgehalten. Mit Hilfe der in Tabelle 2.2. angegebenen SI-Vorsätze können dezimale Vielfache und Teile von SI-Einheiten gebildet werden.

Tabelle 2.2. *Dezimale Vielfache und Teile von Einheiten*

Faktor	Vorsatz	Zeichen
1 000 000	Mega	M
1 000	Kilo	k
100	Hekto	h
10	Deka	da
0,1	Dezi	d
0,01	Zenti	c
0,001	Milli	m
0,000 001	Mikro	μ

Durch die Systematisierung der Baustoffkennwerte können die bezüglich der baupraktischen Anforderungen zusammengehörigen Größen zu Gruppen zusammengefaßt werden, wodurch sich im weiteren dann auch eine bessere Voraussetzung für die Vereinheitlichung der jeweiligen Prüfverfahren ergibt.

2.2. Masse, Gewicht, Dichte, Rohdichte, Schüttdichte

a) Masse

Die Masse m eines Körpers ist eine stoffspezifische Eigenschaft mit der Einheit Kilogramm und ist unabhängig von der örtlichen Fallbeschleunigung.

b) Gewicht

Das Gewicht G eines Körpers ist eine Kraft, mit der der Körper von der Erde angezogen wird. Berechnet wird das Gewicht als das Produkt aus der Masse m des Körpers mit der örtlichen Fallbeschleunigung g.

$$G = m \cdot g$$

Das Gewicht ist somit vom Ort, an dem sich der Körper befindet, abhängig.

c) Dichte

Als Dichte ρ bezeichnet man das Verhältnis zwischen der Masse eines Körpers und seinem hohlraumfreien Volumen V.

$$\rho = \frac{m}{V} = \frac{m}{V_g - V_p - V_z} \qquad (\mathrm{g/cm^3 \text{ oder } kg/dm^3})$$

$$V = V_g - V_p - V_z$$

V_g = Gesamtvolumen einschließlich aller Hohlräume
V_p = Porenvolumen
V_z = Zwischenraumvolumen
V = hohlraumfreies Volumen

Für die Dichtebestimmung an porösen Baustoffen müssen diese soweit zerkleinert und gemahlen werden, bis die Probe keine Poren mehr enthält. Die Ermittlung des porenfreien Volumens kann dann anhand von Auftriebs- oder Schwebemethoden erfolgen, wobei aber darauf geachtet werden muß, daß die Prüfflüssigkeit nicht mit der Probe reagiert. Bei mineralischen Bindemitteln muß man daher statt Wasser eine andere Flüssigkeit verwenden, z.B. Tetrachlorkohlenstoff.

d) Rohdichte

Die Rohdichte ρ_R ergibt sich durch den Quotienten aus der Masse eines Stoffes und seinem Volumen einschließlich Eigenporen

$$\rho_R = \frac{m}{V_R} = \frac{m}{V_g - V_z} \qquad (\text{g/cm}^3 \text{ oder kg/dm}^3)$$

$$V_R = V + V_p = V_g - V_z$$

Das Volumen von geometrisch geformten Probekörpern kann durch Ausmessen bestimmt werden. Bei unregelmäßig geformten Prüflingen wird das Volumen mittels einer Wägung unter Wasser ermittelt. Wasseraufnehmende Stoffe müssen entweder mit einer wasserabweisenden Schicht überzogen werden oder die Prüfung erfolgt an wassergesättigten Proben.

Die Rohdichte bei Baustoffen ist ein wichtiger Richtwert für die Beurteilung von deren Wärmeleitfähigkeit, Festigkeit, Wasserdurchlässigkeit usw. In der Tabelle 2.3. sind einige Rohdichtewerte von häufig verwendeten Baustoffen angegeben.

Tabelle 2.3. *Rohdichte einiger Baustoffe (kg/dm³)*

Natursteine:	
Granit	2,7
Kalkstein	2,6 2,75
Basalt	2,90
Leichtbeton	0,5 2,0
Normalbeton	2,0 2,5
Mauerziegel	1,4 1,8
Gips	1,8
Holz	0,4 0,9
Aluminium	2,7
Stahl	7,8
Kupfer	8,9
Schaumkunststoff	0,01 0,1

e) Schüttdichte

Als Schüttdichte bezeichnet man das Verhältnis zwischen der Masse eines körnigen Stoffes und seinem in einem bestimmten Schüttvorgang eingenommenen Volumen einschließlich aller Korneigenporen und Haufwerksporen.

$$\rho_s = \frac{m}{V_g} = \frac{m}{V + V_p + V_z} \qquad (\mathrm{g/cm^3\ oder\ kg/dm^3})$$

$$V_g = V + V_p + V_z$$

Die Bestimmung der Schüttdichte erfolgt in entsprechenden Meßgefäßen, ihre Größe wird von der Eigenfeuchte der Körner beeinflußt und davon, ob das Schüttgut lose eingefüllt oder verdichtet wurde.

2.3. Dichtigkeit und Porosität

Mit den Kenngrößen Dichte ρ und Rohdichte ρ_R lassen sich der Dichtigkeitsgrad d und die Porosität p bestimmen.

Unter dem Dichtigkeitsgrad d versteht man den volumensmäßigen Anteil, der von einer dichten, porenfreien Masse ausgefüllt wird.

$$d = \frac{\rho_R}{\rho} \qquad (d \leqslant 1)$$

Aus dieser Beziehung ergibt sich der Undichtigkeitsgrad u durch

$$u = 1 - d = 1 - \frac{\rho_R}{\rho} = \frac{\rho - \rho_R}{\rho}$$

und daraus der Gesamthohlraum oder die Gesamtporosität in Volumsprozent mit

$$p = \left(1 - \frac{\rho_R}{\rho}\right) \cdot 100 = \frac{\rho - \rho_R}{\rho} \cdot 100 \qquad (\mathrm{Vol.\text{-}\%})$$

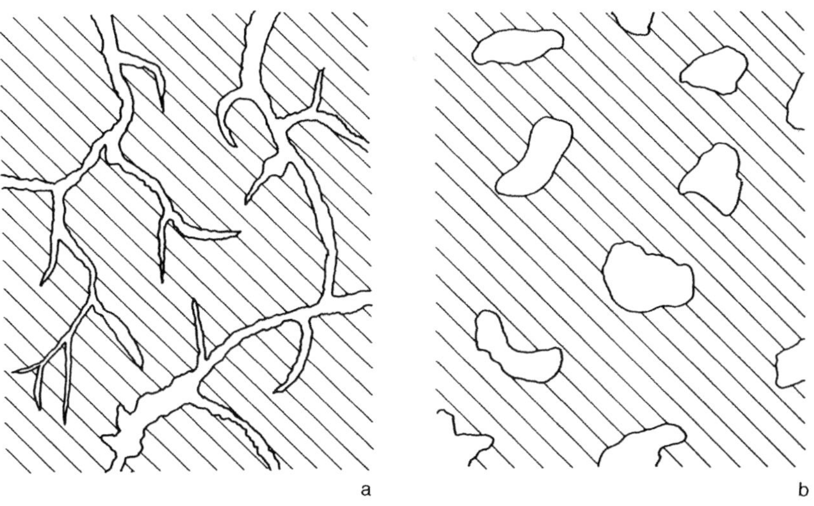

Abb. 2.1. Gefügestrukturen poröser Materialien. a) Offene Poren, b) geschlossene Poren

Ein trockener Festbeton mit der Dichte von 2,60 kg/dm^3 und einer Trockenrohdichte von 2,35 kg/dm^3 hat beispielsweise einen Dichtigkeitsgrad d von 2,35/2,6 = 0,90 und einen Undichtigkeitsgrad u von 0,10 oder eine Porosität von 10 %.

Normale Konstruktionsbetone haben im erhärteten und trockenen Zustand eine Porosität zwischen 8 und 25 %.

Die Eigenschaften und die Verwendung vieler Baustoffe werden durch den Gehalt an Poren beeinflußt. Das gilt insbesondere für die Festigkeiten, die Formänderungen, das Verhalten gegen Wasser und Gase, die thermischen und akustischen Eigenschaften, das Verhalten gegenüber Verschleiß und Frosteinwirkungen usw.

Neben der Größe der Poren ist die Art und Verteilung der Poren von maßgebender Bedeutung. Man unterscheidet zwischen offenen (Abb. 2.1a.) und geschlossenen Poren (Abb. 2. 1b.). Als offene Poren bezeichnet man zusammenhängende Kapillarporen oder weite Gefüge- und Haufwerksporen. Unter geschlossenen Poren versteht man z.B. Zellporen.

2.4. Verhalten von Baustoffen gegenüber Feuchtigkeit

2.4.1. Wassergehalt der Luft

Der Wassergehalt der Luft kann entweder in absoluter Form in g/m^3 angegeben werden oder als relative Luftfeuchtigkeit in Prozent.

$$\text{Relative Luftfeuchtigkeit} = \frac{\text{vorhandener Feuchtigkeitsgehalt}}{\text{max. möglicher Feuchtigkeitsgehalt}} = \frac{\text{vorhandener Dampfdruck}}{\text{Sättigungsdampfdruck}}$$

Der mögliche Feuchtigkeitsgehalt der Luft bzw. der Sättigungsdampfdruck sind temperaturabhängig. Durch fortschreitende Abkühlung der Luft kann demnach eine Temperatur erreicht werden, bei der der maximal mögliche Feuchtigkeitsgehalt gleich dem vorhandenen Feuchtigkeitsgehalt wird. Diese Temperatur heißt Taupunkt. Wird bei einer Abkühlung der Taupunkt unterschritten, so erfolgt Kondensation des überschüssigen Wassers.

2.4.2. Wassergehalt von Baustoffen

Der Wassergehalt W_f von Baustoffen läßt sich aus der Feuchtmasse m_f und der Trockenmasse m_t ermitteln.

$$W_f = \frac{m_f - m_t}{m_t} \cdot 100 \qquad \text{(Massen-\%)}$$

Im allgemeinen erfolgt die Bestimmung von m_t durch Trocknen bei einer Temperatur von 105° C. Manche Baustoffe wie z.B. gipshaltige Materialien müssen bei niedrigeren Temperaturen (etwa 40° C) getrocknet werden, da sich sonst ihre Struktur ändert.

2.4.3. Wassertransport in Baustoffen

a) Wasseraufnahme infolge Wasserlagerung

Als Wasseraufnahme W bezeichnet man die Differenz zwischen der bis zur Sättigung wassergelagerten Probe der Masse m_w und ihrer Trockenmasse m_t.

$$W = m_w - m_t$$

Der Grad der Wasseraufnahme ergibt sich dann durch Bezug von W auf m_t.

$$W_m = \frac{m_w - m_t}{m_t} \cdot 100 = \frac{W}{m_t} \cdot 100 \qquad \text{(Massen-\%)}$$

Bezieht man die Wasseraufnahme nicht auf die Masse, sondern auf das Volumen $V = \frac{m_t}{\rho_t}$, so gilt

$$W_v = \frac{m_w - m_t}{V} \cdot 100 = \frac{W \cdot \rho_t}{m_t} \cdot 100 = W_m \cdot \rho_t \qquad \text{(Vol.-\%)}$$

Die Bestimmung der Wasseraufnahme geschieht durch stufenweise Lagerung der Proben unter Wasser bei normalem Luftdruck (Abb. 2.2a.). Die stufenweise Lagerung dient dazu, daß das Wasser die in den Poren eingelagerte Luft sukzessive verdrängen kann. Auf diese Art läßt sich die sogenannte „scheinbare Porosität" von Baustoffen ermitteln.

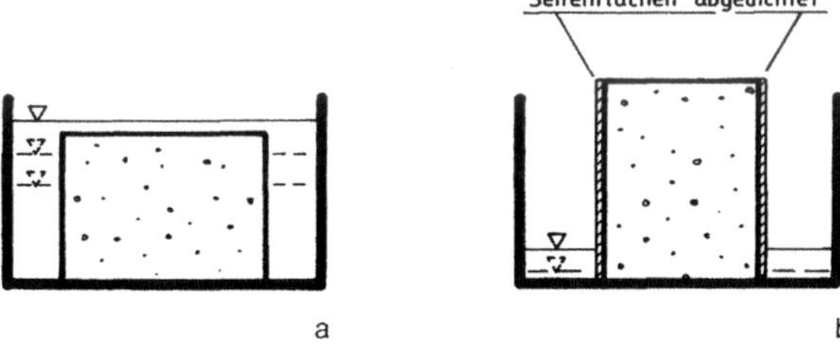

Abb. 2.2. Bestimmung der Wasseraufnahme. a) Normale Wasseraufnahme, b) kapillare Wasseraufnahme

Zur Bestimmung der tatsächlichen Porosität werden die trockenen Proben zunächst einer Vakuumbehandlung unterzogen und anschließend daran einer Wasseraufnahme unter einem Druck von 150 bar ausgesetzt.

Den Wert $S = \frac{\text{Wasseraufnahme bei normalem Luftdruck}}{\text{Wasseraufnahme bei einem Druck von 150 bar}}$

bezeichnet man als Sättigungswert. Er wird z.B. für die Beurteilung der Frostbeständigkeit von Natursteinen verwendet.

b) Kapillare Wasseraufnahme

Die Ermittlung der kapillaren Wasseraufnahme erfolgt durch Wasseraufsaugen an lotrechten, vierseitig abgedichteten Baustoffproben (Abb. 2.2b.). Sowohl die kapillare Wasseraufnahme als auch die Sauggeschwindigkeit sind von der Art des kapillaren Porensystems abhängig.

c) Wasseraufnahme aus der Luft

Durch die Wechselwirkung mit der Luftatmosphäre erfolgt bei porösen Baustoffen eine Sorption von Wassermolekülen. Dabei kann das Wasser an der Oberfläche oder im Inneren der Materialien aufgenommen werden. Bei mineralischen Stoffen wird das Wasser in der Regel nur an den äußeren oder inneren Oberflächen abgelagert. Quellbare Stoffe, wie z.B. Kunststoffe können die Wassermoleküle in ihre Struktur selbst aufnehmen, d.h. das Wasser wird in dem Material gleichsam eingebaut. Die Zusammenhänge zwischen dem Wassergehalt eines Stoffes in Abhängigkeit von der relativen Luftfeuchte werden durch die sogenannten Sorptionsisothermen ausgedrückt. Die Form und die Art der Sorptionsisothermen sind charakteristisch für ein bestimmtes Material und erlauben Rückschlüsse auf deren inneren Aufbau und sein Verhalten gegenüber Wasser. Die Sorption von Wassermolekülen ist auch bei Materialien mit geschlossenen Poren möglich. Abb. 2.3. zeigt die Sorptionsisothermen eines porösen Zementmörtels und eines porenfreien PUR-Harzes.

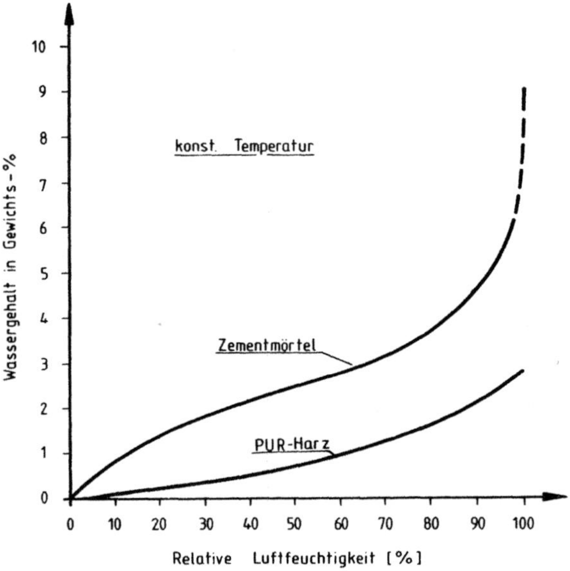

Abb. 2.3. Sorptionsthermen eines porösen Zementmörtels und eines porenfreien PUR-Harzes (nach Klopfer)

Im allgemeinen ist jedes porige Material bestrebt, mit dem umgebenden Feuchtigkeitsgehalt der Luft in einen Gleichgewichtszustand einzutreten. Dieser Zustand wird als Gleichgewichtsfeuchte oder Ausgleichsfeuchte bezeichnet. In der Tabelle 2.4. sind für eine Temperatur von +20° C und eine relative Luftfeuchte von 60 % Richtwerte für die Ausgleichsfeuchte einiger Baustoffe angeführt.

Tabelle 2.4. *Ausgleichsfeuchten einiger Baustoffe*

Baustoffe	Ausgleichsfeuchte in Massen-%
Ziegel	0,2 – 0,6
zementgebundene Materialien, Betone	1 – 8
Holz	10 – 12
Schaumstoffe	1 – 2

d) Wasserabgabefähigkeit

Die Angabe der Wasserabgabe W_a erfolgt in g oder kg, der Grad der Wasserabgabe W_m wird in Massen- bzw. Volumsprozent angegeben. Die Bestimmung der Wasserabgabe wird an einer unter Atmosphärendruck wassergesättigten Probe nach deren Lagerung in einem Exsikator bei ca. 23° C bis zur Massenkonstanz vorgenommen.

Wasserabgabe:

$$W_a = m_w - m_{a,t}$$

Grad der Wasserabgabe:

$$W_m = \frac{m_w - m_{a,t}}{m_t} \cdot 100 = \frac{W_a}{m_t} \cdot 100 \qquad \text{(Massen-\%)}$$

Grad der Wasserabgabe bezogen auf das Volumen:

$$W_t = \frac{m_w - m_{a,t}}{V} \cdot 100 = \frac{W_a \cdot \rho_t}{m_t} \cdot 100 = W_m \cdot \rho_t \qquad \text{(Vol.-\%)}$$

m_w = Masse der wassergesättigten Probe
$m_{a,t}$ = Masse der im Exsikkator getrockneten Probe
m_t = Masse der bei 105° C getrockneten Probe

Bei der Wasserabgabe von Baustoffen muß oft damit gerechnet werden, daß die Materialien nicht über den Gesamtquerschnitt gleichmäßig austrocknen, sondern in vielen Fällen an der Oberfläche bereits trocken sind, während der Feuchtigkeitsgehalt im Inneren noch sehr hoch ist.

2.4.4. Wasserundurchlässigkeit

Wasserdichte Baustoffe sind dann notwendig, wenn unter einem bestimmten Druck durch Bauteile kein Wasser hindurchgehen soll. Zur Prüfung der Wasserundurchlässigkeit werden Baustoffe an einer Seite über einen bestimmten Zeitraum einem definierten Wasserdruck ausgesetzt und dabei die Eindringtiefe bzw. der Wasserdurchtritt bestimmt. Je nach Art des Baustoffes wird die Wasserundurchlässigkeit speziell festgelegt. Zum Beispiel wird nach der ÖNORM B 3205 bei Dachziegeln die Wasserundurchlässigkeit folgendermaßen definiert: Bei Wasserzutritt an der Oberseite darf eine Tropfenbildung an der Unterseite des

Dachziegels innerhalb einer Stunde nicht auftreten, sonst ist der Dachziegel als wasserdurchlässig zu bezeichnen.

2.4.5. Wasserdampfdiffusion

Bei vielen Baukonstruktionen, besonders im Wohnungsbau, Industriebau und bei landwirtschaftlichen Bauten, kommt der Wasserdampfdiffusion besondere Bedeutung zu. Zwischen der Rauminnenatmosphäre und der Außenatmosphäre bestehen in der Regel beträchtliche Wasserdampfdruckunterschiede, die das Bestreben zeigen, miteinander in Ausgleich zu treten. Das heißt, die Wasserdampfmoleküle der warmen Raumluft im Inneren wandern durch die hohlraumhaltige Wand nach außen, um die Wasserdampfdruckunterschiede auszugleichen. Diesen Vorgang bezeichnet man als Wasserdampfdiffusion.

Ändert der Diffusionsstrom, z.B. durch Unterschreiten der Taupunkttemperatur, seinen Aggregatzustand, so wird Feuchtigkeit im Inneren oder an der Oberfläche eines Bauteiles ausgeschieden. In einem solchen Fall muß festgestellt werden, an welcher Stelle und in welcher Menge eine derartige Kondenswasserbildung anfällt, um deren Auswirkungen auf die Konstruktion abschätzen zu können. Das kann durch eine Wasserdampfdiffusionsberechnung erfolgen. Eine Gefahr besteht vor allem an Innenflächen von Bauteilen, die im Winter infolge eines ungenügenden Wärmeschutzes kalt sind und schlecht belüftet werden.

Tabelle 2.5. *Diffusionswiderstandsfaktoren einiger Baustoffe*

Baustoffe	Richtwert für den Diffusionswiderstandsfaktor
Mineralische Faserdämmstoffe	1
Holzwolle-Leichtbauplatten (Dicke 15 mm)	3
Gas- und Schaumbeton	5
Ziegelmauerwerk	10
Normalbeton	50
Holz	50 – 200
Schaumkunststoffe je nach Art und Rohdichte	25 – 300
Bituminöse Stoffe Asphalte, Dachpappe	50 000
Polyvinylchloridfolie	50 000
Poläthylenfolie	100 000
Aluminiumfolie	unendlich

Von den Baustoffen wird diesen Diffusionsvorgängen ein unterschiedlicher Widerstand entgegengesetzt. Als Kennwert für die Wasserdampfdurchlässigkeit verwendet man den Wasserdampfdiffusionswiderstandsfaktor μ. Die Größe μ ist dimensionslos und für Baustoffe im allgemeinen immer größer als eins. Sie gibt an, um wieviel der Diffusionswiderstand des untersuchten Materials größer ist als der einer gleich dicken Luftschicht bei gleicher Temperatur. Der Kennwert μ ist eine Materialkonstante, seine Angabe ist daher nur für homogene Systeme physikalisch sinnvoll. In Tabelle 2.5. sind die Diffusionswiderstandsfaktoren einiger wichtiger Baustoffe angeführt.

Bei Wandbaustoffen ist es üblich und zweckmäßiger, den Diffusionswiderstand $\mu \cdot d$, der das Produkt aus Diffusionswiderstandfaktor μ und der Schichtdicke d darstellt, anzugeben. Der Diffusionswiderstand ist eine dimensionsbehaftete Größe und wird in Meter gemessen.

2.5. Mechanische Eigenschaften

Das Tragverhalten und die Standsicherheit von Baukonstruktionen werden in erster Linie von den mechanischen Eigenschaften der Baustoffe bestimmt. Aus diesem Grund ist für eine Bemessung von Bauteilen in bezug auf mechanische Beanspruchungen die Kenntnis der Baustoffestigkeiten unbedingt notwendig. Im allgemeinen bezeichnet man als Festigkeit denjenigen Widerstand, den ein Material einer äußeren Beanspruchung entgegensetzt. Dabei werden jene Festigkeiten als charakteristisch angesehen, die entweder große Verformungen (Bauteilversagen durch unzulässige Verformungen) oder einen Bruch (Bauteilversagen durch Bruch) zur Folge haben.

Je nach Bruchverhalten unterscheidet man zwischen zähen und spröden Baustoffen. Erstere zeigen vor dem Bruch deutliche Formänderungen, bei letzteren erfolgt der Bruch plötzlich ohne deutliche Verformung.

Die Bestimmung der Baustoffestigkeiten geschieht in Prüfmaschinen an speziell hergestellten Probekörpern. Bei solchen Prüfungen werden für bestimmte Beanspruchungen (Druck, Zug usw.) bei einer stetigen, kurzzeitigen Belastung die Höchst- bzw. Bruchkraft ermittelt. Durch Bezug dieser Kraft auf den ursprünglichen Probenquerschnitt erhält man die Höchst- bzw. Bruchspannung, die dann je nach Beanspruchungsart als Druck- oder Zugfestigkeit usw. bezeichnet wird.

Das Ergebnis einer solchen Festigkeitsprüfung hängt ab unter anderem von der Gestalt und Größe der Probekörper und von der Belastungsgeschwindigkeit. Unterwirft man Probekörper desselben Baustoffes einer Festigkeitsprüfung, so erhält man im allgemeinen bei kleineren Probenquerschnitten höhere Festigkeiten als bei größeren Querschnitten. Diese Erscheinung wird als Gestalts- oder Dimensionsabhängigkeit der Prüfkörper bezeichnet.

Die Festigkeit hängt weiters von der Belastungsgeschwindigkeit bzw. von der Dauer der Belastung ab. Eine größere Belastungsgeschwindigkeit hat in der Regel auch eine höhere Belastbarkeit der Baustoffe zur Folge. Um dieser Tatsache Rechnung zu tragen, werden in den jeweiligen Baustoffprüfnormen bestimmte Belastungsgeschwindigkeiten vorgeschrieben.

Folgende Beanspruchungen sind maßgebend im Bauwesen:

Statische Beanspruchung – statische Prüfung

Bei der statischen Prüfung unterscheidet man zwischen Beanspruchungen unter zügiger und unter ruhender Belastung.

Beansprucht man Probekörper zügig bis zum Bruch, dann lassen sich durch solche Prüfvorgänge Baustoffkennwerte (z.B. Festigkeiten) ermitteln.

Bei Prüfungen unter ruhender Beanspruchung, dabei werden die Belastung oder die Verformung über einen langen Zeitraum (Wochen, Monate, Jahre) konstant gehalten, werden Dauerstandskennwerte ermittelt (z.B. Dauerstandsfestigkeit).

Den statischen Beanspruchungen werden auch die schlagartigen Krafteinwirkungen auf Materialien zugeordnet. Mittels derartiger Prüfungen werden ebenfalls Werkstoffkennwerte, wie z.B. Schlagzähigkeit und Bruchzähigkeit, ermittelt.

Dynamische Beanspruchung – dynamische Prüfung

Baustoffe sind in vielen Fällen einer häufig wechselnden dynamischen Beanspruchung ausgesetzt. Je nach Häufigkeit dieser Beanspruchungen liegen diese im Gebiet der Kurzzeitschwingfestigkeit (einige Tausend Lastwechsel), der Zeitschwingfestigkeit (einige Hunderttausend Lastwechsel), oder der Dauerschwingfestigkeit (einige Millionen Lastwechsel). Mittels geeigneter dynamischer Prüfverfahren lassen sich für die einzelnen Zeitfestigkeitsbereiche dynamische Kennwerte (z.B. Ermüdungsfestigkeit) von Baustoffen bestimmen.

2.5.1. Statische Festigkeiten

2.5.1.1. Druckfestigkeiten

Die Druckfestigkeit ist bei einer großen Zahl von Baumaterialien (Natursteine, Keramische Stoffe, Zementgebundene Stoffe, Kunstharzmörtel usw.) eine äußerst wichtige Kenngröße. Unter Druckfestigkeit versteht man jene größte Widerstandsfähigkeit, die ein Material einer zügigen, einachsigen Druckbeanspruchung entgegensetzt. Für die Berechnung der Druckfestigkeit gilt:

$$\beta_D = \frac{F_{max}}{A}$$

F_{max} = Höchstdruckkraft
A = Ausgangsquerschnitt

Bestimmt wird die Druckfestigkeit vorzugsweise an würfelförmigen Probekörpern, in einer Reihe von Fällen werden auch zylindrische Proben verwendet. Die Durchführung erfolgt in einer Druckprüfmaschine (Abb. 2.4.) zwischen zwei gehärteten Stahlplatten, wobei es besonders wichtig ist, daß die Druckflächen der Probekörper möglichst plan und eben sind. Verwendet man würfel- oder plattenförmige Prüfkörper, so ergibt sich wegen der Reibung zwischen den steifen Prüfplatten der Prüfmaschine und den Auflagerflächen der Proben eine Behinderung der Querdehnung. Diese Behinderung der Querdehnung führt zu-

Abb. 2.4. Darstellung einer Druckprüfmaschine (Werkphoto Schenck-Trebel)

mindest in den Bereichen der Auflagerflächen zu einem dreiachsigen Spannungszustand, was eine Erhöhung der tatsächlichen Festigkeit mit sich bringt. Durch diese Gegebenheit kann das bei der Betonwürfelprüfung auftretende typische Bruchbild von zwei mit der Spitze aufeinanderstehenden Pyramiden erklärt werden (Abb. 2.5.).

Abb. 2.5. Bruchbild eines Betonwürfels

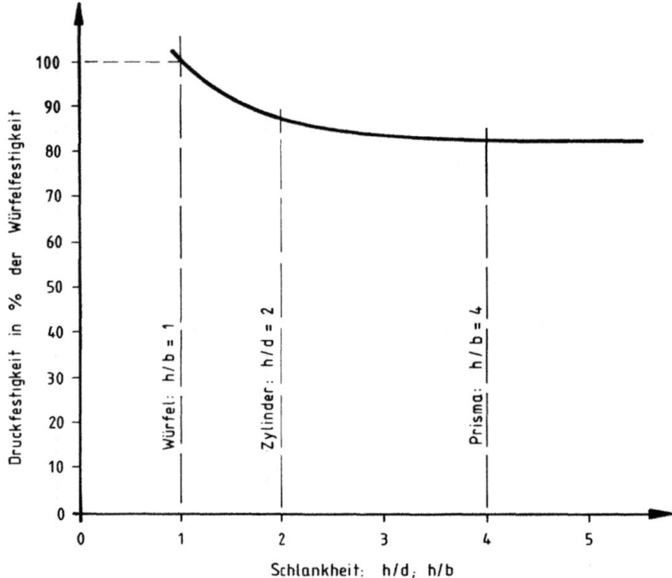

Abb. 2.6. Einfluß des Schlankheitsgrades auf die Bestimmung der Druckfestigkeit von Beton

Abb. 2.6. zeigt für Beton, wie sich das Verhältnis Höhe h : Durchmesser d (Schlankheit) der Probekörper auf die Druckfestigkeit auswirkt. Mit zunehmender Schlankheit verringert sich der Einfluß der Querdehnungsbehinderung, was eine Verminderung der Druckfestigkeit mit sich bringt. Eine schematische Darstellung der Wirkung der Querdehnungsbehinderung bei verschiedenen Probekörperformen zeigt Abb. 2.7.

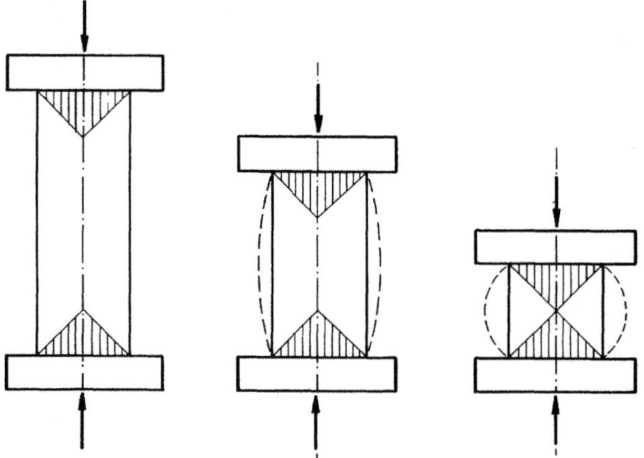

Abb. 2.7. Wirkung der Querdehnungsbehinderung bei verschiedenen Probekörperformen

Das Ergebnis einer Druckfestigkeitsprüfung bei porösen Baustoffen wird neben der Gestalt des Probekörpers auch in starkem Maße von deren Feuchtigkeitsgehalt bestimmt.

Abb. 2.8. a) Darstellung einer Zugprüfmaschine, b) Baustahlzugprobekörper mit aufgesetztem Feindehnungsmesser (Werkphoto Schenck-Trebel)

2.5.1.2. Zugfestigkeit

Die Zugfestigkeit ist besonders bei metallischen Werkstoffen (z.B. Baustahl, Betonstahl, Spannstahl) und Kunststoffen von Wichtigkeit. Unter Zugfestigkeit versteht man jene größte Widerstandsfähigkeit, die ein Material einer zügigen, einachsigen Zugbeanspruchung entgegensetzt. Für die Zugfestigkeit gilt:

$$\beta_Z = \frac{F_{max}}{A_O}$$

F_{max} = Höchstzugkraft
A_O = Ausgangsquerschnitt

Die Bestimmung der Zugfestigkeit erfolgt über einen Zugversuch, bei welchem der Probekörper in einer Zugprüfmaschine (Abb. 2.8a.) gleichmäßig und stoßfrei bis zum Zerreißen beansprucht wird. Abb. 2.8b. zeigt eine in eine Zugprüfmaschine eingespannte Baustahlprobe mit aufgesetztem Feindehnungsmesser

Die Zugprobekörper bestehen in der Regel aus einem schlanken Teil von konstantem Querschnitt, der zum Einspannen der Proben in verdickte Enden übergeht. Als Probekörper werden Flach- und Rundproben verwendet (Abb. 2.9.). Ein wesentliches Merkmal der Zugproben ist die Meßlänge l_O und der Probenquerschnitt A_O. Zwischen den beiden soll ein festes Verhältnis bestehen.

$l_O = 5 \cdot d_O$ (Rundprobe) und $5{,}65 \cdot \sqrt{A_O}$ (Flachprobe) beim kurzen Proportionalstab
$l_O = 10 \cdot d_O$ (Rundprobe) und $11{,}3 \cdot \sqrt{A_O}$ (Flachprobe) beim langen Proportionalstab.

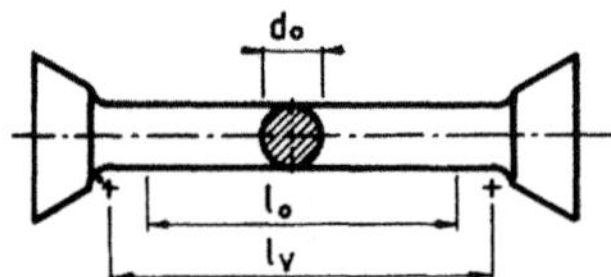

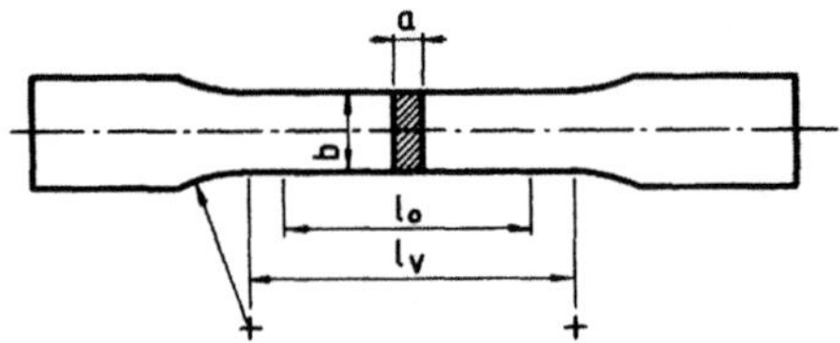

Abb. 2.9. Probekörperformen für die Zugprüfung (nach DIN 50125)

Vor allem versuchstechnische Schwierigkeiten bereitet es, die Zugfestigkeit an spröden, heterogenen und wenig dehnbaren Stoffen, wie z.B. an Mörtel oder Betonproben, zu bestimmen. Dabei ergeben sich vor allem Probleme durch die

Art der Einspannung und bei der Krafteinleitung in die Probe. Sehr oft treten an den Einspannstellen Spannungskonzentrationen auf, so daß die Brüche meistens in diesen Bereichen auftreten. Zur Bestimmung der Zugfestigkeit an solchen Materialien verwendet man achterförmige oder sich verjüngende Probekörper mit entsprechenden Einspannvorrichtungen (Abb. 2.10.).

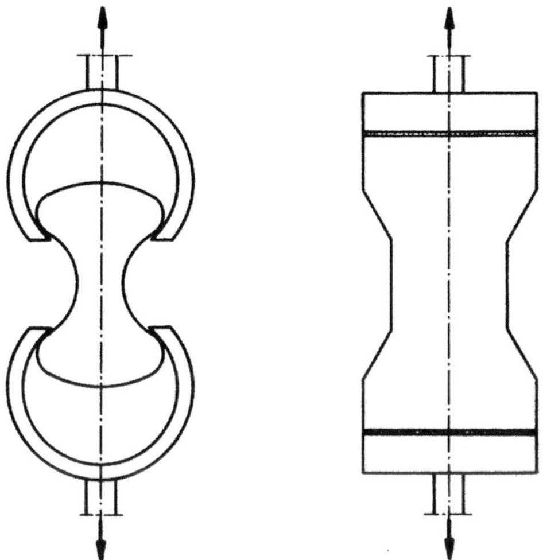

Abb. 2.10. Probekörper für die Zugprüfung an Mörtel oder Betonproben

Wegen dieser versuchstechnischen Schwierigkeiten wählt man bei heterogenen Baustoffen zur Abschätzung der Zugfestigkeit oft indirekte Prüfverfahren, wie z.B. die Prüfung der Spaltzugfestigkeit.

2.5.1.3. Spaltzugfestigkeit

Als gutes Verfahren zur Abschätzung der Zugfestigkeit an heterogenen Baustoffen, wie Beton, Mörtel und dgl. hat sich die Spaltzugprüfung erwiesen. Zugspannungen lassen sich in einem Prüfkörper auch durch äußere Druckkräfte hervorrufen. Bei der Spaltzugfestigkeitsprüfung wird ein liegender Probekörper (Würfel, Prisma oder Zylinder) in einer Druckprüfmaschine über zwei gegenüberliegende Lastverteilungsstreifen bis zum Bruch belastet (Abb. 2.11.). Für die Spaltzugfestigkeit gilt die Beziehung

$$\beta_{SZ} = \frac{2\,F_{max}}{l\,d\,\pi}$$

F_{max} = Höchstkraft
l = Länge des Probekörpers
d = Durchmesser des Probekörpers

Theoretische Untersuchungen haben gezeigt, daß die Größe der wirksamen Zugspannungen über den gesamten Querschnitt nahezu konstant bleibt. Ein Vorteil dieses Prüfverfahrens ist auch, daß die gleichen Probekörperformen wie bei der Prüfung der Druckfestigkeit verwendet werden können.

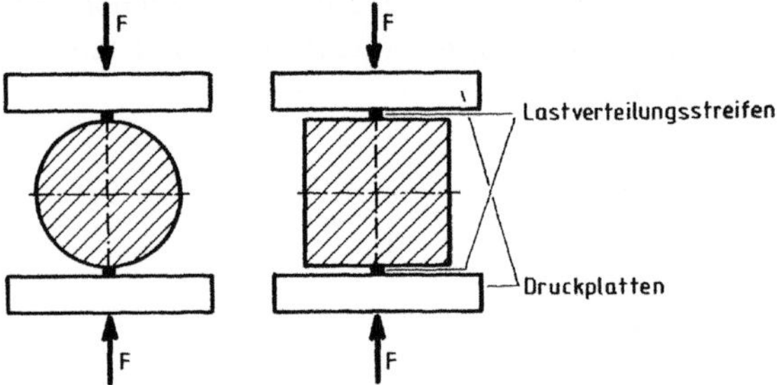

Abb. 2.11. Versuchsanordnung für die Spaltzugprüfung

2.5.1.4. Biegefestigkeit

Die Biegefestigkeit kann über eine Biegeprüfung an prismatischen Balken aus der Bruchlast und den Probekörperdimensionen ermittelt werden. Dabei müssen die Arten der Lagerung des Probekörpers und die Anordnung der Lasteinwirkung bekannt sein. Die Probebalken können entweder mit einer zentrischen Einzellast oder mit zwei gleichen Lasten in den Drittelspunkten beansprucht werden. Für die Biegefestigkeit gilt im Falle einer mittigen Einzellast:

$$\beta_B = \frac{M_{max}}{W} = \frac{3F_{max} \cdot l}{2b \cdot h^2}$$

und im Falle von zwei Einzellasten in den Drittelspunkten

$$\beta_B = \frac{M_{max}}{W} = \frac{F_{max} \cdot l}{b\,h^2}$$

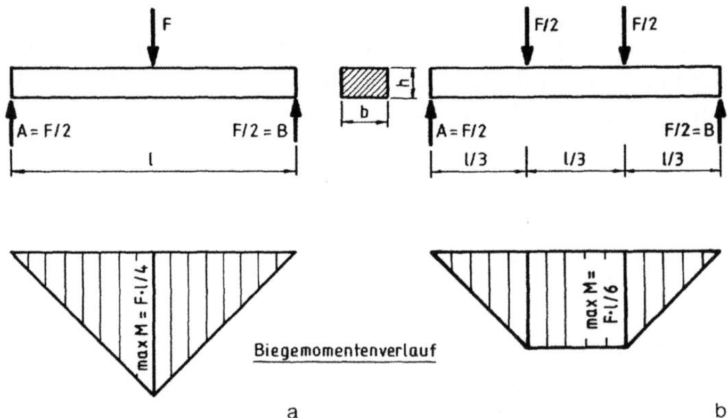

Abb. 2.12. Versuchsanordnung für die Biegeprüfung. a) Einwirkung einer zentrischen Einzellast, b) Lasteinwirkung in zwei Drittelspunkten,

M_{max} = maximales Biegemoment
W = Widerstandsmoment
F_{max} = Höchstkraft
l = Stützweite der Auflager
b = Breite des Probekörpers
h = Höhe des Probekörpers

Die Prüfung der Biegefestigkeit mit einer mittig angreifenden Einzellast wird häufig angewendet, ist aber insofern nachteilig, als nur in der Mitte des Probekörpers (an der Stelle des Maximalmomentes) die größten Spannungen auftreten und praktisch nur in diesem Punkt mit der Höchstkraft geprüft wird (Abb. 2.12a.).

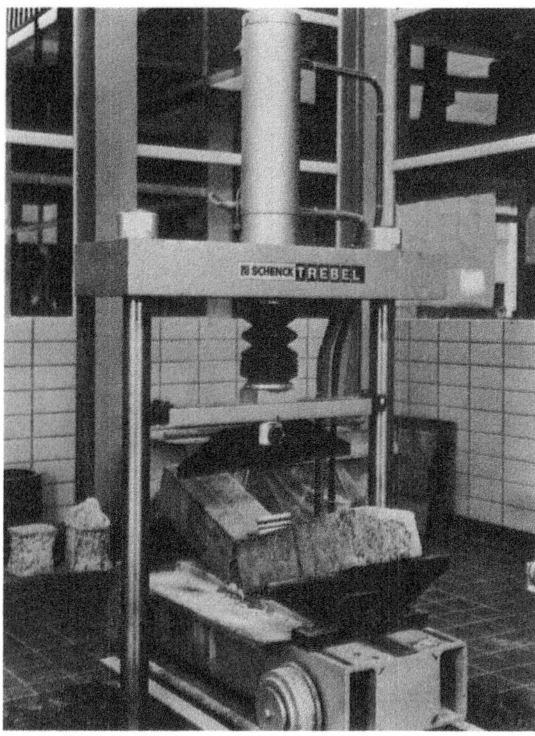

Abb. 2.12c. Biegeprüfung an einem Betonbordstein nach DIN 483 (Werkphoto Schenck-Trebel)

Bei der Lasteinwirkung in zwei Drittelspunkten sind die Spannungen im mittleren Drittel des Probebalkens gleich groß (Abb. 2.12b.), in diesem Bereich wird sich der Bruch einstellen. Die auf diese Weise ermittelte Biegefestigkeit ist zwar niedriger als bei einer Einzellast, aber statistisch genauer und besser reproduzierbar. Die Abb. 2.12c zeigt die Darstellung einer Biegeprüfung an einem Betonbordstein nach DIN 483.

Bei heterogenen Baustoffen, wie Mörtel oder Beton, erfolgt der Bruch durch ein Versagen in der Zugzone, statt der Biegefestigkeit spricht man hier von der Biegezugfestigkeit.

2.5.1.5. Scherfestigkeit

Die Scherfestigkeit ist jene größte Widerstandsfähigkeit, die ein Material einer äußeren Schubbeanspruchung entgegensetzt. Es gilt die Beziehung

$$\beta_A = \frac{F_{max}}{A_s}$$

F_{max} = Höchstkraft
A_s = Scherfläche

Man unterscheidet zwischen einem Abscheren in einer Ebene (Abb. 2.13a.) und dem Abscheren zwischen zwei Ebenen (Abb. 2.13b.).

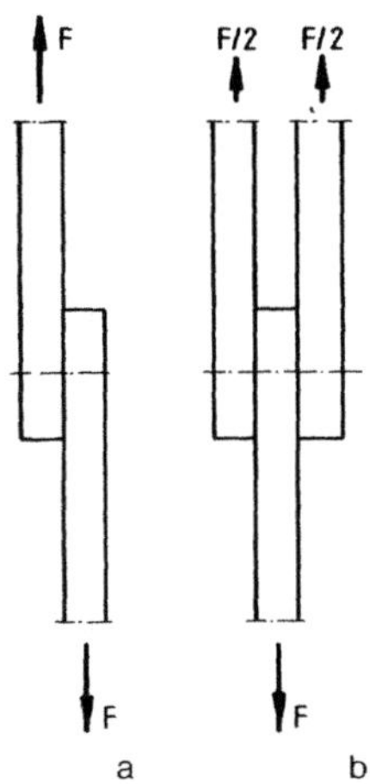

Abb. 2.13a, b. Versuchsanordnung für die Scherprüfung

Die Ermittlung der Scherfestigkeit ist besonders bei Verbindungen durch Schrauben oder Schweißen (Stahlbau), durch Dübel, Nägel, Leim (Holzbau) und bei Verbundwerkstoffen von Wichtigkeit.

2.5.1.6. Torsionsfestigkeit

Als Torsionsfestigkeit bezeichnet man jene größte Widerstandsfähigkeit, die ein stabförmiger Probekörper einem senkrecht zur Prüfachse angreifenden Kräftepaar entgegensetzt (Abb. 2.14.). Für die Torsionsfestigkeit gilt:

$$\beta_T = \frac{M_{t\,max}}{W_t}$$

$M_{t\,max}$ = maximales Torsionsmoment
W_t = Widerstandsmoment gegen Torsion

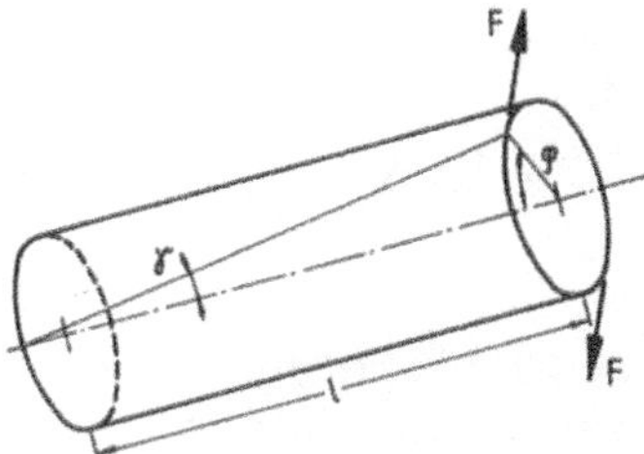

Abb. 2.14. Versuchsanordnung für die Torsionsprüfung

2.5.1.7. Haftfestigkeit

Die Haftfestigkeit entspricht der höchsten erzielbaren Haftung zwischen zwei miteinander verbundenen Materialien. Vor allem bei Beschichtungen, Anstrichen, Putzen usw. ist die Bestimmung der Haftfestigkeit wichtig. Zu ihrer Prüfung verwendet man stationäre Zugprüfmaschinen oder tragbare Haftprüfgeräte für einen Einsatz auf der Baustelle (Abb. 2.15.). Dabei wirkt die Kraft immer senkrecht zur Haftfläche.

2.5.1.8. Schlagfestigkeit

Als Schlagfestigkeit bezeichnet man den Widerstand eines Materials gegenüber Schlagbeanspruchung. Zur Feststellung der Schlagfestigkeit wird jene Schlagarbeit gemessen, die notwendig ist, um eine Probe zum Bruch zu bringen.

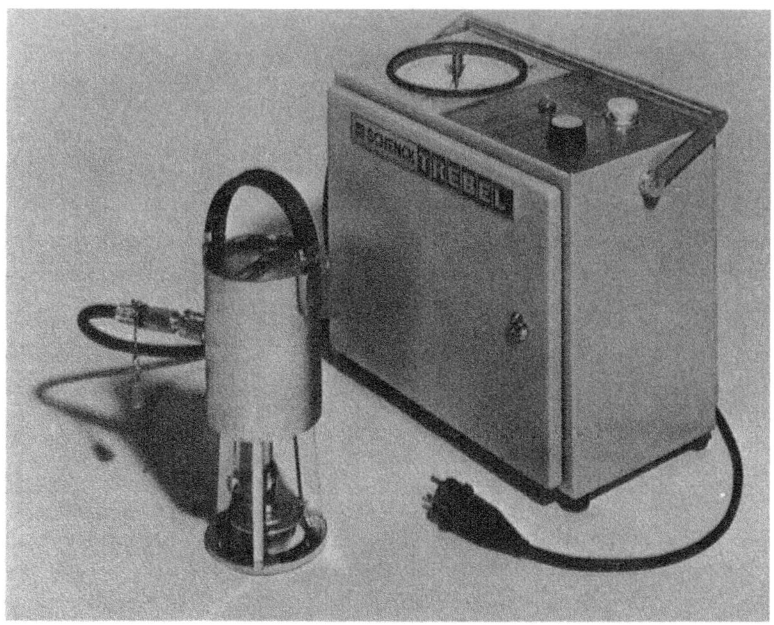

Abb. 2.15. Tragbares Haftprüfgerät (Werkphoto Schenck-Trebel)

Die Schlagarbeit kann durch Einwirkung von potentieller Energie (Fallwerke, Pendelschlagwerke usw.) oder durch kinetische Energie in Form von rotierenden Massen erzeugt werden (Abb. 13.8., Kerbschlagbiegeversuch).

2.5.2. *Dauerstandsfestigkeit*

Durch die Dauerstandsfestigkeit läßt sich das Verhalten von Baustoffen bei ruhender und sich über einen langen Zeitraum erstreckender konstanter Belastung beschreiben. Als Dauerstandsfestigkeit versteht man die höchste Festigkeit, die ein Werkstoff bei dauernder Belastung gerade noch ohne Bruch ertragen kann.

Die Ermittlung der Dauerstandsfestigkeit erfolgt durch Versuche, bei denen man eine konstante Dauerlast durch Gewichte oder dgl. auf die Probekörper aufbringt. Durch Zug- oder Druckkräfte werden dabei Spannungen erzeugt, die eine irreversible Materialverformung ergeben. Die Formänderungen bezeichnet man auch als Kriechen.

2.5.3. *Dynamische Festigkeiten*

Baustoffe sind in vielen Fällen (z.B. bei Verkehrsbauten) einer häufig schwingenden Belastung ausgesetzt. Zur Beurteilung des Verhaltens gegenüber dynamischer Beanspruchung, also zur Bestimmung der sogenannten Ermüdungsfestigkeit β_F (nach DIN 1080) müssen dynamische Prüfverfahren eingesetzt werden. Bei der Ermüdungsfestigkeit unterscheidet man zwischen Dauerschwingfestigkeit und Zeitschwingfestigkeit.

2.5.3.1. Ermüdungsfestigkeit

Als Schwingbeanspruchung mit konstanter Beanspruchungsamplitude bezeichnet man eine Beanspruchung, die sich oftmals wiederholt und zwischen einer Ober- und einer Unterspannung hin- und herpendelt.

Unter *Dauerschwingfestigkeit* versteht man den größten Spannungsausschlag um eine gegebene Mittelspannung, den ein Probekörper unendlich oft aushält, ohne zu brechen. Wird die Dauerschwingfestigkeit überschritten, erhält man den Dauerbruch. Aus der Dauerschwingfestigkeit läßt sich auf die voraussichtliche Lebensdauer eines Werkstoffes unter einer schwingenden Belastung schließen. Tritt ein Bruch auf, dann erhält man die *Zeitschwingfestigkeit*. Aus der Zeitschwingfestigkeit kann geschlossen werden, nach welcher Zeit und nach wievielen Schwingspielen mit einem Bruch des Werkstoffes gerechnet werden muß.

Für die Ermittlung der Dauerschwingfestigkeit sind nach DIN 50100 folgende Kennwerte maßgebend (Abb. 2.16.):

σ_o = Oberspannung

σ_u = Unterspannung

Als Oberspannung σ_o bzw. Unterspannung σ_u bezeichnet man die größte bzw. kleinste Spannung, die während eines Lastspiels auftritt.

σ_m = Mittelspannung = $1/2\ (\sigma_o + \sigma_u)$

Die Mittelspannung σ_m ergibt sich als arithmetisches Mittel aus Ober- und Unterspannung.

σ_a = Amplitude = $1/2\ (\sigma_o - \sigma_u)$

$2\ \sigma_a$ = Schwingbreite der Spannung = $\sigma_o - \sigma_u$

Die Amplitude σ_a bekommt man aus der halben Differenz zwischen Ober- und Unterspannung; den doppelten Wert der Spannungsamplitude bezeichnet man als Schwingbreite der Spannung.

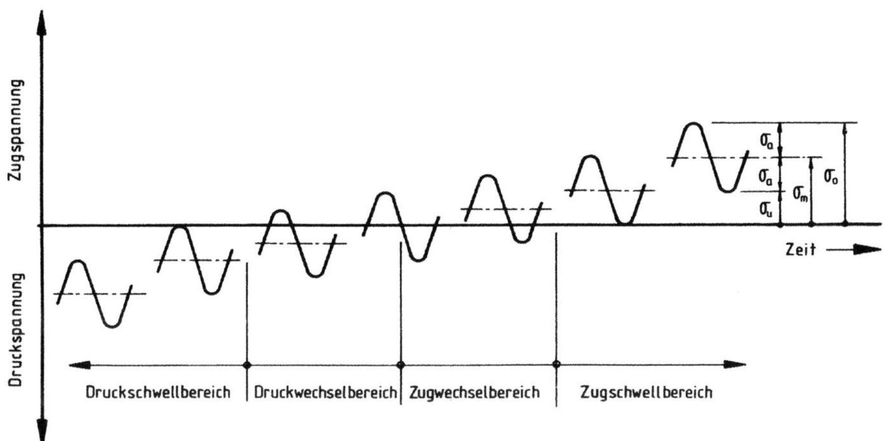

Abb. 2.16. Beanspruchungsbereiche beim Dauerschwingversuch

In Abb. 2.16. sind die Beanspruchungsbereiche dargestellt. Ist die Beanspruchung gleichgerichtet (Zug oder Druck), dann befindet man sich im Schwellbereich. Wechselt die Spannung ihr Vorzeichen, dann spricht man von Wechselbereich.

Die Ermittlung der Dauerschwingfestigkeit erfolgt anhand eines von August Wöhler im Jahre 1856 angegebenen und nach ihm benannten Verfahrens. Zur Durchführung eines Wöhlerversuches benötigt man 6 bis 10 vollkommen gleichartige Probekörper. (Bei dieser Anzahl von Proben erhält man nur einen Näherungswert für die Dauerschwingfestigkeit. Für eine genaue statistische Betrachtung braucht man mindestens 40 Probekörper.)

Bei einer solchen Untersuchung wird bei allen Proben einer Serie entweder die Mittelspannung σ_m oder die Unterspannung σ_u gleich groß gewählt. Für jeden einzelnen Prüfkörper wird die Spannungsamplitude σ_a oder die Oberspannung σ_o so eingestellt, bis man jene Spannung findet, die das Material unendlich lange aushält. Beim ersten Versuch wird die Oberspannung so gewählt, daß die erste Probe mit Sicherheit zu Bruch geht, bei den weiteren Probekörpern wird dann σ_a oder σ_o sukzessive verringert. Durch die sogenannte Wöhler-Kurve kann dann die Abhängigkeit der Bruchspannung von der Anzahl N der ertragenen Lastspiele ausgedrückt werden.

Eine derartige Wöhler-Kurve für Stahl ist in Abb. 2.17. dargestellt. Aus dieser Kurve wird deutlich, daß sich bereits nach einer endlichen Schwingspielzahl diejenige Spannung angeben läßt, der sich die Wöhlerkurve asymptotisch nähert. Diese Grenzlastzahl wird bei Stahl bei etwa 10^7 erreicht. Zur Verdeutlichung des

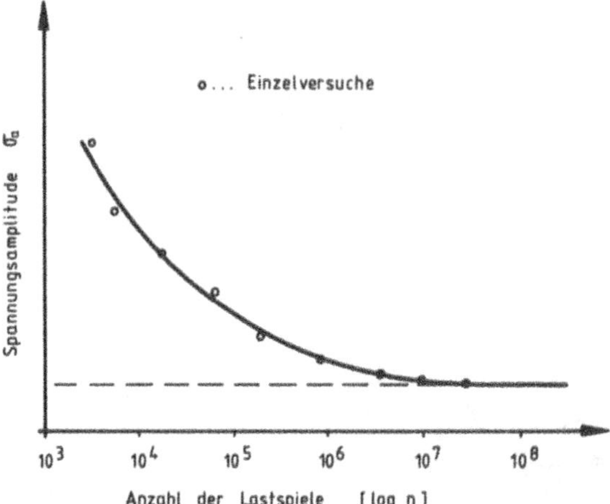

Abb. 2.17. Darstellung einer Wöhlerkurve

Überganges der Wöhlerkurve in den geraden Verlauf trägt man die Lastspiele im logarithmischen Maßstab auf. In der Regel wird der Wöhlerversuch dann abgebrochen, wenn die Kurve in eine Parallele zur Abszisse übergeht. Aus diesem Grund wird z.B. bei Stahl eine Grenzlastspielzahl von $2 \cdot 10^6$ angegeben.

Als Beispiel für eine dynamische Bauteilprüfung zeigt Abb. 2.18. eine Untersuchung von Befestigungselementen in der Zugzone einer dynamisch belasteten Stahlbetonplatte.

Abb. 2.18. Untersuchung von Befestigungselementen in der Zugzone einer dynamisch belasteten Stahlbetonplatte (Werkphoto Firma Hilti, Schaan, Liechtenstein, 1980)

2.5.4. *Härte*

Als Härte bezeichnet man die mechanische Widerstandsfähigkeit eines Materials gegen Verformungen im Oberflächenbereich. Zur Bestimmung verwendet man je nach Art und Struktur eines Stoffes verschiedene Prüfverfahren bzw. Härtebegriffe, wie z.B. Ritzhärte, Eindringhärte oder Rückprallhärte. Die Ergebnisse der einzelnen Härteprüfmethoden und die damit erhaltenen Härten sind untereinander nicht vergleichbar.

Zur Kennzeichnung der Härte von Gesteinen verwendet man die Mohshärte (benannt nach dem Mineralogen Mohs). Dabei handelt es sich um ein Ritzverfahren, bei welchem durch Ritzen mit 10 verschieden harten Mineralien (Tabelle 2.6.) der Härtegrad eines Materials festgestellt wird.

Tabelle 2.6. *Mohshärte von Mineralien*

	Mohshärte
Talkum	1
Gips	2
Kalkspat	3
Flußspat	4
Apatit	5
Feldspat	6
Quarz	7
Topas	8
Korund	9
Diamant	10

Bei der Härteprüfung nach der Eindringmethode werden Eindringkörper einer bestimmten Form mit einer langsam ansteigenden oder ruhenden Kraft in die Probenoberfläche eingedrückt. Je nach Art des Eindringkörpers unterscheidet man zwischen Prüfverfahren nach Brinell (Stahlkugel als Eindringkörper), Vickers (Diamantpyramide als Eindringkörper) und Rockwell (Diamantkegel mit abgerundeter Spitze als Eindringkörper). Aus der Prüfkraft und aus dem Eindruckdurchmesser bekommt man über entsprechende Berechnungen die Brinell-Härte, Vickers-Härte und Rockwell-Härte.

Diese Prüfmethoden wurden ursprünglich für die Untersuchung von metallischen Werkstoffen entwickelt. Es hat sich aber gezeigt, daß Härteuntersuchungen im Oberflächenbereich auch bei porösen Baustoffen zielführend eingesetzt werden können. Anwendungen bei Beton (z.B. Prüfung mit dem Kugelschlaghammer oder Rückprallhammer), Estrichen, Fußbodenbelägen usw. ermöglichen gewisse Rückschlüsse auf die Homogenität, Festigkeit und das Abriebverhalten an der Oberfläche.

2.5.5. *Verschleißwiderstand*

Unter Verschleiß versteht man die unerwünschten Veränderungen an der Oberfläche von Baustoffen durch Massen- oder Volumsverlust infolge mechanischer

Beanspruchung, wie z.B. Schleifen oder Rollen. Zur Erfassung der in der Praxis höchst unterschiedlichen Verschleißbeanspruchungen gibt es keine einheitlichen Prüfverfahren. Bei Naturstein und anorganischen Baustoffen erfolgt die Verschleißprüfung häufig nach dem Schleifscheibenverfahren von Böhme (DIN 52 108, ÖNORM 3126, 2. Teil).

2.6. Formänderungseigenschaften der Baustoffe

Für die Tragsicherheit eines Bauwerkes ist es wichtig, daß an keiner Stelle unzulässige Formänderungen auftreten, die zu Bauschäden führen bzw. die Gebrauchsfähigkeit von Bauteilen beeinträchtigen. Aus diesem Grund ist eine Kenntnis der Baustofformänderungseigenschaften notwendig. Nach der Ursache unterscheidet man 3 Arten von Formänderungen:

a) Formänderungen infolge Lasteinwirkungen
b) Formänderungen infolge Temperaturänderungen
c) Formänderungen infolge Einflüssen von Feuchtigkeit

2.6.1. Formänderungen infolge Lasteinwirkungen

2.6.1.1. Elastische Formänderungen

Baustoffe erleiden unter mechanischen Beanspruchungen Formänderungen bezüglich Länge und Querschnitt, die Ermittlung dieser Formänderungen erfolgt anhand von Spannungs-Dehnungsdiagrammen (Arbeitslinien). Solche Spannungs-Dehnungsdiagramme, wie sie in Abb. 2.19. für einige Baustoffe dargestellt sind, lassen sich für verschiedene Beanspruchungen (Druck, Zug usw.) aufstellen.

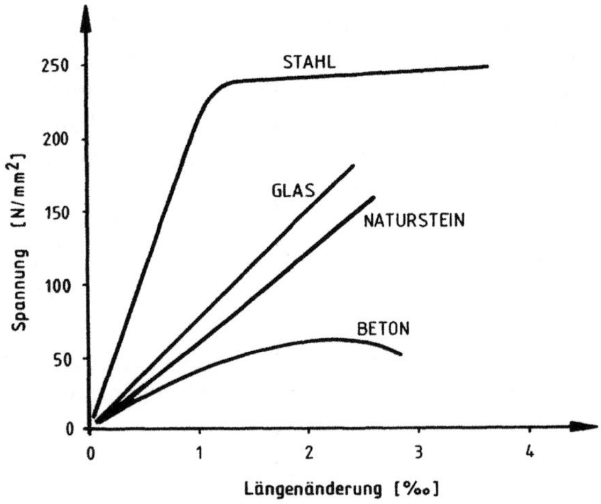

Abb. 2.19. Spannungs-Dehnungs-Diagramme für einige wichtige Baustoffe

Je nach Art des Baustoffes und Höhe der Belastung unterscheidet man zwischen elastischen und plastischen Formänderungen.

Als elastische Formänderung bezeichnet man reversible Vorgänge, die nach Entlastung vollständig verschwinden. Plastische Formänderungen hingegen sind irreversibel, d.h. auch nach Wegnahme der Last bleibt eine Deformation des Materials bestehen.

Verhalten sich bei elastischen Formänderungen Spannung und Verformung zueinander proportional, so spricht man vom Hookeschen Bereich. Der Zusammenhang zwischen Spannung und Verformung erfolgt durch das Hookesche Gesetz, wobei der statische Elastizitätsmodul als Proportionalitätsfaktor auftritt. Es gilt der Zusammenhang:

$$\sigma = E \cdot \epsilon = E \cdot \frac{\Delta l}{l_0}$$

σ = Spannung
E = statischer Elastizitätsmodul
ϵ = Dehnung
$\Delta l = l_1 - l_0$ = Längenänderung
l_0 = Ausgangslänge

Der statische E-Modul stellt eine Baustoff-Kenngröße dar und dient zur Berechnung der elastischen Deformation von Bauteilen. Einige Rechenwerte für den statischen E-Modul von Baustoffen sind in Tabelle 2.7. angegeben.

Tabelle 2.7. *Statischer E-Modul einiger Baustoffe*

	E-Modul (kN/mm^2)
Normalbeton	14 – 40
Leichtbeton	1 – 30
Baustahl	200 – 220
Al und Al-Legierungen	70 – 75
Holz (parallel zur Faser)	8 – 13

Abgesehen von einigen Ausnahmen, wie z.B. Beton oder Kunststoffe, zeigen eine Reihe von Baustoffen unter Belastungseinwirkungen ein ausgeprägtes lineares Verhalten zwischen Spannung und Verformung. Die Abb. 2.20a–d. zeigen vier verschiedene, bei Baustoffen auftretende Arten von Spannungs-Dehnungsdiagrammen.

Bei Zugbeanspruchungen spielt neben der Längsdehnung auch die Querkontraktion eine wichtige Rolle. Durch die Messung der Längs- und Querdehnung erhält man die *Querdehnungszahl* μ

$$\mu = \frac{\epsilon_q}{\epsilon_l}$$

ϵ_q = Querdehnung
ϵ_l = Längsdehnung

Aus der Querdehnungszahl μ und dem E-Modul läßt sich der *Schubmodul G* eines Materials bestimmen. Dazu gilt die Beziehung

$$G = \frac{E}{2(1+\mu)}$$

In ähnlicher Weise wie der E-Modul für die Dehnung beschreibt der Schubmodul G den linearen Zusammenhang zwischen Schubspannung und elastischer Schubverformung.

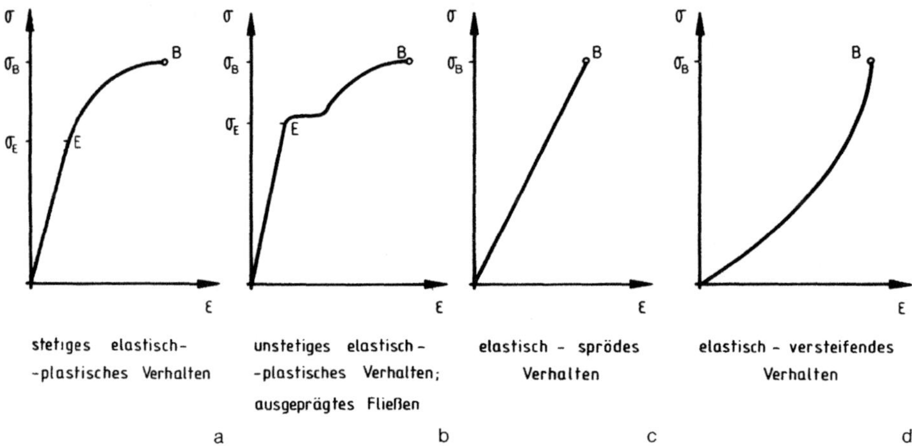

Abb. 2.20. Arten von Spannungs-Dehnungs-Diagrammen bei Baustoffen

Während sich durch Verformungsmessungen bei einer bestimmten Last der statische E-Modul ergibt, erhält man bei einer Verwendung von mechanischen Schwingungen den *dynamischen E-Modul.* Für Baustoffe, die bereits bei geringen Krafteinwirkungen keinen linearen Zusammenhang zwischen Spannung und Verformung zeigen, ist die Bestimmung des statischen E-Moduls mit Fehlern behaftet.

Durch das Aufbringen von periodischen Belastungsänderungen auf einen Prüfkörper, wobei die Verformungen der Probe vernachlässigbar klein gehalten werden, läßt sich der sogenannte dynamische E-Modul ermitteln. Da das Material durch die Schwingungen keinerlei Strukturänderung erfährt, entspricht der dynamische E-Modul der Steigung der Tangente im Nullpunkt des Spannungs-Dehnungsdiagrammes. Dieser dynamische E-Modul stellt eine echte Baustoffkenngröße dar und eignet sich besonders gut für die Charakterisierung von Baustoffeigenschaften und deren Veränderungen durch äußere Einflüsse.

Am einfachsten läßt sich der dynamische E-Modul mittels der sogenannten *Resonanzfrequenzmethode* ermitteln. Dieses Verfahren beruht darauf, einen Probekörper durch eine bestimmte Frequenz, die sogenannte Resonanzfrequenz, in Eigenschwingungen zu versetzen. Die Resonanzfrequenz, die von der Geometrie der Probekörper, ihrer Massenverteilung und ihren elastischen Eigenschaften abhängt, läßt sich für Biege-, Längs- und Torsionsschwingungen bestimmen. Als Prüfkörper eignen sich am besten Prismen, bei denen die Länge vier bis sechsmal so groß ist wie die Querdimension (Abb. 2.21.).

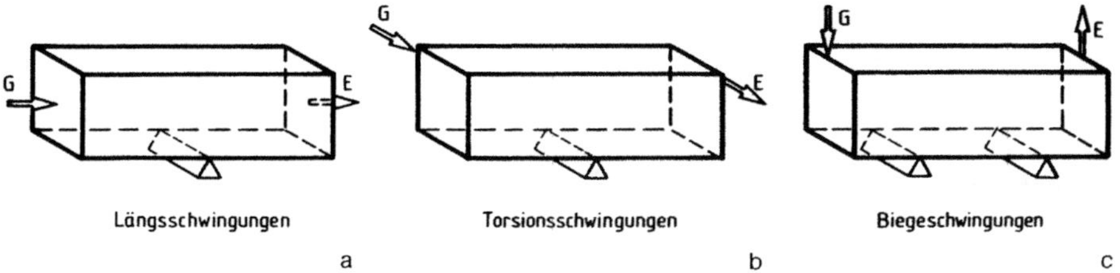

Abb. 2.21. Ankoppelung von Geber G und Empfänger E bei verschiedenen Probekörperanregungen. a) Längsschwingungen, b) Torsionsschwingungen, c) Biegeschwingungen

Aus der Resonanzfrequenz lassen sich der dynamische E-Modul und der dynamische Schubmodul errechnen. Für den dynamischen E-Modul gilt auf Grund der Biegeschwingung bzw. Längsschwingung:

$$E_{dyn,\,B} = \frac{64 f^2\, m\, l^3\, C}{(2k+1)^4\, \pi^2\, J} \qquad (N/m^2)$$

$$E_{dyn,\,L} = \frac{4 l^2\, \rho f^2}{k^2} \qquad (N/m^2)$$

Für den dynamischen Torsionsmodul gilt

$$G_{dyn} = \frac{4 l^2\, \rho\, f^2\, C}{k^2} \qquad (N/m^2)$$

m = Masse des Probekörpers
k = Ordnung der Oberschwingung (k = 1 Grundschwingung)
J = Flächenträgheitsmoment
ρ = Rohdichte
l = Länge des Probekörpers
h = Höhe des Probekörpers
f = Resonanzfrequenz
C = Tabellierter Korrekturfaktor

Anhand des dynamischen E-Moduls und der Dicke eines Baustoffes läßt sich dessen *dynamische Steifigkeit s* bestimmen. Diese Kenngröße ist vor allem bei der Beurteilung des akustischen Verhaltens von Dämmplatten von Bedeutung (siehe Abschnitt 2.9.1.).

Die Resonanzfrequenzmessung ist weiters insofern vorteilhaft, als mittels desselben Versuches auch das Dämpfungsverhalten eines Baustoffes untersucht werden kann. Als Maß für die *Dämpfung* gilt der sogenannte *Verlustfaktor d*, den man aus der Halbwertsbreite der Resonanzkurve f und der Resonanzfrequenz f_0 erhält (Abb. 2.22.).

Dabei gilt die Beziehung:

$$d = \frac{\Delta f}{f_0}$$

$\Delta f = f_1 - f_2$ = Halbwertsbreite der Resonanzkurve
f_0 = Resonanzfrequenz

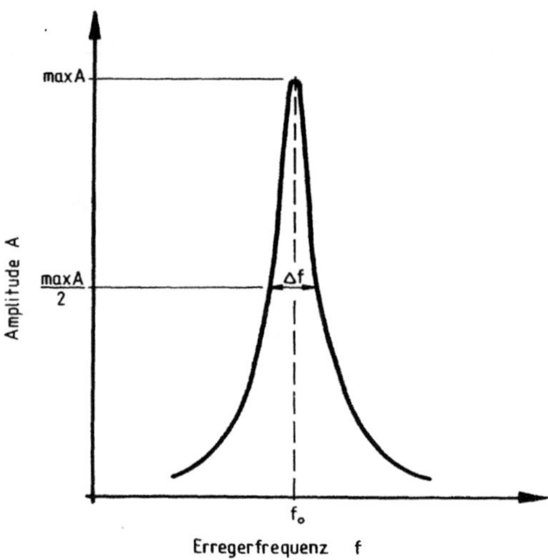

Abb. 2.22. Darstellung einer Resonanzkurve zur Bestimmung der Dämpfung

Allgemein bezeichnet man als Dämpfung diejenige Energie, die in einem schwingenden System einem Material innerhalb eines Schwingzyklus entzogen wird. Das Dämpfungsverhalten von Baustoffen ist vor allem in der Bauakustik von Bedeutung.

2.6.1.2. Plastische Formänderungen

Im Anschluß an den elastischen Bereich beobachtet man bei einer großen Anzahl von Baustoffen ein plastisches Verhalten. Abb. 2.23. zeigt das Spannungs-Dehnungsdiagramm eines ideal elasto-plastischen Materials. Nach Erreichen der Elastizitätsgrenze σ_E beginnen Fließvorgänge, zu deren Aufrechterhaltung die Spannung nicht weiter erhöht werden muß. Der im Spannungs-Dehnungsdiagramm auftretende elastische Verformungsanteil ϵ_{el} und der plastische Verformungsanteil ϵ_{pl} sind in Abb. 2.23. auf der Abszisse aufgetragen. Bei realen Werkstoffen ergeben sich nach dem Fließen wieder Verfestigungsvorgänge, so daß eine weitere Laststeigerung möglich wird (Abb. 2.20b.). Diese Laststeigerungen sind allerdings mit großen Verformungen verbunden.

2.6.1.3. Zeitabhängige Formänderungen

Eine Reihe von Baustoffen, wie z.B. manche Kunststoffe zeigen bei Lasteinwirkungen kein ausgeprägtes elastisches Verhalten. Die Formänderungen

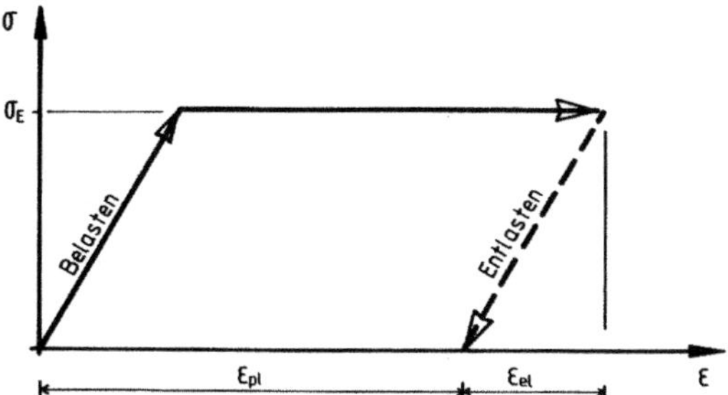

Abb. 2.23. Spannungs-Dehnungs-Diagramm eines ideal elastoplastischen Materials

bleiben nach Entlastung zum Teil erhalten. Weiters bemerkt man insbesondere bei Zugbeanspruchungen eine deutliche Abhängigkeit der Spannungs-Dehnungsdiagramme von der Belastungsgeschwindigkeit (Abb. 2.24.). Der Verlauf der Arbeitslinien wird mit zunehmender Belastungsgeschwindigkeit deutlich steiler. Daraus läßt sich schließen, daß bei solchen Materialien neben der Spannung auch die Zeit bzw. Dauer einer Belastung von Bedeutung ist. Ein derartiges Materialverhalten bezeichnet man als *viskoelastisch*. Viskoelastische Stoffe setzen sich aus einer elastischen und einer viskosen Komponente zusammen. Bei einer äußeren Belastung erfolgt zunächst eine elastische Dehnung (elastische Komponente) und anschließend setzt ein Fließvorgang ein (viskose Komponente). Im Gegensatz zu den plastischen Formänderungen ist beim viskosen Fließen keine bestimmte Größe der Spannung notwendig. Das Ausmaß der Fließvorgänge ist nicht an die Höhe der Spannung gebunden, sondern wird im wesentlichen von der Belastungsdauer bestimmt.

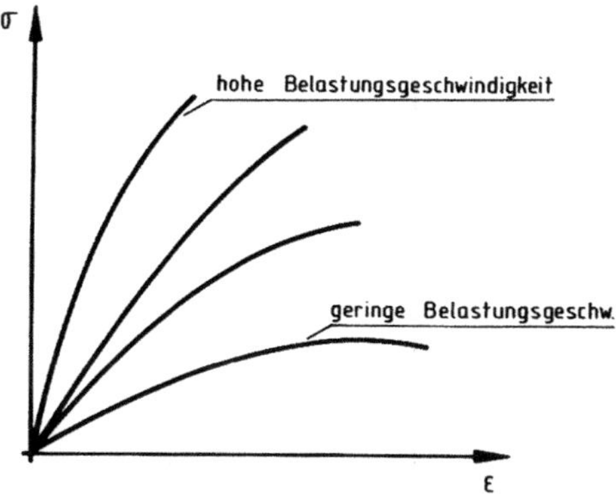

Abb. 2.24. Abhängigkeit der Spannungs-Dehnungs-Diagramme von der Belastungsgeschwindigkeit

Bei der praktischen Verwendung von Baustoffen ergeben sich oft sehr langsame Belastungsvorgänge, z.B. konstante Beanspruchungen unter dem Eigengewicht von Bauteilen. Dabei ergeben sich Erscheinungen wie *Kriechen* und *Relaxation*.

Kriechen tritt dann auf, wenn auf einen viskoelastischen Baustoff über einen längeren Zeitraum eine bestimmte und gleichbleibende Belastung einwirkt. Neben der sofort auftretenden elastischen Dehnung ϵ_{el} ergibt sich dabei eine mit der Zeit zunehmende Verformung, die einem bestimmten Grenzwert zustrebt. Im allgemeinen hat es sich gezeigt, daß die Kriechverformungen in einem bestimmten Verhältnis zu den sofort auftretenden elastischen Formänderungen stehen. Dies hat zur Definition einer sogenannten Kriechzahl ψ geführt.

$$\psi = \frac{\epsilon_k}{\epsilon_{el}}$$

ψ = Kriechzahl
ϵ_k = Kriechdehnung
ϵ_{el} = elastische Dehnung

Für die gesamten Verformungen unter einer Dauerlast gilt:

$$\epsilon = \epsilon_{el} + \epsilon_k = \epsilon_{el} + \psi\, \epsilon_{el} = \frac{\sigma}{E}\,(1 + \psi)$$

Zum Unterschied zum Kriechen, wo die Spannung konstant bleibt, und sich die Verformung ändert, bleibt bei der *Relaxation* die Formänderung konstant. Durch den viskosen Materialanteil erfolgt ein Nachlassen der Spannung. Dieser Vorgang der Entlastung bei gleichbleibender Dehnung wird als *Relaxation* bezeichnet.

2.6.2. Formänderungen infolge Temperaturänderungen

Bekanntlich dehnen sich Werkstoffe bei Temperaturerhöhung aus bzw. reduzieren ihre Länge bei Abkühlung. Diese temperaturbedingten Formänderungen lassen sich durch den *thermischen Ausdehnungskoeffizienten* α_T beschreiben. Dabei gilt die Beziehung

$$\epsilon_{\triangle T} = \alpha_T \cdot \triangle T$$

$\triangle T$ = Temperaturdifferenz
α_T = thermischer Ausdehnungskoeffizient
$\epsilon_{\triangle T}$ = Dehnung infolge einer Temperaturdifferenz $\triangle T$

Der thermische Ausdehnungskoeffizient ist definitionsgemäß die auf ein Kelvin bezogene Längenänderung eines Probekörpers. In der Tabelle 2.8. sind die α_T-Werte für einige Baustoffe angeführt.

Wird die Temperaturverformung eines Bauteils behindert, so ergeben sich Spannungen entsprechend den behinderten Formänderungen. Berücksichtigen muß man derartige Spannungen bei Verbundwerkstoffen, bei denen die einzelnen Komponenten stark unterschiedliche α_T-Werte aufweisen (z.B. Kunstharzbeschichtungen auf Betonoberflächen).

Tabelle 2.8. *Thermischer Ausdehnungskoeffizient für einige Baustoffe*

Baustoff	$\alpha_T \left[\frac{mm}{mm\,K} \times 10^{-6}\right]$
Normalbeton	8–12
Keramische Baustoffe	5–8
Natursteine	6–12
Stahl	12
Aluminium	24
Kunststoffe (ungefüllt)	50–200
Kunststoffe (gefüllt)	15–80

2.6.3. Formänderungen infolge Einflüssen von Feuchtigkeit

Bei porösen Baustoffen ist eine Änderung des Wassergehaltes zumeist mit Formänderungen verbunden. Dabei bezeichnet man als *Schwinden* eine Volumenverringerung infolge Wasserabgabe und als *Quellen* eine Volumenvergrößerung infolge Wasseraufnahme.

Das Schwinden und Quellen wird im allgemeinen als Längenänderung, seltener als Raumänderung angesehen. Da beide Erscheinungen zeitabhängig sind, ist eine Zeitangabe notwendig. Bei Behinderung der Formänderung infolge Schwinden oder Quellen entstehen Schwind- oder Quellspannungen.

Eigenspannungen innerhalb eines Baustoffes werden sich dann einstellen, wenn ein Material an der Oberfläche austrocknet und die Formänderungen in der äußeren Schicht zufolge des höheren Feuchtigkeitsgehaltes im Inneren beeinträchtigt werden.

2.7. Beständigkeit

Das Verhalten von Baustoffen gegenüber äußeren Einflüssen, wie z.B. Frost, Witterung, Korrosion, Feuer usw. läßt sich durch sogenannte Beständigkeitskenngrößen beschreiben. Es muß gewährleistet werden, daß auf Grund dieser äußeren Einwirkungen weder die Beschaffenheit noch die Struktur der Baustoffe eine ungünstige Veränderung erfahren.

2.7.1. Raumbeständigkeit

Bei verschiedenen porösen Baustoffen, wie z.B. keramischen Materialien, Zement- oder Kalkmörtel, Gips, Beton usw. ist die Gewährleistung der Raumbeständigkeit ein wichtiger Faktor. Wenn Baustoffe eine ungenügende Raumbeständigkeit aufweisen, kann dies zu Rißbildungen, Absprengungen oder Zerstörungen führen. Aus diesem Grund sind bei jenen Baustoffen, wo die Raumbeständigkeit ein Kriterium darstellt, in den entsprechenden Normen besondere Raumbeständigkeitsprüfungen vorgesehen.

2.7.2. Frostbeständigkeit

Allgemein bezeichnet man als Frostbeständigkeit bzw. als Frostwiderstand die Eigenschaft eines Baustoffes, im durchfeuchteten Zustand Frostbeanspruchungen ohne Zerstörung oder Schäden zu überstehen. Als hauptausschlaggebend für das Frostverhalten von porösen Baustoffen muß deren Porosität angesehen werden. Dabei spielen vor allem der Gehalt und die Art der Luftporen in den Baustoffen sowie deren räumliche Verteilung eine wichtige Rolle.

In porösen Baustoffen beginnt das Wasser am Anfang der Frosteinwirkungen in den Kapillarporen zu gefrieren, dabei ist es bestrebt, sein Volumen um etwa 9 % auszudehnen. Wird diese Volumenvergrößerung z.B. durch ein vollständige Wassersättigung im Material behindert, dann entsteht ein sogenannter hydraulischer Druck, der als hauptmaßgebend für Frostvorgänge in porösen Baustoffen angesehen werden muß. Dieser hydraulische Druck hängt außer von der Menge an gefrorenem Wasser und der Porenstruktur auch von der Abkühlgeschwindigkeit ab.

An porösen Baustoffen erfolgt die Beurteilung der Frostbeständigkeit mittels Temperaturwechselprüfung. Je nach Art des Baustoffes werden eine Anzahl von Frost-Tauwechsel (25, 50, 100 usw.) unter bestimmten Temperaturbedingungen (z.B. Gefrieren bei $-20°$ C an der Luft, Auftauen bei $+20°$ C unter Wasser) an wassergesättigten Probekörpern durchgeführt.

Nach Beendigung der Frost-Tauwechselprüfung wird dann der Grad der Schädigung der Prüfkörper als Maß für die Frostbeständigkeit herangezogen. Für die Beurteilung des Schädigungsgrades infolge der Frosteinwirkungen werden die Baustoffproben verschiedenen Prüfungen unterzogen, wie z.B. Änderungen der Masse, Änderungen des statischen oder dynamischen E-Moduls, Längenänderungen usw.

Anhand von konventionellen Frost-Tauwechselprüfungen sind nur qualitative Aussagen über das Verhalten von Baustoffen infolge Frosteinwirkungen möglich, will man die Frostbeständigkeit von Materialien quantitativ bestimmen, so benötigt man aufwendigere Prüfmethoden, wie z.B. das Verfahren des kritischen Sättigungsgrades.

Bei Baustoffen, die zwecks Enteisung (wie z.B. auf Straßendecken oder Flugpisten) mit Tausalzen oder dgl. behandelt werden, wird neben der Frostbeständigkeit auch eine *Frost-Tausalz-Beständigkeit* verlangt.

2.7.3. Witterungsbeständigkeit

Unter Witterungsbeständigkeit versteht man das Verhalten von Baustoffen bei Verwendung im Freien unter gegebenen klimatischen Umständen. Das Verhalten gegenüber Witterungseinflüssen stellt eine wesentlich komplexere Eigenschaft dar als die Frostbeständigkeit, da auch höhere Temperaturen und allenfalls chemische Angriffe eine Rolle spielen. Die Erfassung dieser Eigenschaft durch eine genormte Prüfvorschrift ist kaum möglich. Etwaige Prüfungen müssen mit den auf die Baustoffe einwirkenden Klimafaktoren abgestimmt werden.

Im Rahmen der Witterungsbeständigkeit ist die sogenannte UV-Beständigkeit eine wichtige Kenngröße. Vor allem organische Baustoffe (Kunststoffe, Folien, organische Bindemittel, Kunststoffanstriche usw.) können durch länger dauernde Einwirkung energiereicher UV-Bestrahlung stoffliche Änderungen und Schäden (Versprödung, Rißbildung usw.) erleiden. Bei Verwendung von Kunststoffen ist daher auf deren UV-Beständigkeit zu achten.

2.7.4. Korrosionsbeständigkeit

Durch die Korrosionsbeständigkeit wird meist der von der Oberfläche eines Materials ausgehende Widerstand beschrieben, den dieses chemischen oder elektro-chemischen Angriffen entgegensetzt. Bei mineralischen Baustoffen hängt der Korrosionswiderstand u.a. von der Dichtigkeit der Struktur ab. In vielen Fällen empfiehlt sich ein Schutz der Baustoffe durch entsprechende Überzüge oder Beschichtungen.

2.7.5. Feuerbeständigkeit

Bei der Beschreibung des Verhaltens gegenüber Feuer unterscheidet man zwischen Einwirkungen auf Baustoffe und auf Bauteile.

2.7.5.1. Brandverhalten von Baustoffen

Das Brandverhalten von Baustoffen wird nicht nur von der Art des Materials, sondern auch von dessen Verwendungsart beeinflußt. Weiters ist es noch von Wichtigkeit, ob die Baustoffe bei Feuereinwirkung toxische Gase entwickeln.

Hinsichtlich der Brennbarkeit der Baustoffe gilt nach ÖNORM B 3800, Teil 1 folgende Einteilung:

Brennbarkeitsklasse A: nicht brennbare Baustoffe
Brennbarkeitsklasse B: brennbare Baustoffe
Brennbarkeitsklasse B1: schwer brennbare Baustoffe
Brennbarkeitsklasse B2: normal brennbare Baustoffe
Brennbarkeitsklasse B3: leicht brennbare Baustoffe

Ein Baustoff gilt als brennbar, wenn er bei einer entsprechenden Prüfung zum Brennen oder Veraschen gebracht werden kann.

Ohne Nachweis durch einen Versuch gelten als schwer brennbar (Brennbarkeitsklasse B1):

Eichenholz, mindestens 15 mm dick
Holzwolle-Leichtbauplatten mit mineralischen Bindemitteln, mindestens 25 mm dick
Bauholz und Holzwerkstoffe, wenn sie mit einem Flammschutzmittel behandelt wurden
Gipskartonplatten
Polyvinylchlorid hart, weichmacherfrei, mindestens 1 mm dick
Phenoplast und Aminoplast
PVC-Hartschaum, weichmacherfrei
Melamin- und Phenolharz-Hartschaum

Als normal brennbar (Brennbarkeitsklasse B2) gelten ohne Nachweis:

Holz, Holzwerkstoffe und Vollpappe, mindestens 2 mm dick
Polyvinylchlorid hart, weichmacherfrei, mindestens 0,25 mm dick
Polyäthylen, Polypropylen, beide mindestens 1 mm dick
Polymethylmethacrylat, mindestens 2 mm dick
Polyesterharz, glasfaserverstärkt, Glasanteil der Masse mindestens 30 %, mindestens 1 mm dick
Schichtpreßstoffplatten mindestens 0,8 mm dick.

Als leicht brennbar (Brennbarkeitsklasse B3) bezeichnet man Baustoffe, die sich nicht in die Brennbarkeitsklasse A, B1 oder B2 einordnen lassen, wie z.B.

Papier, Holzwolle, Stroh
Holz, Holzwerkstoffe und Vollpappe mit Dicken kleiner als 2 mm
Polystyrolhartschaum (ohne Flammschutzausrüstung).

Ein Baustoff gilt als nicht brennbar (Brennbarkeitsklasse A), wenn er an der Luft bei einer Temperatur von 750° C (1023 K) nicht zum Brennen oder Veraschen gebracht werden kann. Als nicht brennbar gelten z.B. folgende Baustoffe:

Sand, Lehm, Ton, Schotter, Gips, Kalk, Hochofenschlacke, Hüttenbims, Mörtel, Beton mit mineralischem Zuschlag, Glas, Asbest, Asbestzement, Naturstein, Stahl usw.

2.7.5.2. Brandverhalten von Bauteilen

Kriterien für das Brandverhalten von Bauteilen sind die Standfestigkeit, die raumabschließende Funktionserhaltung gegenüber Feuer und Rauchentwicklung, Verhinderung einer Brandausbreitung durch gefährliche Temperaturerhöhung auf der dem Feuer abgekehrten Seite und die Widerstandsfähigkeit bei Löschvorgängen. Die Brandwiderstandsdauer von Bauteilen ist die Zeitdauer in Minuten, während der die Bauteile einer Brandeinwirkung ausreichend Widerstand leisten. Danach folgt eine Einteilung in Brandwiderstandsklassen gemäß Tabelle 2.9.

Tabelle 2.9. *Einteilung in Brandwiderstandsklassen*

Brandwiderstandsklasse	Brandwiderstandsdauer t in Minuten	Bautechnische Bezeichnung
F 30	$30 \leq t < 60$	feuerhemmend
F 60	$60 \leq t < 90$	hochfeuerhemmend
F 90	$90 \leq t < 180$	feuerbeständig
F 180	$180 \leq t$	hochfeuerbeständig

Bezüglich des Brandwiderstandes der Bauteile müssen die brandschutztechnischen Merkmale eines Bauwerkes berücksichtigt werden, wie z.B. Lage, Ausdehnung und Höhe des Gebäudes, Einrichtungen usw. Nach ÖNORM B 3800 gelten folgende Anwendungen der Brandschutzwiderstandsklassen:

F 30: z.B. Decken ebenerdiger Wohnhäuser in offener Bebauung

F 60: z.B. Decken und tragende Wände in dreigeschossigen Wohnhäusern

F 90: z.B. Brandabschnittbegrenzende Bauteile, soweit nicht F 180 gefordert wird.

F 180: z.B. Stützen und Decken im Erdgeschoß von Hochhäusern.

In den Brandwiderstandsklassen F 90 und F 180 dürfen im allgemeinen nur Baustoffe der Klasse A verwendet werden.

2.8. Thermische Eigenschaften und Wärmeschutz

Die thermischen Eigenschaften von Baustoffen und Bauteilen und der damit verbundene Wärmeschutz sind maßgebende Faktoren sowohl für die thermische Behaglichkeit in Wohnräumen als auch bezüglich Wirtschaftlichkeit beim Brennstoffverbrauch. Ein ungenügender Wärmeschutz an Bauteilen führt zu einer Reduzierung der Oberflächentemperaturen an Wandinnenoberflächen bzw. zu kalten Fußböden. Das hat die Gefahr einer Tauwasserbildung und der damit verbundenen Schäden zur Folge.

Zur Beurteilung der physikalischen Zusammenhänge und zur Durchführung von Wärmeschutzberechnungen benötigt man die folgenden thermischen Grundbegriffe.

2.8.1. Wärmeleitfähigkeit

Die Wärmeleitfähigkeit (Wärmeleitzahl) λ (W/mK) beschreibt jene Wärmemenge, die durch einen Baustoff der Dicke von 1 m je m^2 Baustoffoberfläche pro Zeiteinheit hindurchgeht, wenn an den gegenüberliegenden Oberflächen eine Temperaturdifferenz von 1° C vorliegt.

Die Wärmeleitfähigkeit ist ein Stoffkennwert, der in der Hauptsache von der Porosität und dem Feuchtigkeitsgehalt der Baustoffe beeinflußt wird. Bei feinen, gleichmäßig verteilten Poren erfolgt eine schlechtere Wärmeleitung als bei wenigen und großen Hohlräumen, in denen durch Luftkonvektion ein Wärmeaustausch eher möglich ist. Da die Rohdichte eines porösen und trockenen Stoffes mit abnehmendem Porengehalt ansteigt, ergibt sich eine Zunahme der Wärmeleitfähigkeit mit steigender Rohdichte. Neben der Größe der Luftporen spielt auch ihre Verteilung im Material und die Art der festen Bestandteile eine Rolle.

Eine Zunahme des Feuchtigkeitsgehaltes in einem porösen Baustoff hat ein starkes Ansteigen der Wärmeleitfähigkeit zur Folge. Grund hiefür sind sowohl die gegenüber Luft höhere Wärmeleitfähigkeit des Wassers als auch die in den Poren auftretenden Übertragungen von Wärme infolge Wasserdampfdiffusion.

Die Tabelle 2.10. gibt eine Übersicht über Rechenwerte der Wärmeleitfähigkeit einiger wichtiger Bau- und Dämmstoffe.

Tabelle 2.10. *Wärmeleitfähigkeit und Rohdichte einiger Baustoffe*

Baustoff	Rohdichte kg/dm³	Wärmeleitfähigkeit W/m K
Mauerwerk aus Vollziegeln	1,6	0,70
aus Hohlziegeln	1,0	0,45
Kiesbeton	2,2	1,50
Stahlbeton	2,4	2,30
Leichtbeton	1,8	0,97
	1,6	0,75
	1,4	0,58
	1,2	0,44
Gas- und Schaumbeton	0,8	0,33
	0,6	0,25
	0,4	0,18
Gipsmörtel	1,6	0,70
Kalkmörtel	1,7	0,90
Zementmörtel	2,0	1,40
Natursteine	2,3–2,7	1,7–3,4
Holz	0,5	0,14
Holzwolleleichtbauplatten	0,4	0,097
Schaumkunststoffe	0,015	0,045
Stahl	7,8	50–70
Glas	2,5	0,81

2.8.2. Wärmeübergang

Die Wärmeübergangszahl α_i bzw. α_a (W/m² K) beschreibt jene Wärmemenge, die pro Zeiteinheit von einer 1 m² großen Wandoberfläche mit der umgebenden Luft ausgetauscht wird, wenn die Temperaturdifferenz zwischen Wandoberfläche und Luft 1° C beträgt. Beeinflußt wird diese Kenngröße durch die Bewegungen der Luft und vom Zustand der Wandoberfläche (Rauhigkeit, Farbe, Material).

2.8.3. Wärmedurchgang durch Bauteile

Der Wärmedurchgang durch eine homogene Wand setzt sich aus drei Vorgängen zusammen:

Wärmeübergang an der inneren Wandoberfläche
Wärmeleitung durch die Wand
Wärmeübergang an der äußeren Wandoberfläche.

Bei stationärer Wärmeströmung lassen sich diese Vorgänge durch nachstehende Gleichungen zahlenmäßig ausdrücken.

$$\Phi_1 = \alpha_i \cdot F (T_i - T_1)$$
$$\Phi_2 = \lambda/d \cdot F (T_1 - T_2)$$
$$\Phi_3 = \alpha_a \cdot F (T_2 - T_a)$$

Φ = Wärmestrom
F = Fläche der Wand
α_i, α_a = Wärmeübergangszahlen
T_1, T_2 = Wandoberflächentemperaturen
T_i, T_a = Innen bzw. Außentemperaturen der Luft
λ = Wärmeleitfähigkeit
d = Dicke der Wand

Die nur von der Dicke der Wand und von der Wärmeleitfähigkeit abhängige Größe λ/d wird als *Wärmedurchlaßzahl* Λ bezeichnet. Den Reziprokwert d/λ nennt man *Wärmedurchlaßwiderstand D*.

Bei der praktischen Berechnung werden die drei Größen α_i, α_a und λ/d durch den sogenannten *Wärmedurchgangskoeffizienten k*

$$k = \frac{1}{1/\alpha_i + d/\lambda + 1/\alpha_a} \qquad [\mathrm{W/m^2\ K}]$$

bzw. durch den *Wärmedurchgangswiderstand* $1/k$ ausgedrückt.

$$1/k = \frac{1}{\alpha_i} + \frac{d}{\lambda} + \frac{1}{\alpha_a} \qquad [\mathrm{m^2\ K/W}]$$

$1/\alpha_i$, $1/\alpha_a$ = innerer bzw. äußerer Wärmeübergangswiderstand
d/λ = Wärmedurchlaßwiderstand

Für den Wärmedurchgang durch eine homogene Wand gilt dann

$$\Phi = k \cdot F (T_i - T_a)$$

2.8.4. Wärmespeicherungsvermögen

Als Wärmespeicherungsvermögen S bezeichnet man die Eigenschaft eines Baustoffes, beim Erwärmen gewisse Wärmemengen gemäß der Beziehung

$$S = c \cdot \rho \qquad [\mathrm{J/m^3\ K}]$$

zu speichern.

c = spezifische Wärmekapazität
ρ = Rohdichte

2.8.5. Wärmeeindringzahl

Als Maß für die Geschwindigkeit einer Wärmeübertragung bei Berührung verwendet man die Wärmeeindringzahl b. Hiefür gilt

$$b = \sqrt{\lambda \cdot c \cdot \rho} \qquad [\mathrm{W\ s^{1/2}/m^2\ K}]$$

λ = Wärmeleitfähigkeit
c = spezifische Wärmekapazität
ρ = Rohdichte

Die Wärmeeindringzahl ist vor allem bei Fußböden von Bedeutung. Je größer b ist, desto mehr Wärme wird bei einer Berührung entzogen, und die Baustoffoberfläche fühlt sich kalt an. Für fußwarme Fußböden gilt $b < 700$.

2.9. Akustische Eigenschaften und Schallschutz

Jede Druckänderung, die das menschliche Ohr wahrnehmen kann, wird als Schall definiert. Die Anzahl der Druckänderungen pro Sekunde bezeichnet man als *Frequenz*. Der menschliche Hörbereich ist in der Lage Frequenzen im Bereich von 20 Hz bis zu 20 000 Hz zu erfassen. Dabei muß aber berücksichtigt werden, daß das menschliche Ohr nicht über diesen ganzen Frequenzbereich gleich empfindlich ist, am empfindlichsten ist es im Frequenzbereich zwischen 2 kHz und 5 kHz, und am wenigsten empfindlich bei extrem hohen und niedrigen Frequenzen. Die *Schallstärke* wird durch die Größe der Druckschwankungen direkt bestimmt, als Meßgröße für die Schallstärke dient der *Schallpegel* L als 20facher Zehnerlogarithmus des Verhältnisses des effektiven Schalldruckes p gegenüber einem bei 1 000 Hz gerade noch wahrnehmbaren Bezugsschalldruck von $p_0 = 2 \cdot 10^{-5}$ N/m².

$$L = 20 \log \frac{p}{p_0} \qquad \text{(Dezibel, dB)}$$

Die Schallausbreitung erfolgt im allgemeinen mittels *Luftschall*, *Körperschall* oder *Trittschall*. Beim Luftschall breiten sich die Schallwellen in der Luft aus und beim Körperschall erfolgt die Schallweiterleitung in einem festen Körper. Als Trittschall bezeichnet man einen Schall, der beim Begehen oder ähnlichen Anregungen einer Decke als Körperschall entsteht, weitergeleitet und teilweise als Luftschall abgestrahlt wird. Unter *Lärm* versteht man jeden störenden Schall.

2.9.1. Luftschallschutz von Wänden und Decken

Befindet sich in einem Raum I eine Schallquelle, die einen Schallpegel L_1 erzeugt, so ergibt sich in einem durch eine Wand getrennten Raum II eine Vermin-

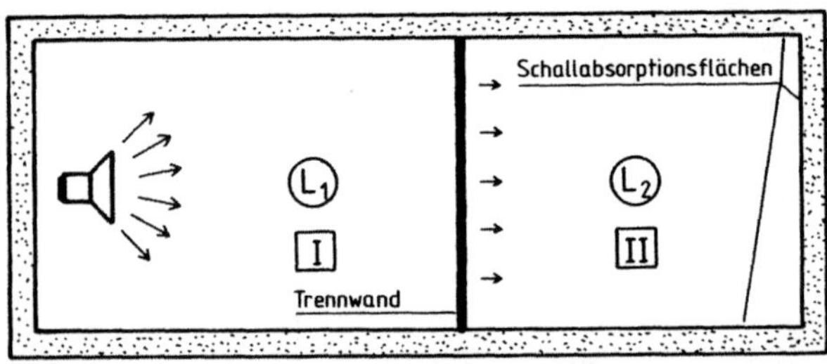

Abb. 2.25. Bestimmung der Luftschalldämmung von Wänden

derung des Schallpegels auf den Wert L_2 (Abb. 2.25.). Das *Luftschalldämmaß* R bestimmt sich dann durch die Gleichung

$$R = L_1 - L_2 + 10 \log S/A$$

L_1, L_2 = Schallpegelwerte im Raum I und im Raum II
S = Schallabsorptionsvermögen im Raum II
A = Fläche der Trennwand

Bei der Schalldämmung muß darauf geachtet werden, daß sich der Schall nicht ausschließlich auf direktem Weg, sondern auch über Nebenwege (Schall-längsleitung) über angrenzende Decken und Wände fortleitet.

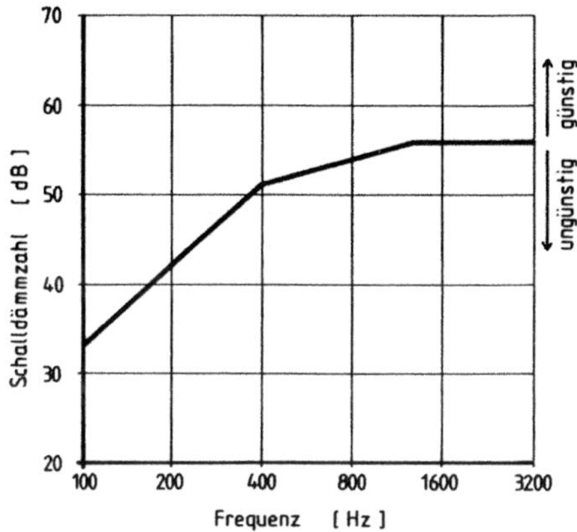

Abb. 2.26. Sollkurve für die Schalldämmung

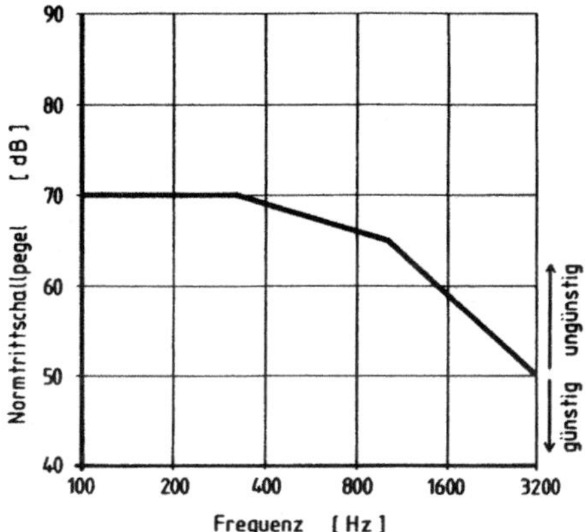

Abb. 2.27. Sollkurve für den Norm-Trittschallpegel

Den *Normtrittschallpegel* L_N erhält man als Schallpegel in einem Raum, auf dessen darüberliegender Decke ein Normhammerwerk schlägt.

Da sowohl das Luftschalldämmaß R als auch der Normtrittschallpegel L_N frequenzabhängige Größen sind, müssen beide für den maßgebenden Frequenzbereich zwischen 100 und 3 200 Hz bestimmt werden. Eine Festlegung des erforderlichen *Luftschallschutzes* ergibt sich durch die Sollkurve für die Schalldämmzahl (Abb. 2.26.) und durch die Sollkurve für den Normtrittschallpegel (Abb. 2.27.). Gegenüber diesen Sollkurven werden für bestimmte Bauteile besondere Schallschutzmaße verlangt. Darunter versteht man die mögliche Verschiebung in dB der jeweiligen Sollkurve gegen die Kurve der Schalldämmzahl (*Luftschallschutzmaß LSM*) bzw. des Normtrittschallpegels (*Trittschallschutzmaß TMS*) bis zu einer zulässigen Abweichung von im Mittel 2,0 dB.

Das Luftschallschutzmaß LSM wird in erheblichem Maße von der Baustoffart beeinflußt. Bei einschaligen Bauteilen ist vor allem das Flächengewicht G (kg/m^2) wesentlich; der LSM-Wert steigt mit zunehmendem Flächengewicht, wobei bei gleicher Dicke eine große Dichte vorteilhaft ist.

Doppelschalige Wände geben bei einem gleichen Flächengewicht ein günstigeres Luftschallschutzmaß, hierbei spielt die konstruktive Ausführung eine wichtige Rolle; das Auftreten von Schallbrücken zwischen den Schalen muß vermieden werden.

Durch eine Massivdecke allein erhält man keinen ausreichenden Trittschallschutz, hiefür ist in der Regel ein „schwimmender Estrich“ mit einer weich federnden Dämmschicht notwendig. Das Trittschallschutzmaß TSM wird durch die Art und die Dicke der Dämmschicht beeinflußt, was sich durch die sogenannte dynamische Steifigkeit s der Dämmschicht ausdrückt.

$$s = \frac{E_{dyn}}{d} \qquad [N/cm^3]$$

E_{dyn} = dynamischer E-Modul
d = Dicke der Dämmschicht

2.9.2. Schallabsorption

Bei Einwirkungen von Luftschall auf Wandoberflächen wird dieser zum Teil reflektiert und zum Teil absorbiert. Als Schallabsorptionsgrad (Schallschluckgrad) bezeichnet man das Verhältnis der Schallintensität des absorbierten Anteils zur Intensität des auftreffenden Schalls. Der Schallschutzgrad ist im wesentlichen von der Art der Wandoberfläche und von der Frequenz abhängig. Zur Erzielung guter räumlicher Hörverhältnisse verwendet man schallschluckende Bauteile, die je nach Bedarf in bestimmten Frequenzbereichen wirksam sind. Auf diese Weise lassen sich der Nachhall und die Hörsamkeit eines Raumes verändern.

2.10. Statistische Methoden zur Beurteilung von Baustoffkennwerten

Für eine ausreichende Beurteilung der Baustoffe bzw. der Baustoffkennwerte hat sich die Anwendung von mathematisch-statistischen Verfahren als sehr zweckmäßig und notwendig erwiesen. Dies gilt insbesondere bezüglich der Gewährleistung möglichst gleichmäßiger Baustoffeigenschaften und in Hinblick auf die bei der Produktion naturgemäß auftretenden Streuungen. Die Tatsache, daß alle Baustoffeigenschaften mit Streuungen behaftet sind, muß in Kauf genommen werden, man wird aber trachten, die Streuungen möglichst klein oder zumindest konstant zu halten. Die Konstanz von Eigenschaften ist somit ein wesentliches Qualitätsmerkmal. Gelingt es in einem Produktionsprozeß, die Eigenschaften eines Produktes konstant zu halten, so spricht man von *Qualitätsbeherrschung*. Bei der Herstellung von Baustoffen muß nicht nur auf die Einhaltung von Mittelwerten geachtet werden, sondern es muß auch vermieden werden, daß Einzelwerte außerhalb von zulässigen Grenzwerten liegen.

2.10.1. Allgemeine statistische Verfahren

Die verschiedenen Erscheinungen zugrundeliegenden Gesetzmäßigkeiten lassen sich sehr oft nur nach umfangreichen Versuchen und Beobachtungen erkennen. Werden die zu untersuchenden Vorgänge nur wenigen Beobachtungen unterzogen, so entsteht oft der Eindruck eines zufälligen Verhaltens mit keinen sichtbaren Gesetzmäßigkeiten. Erst nach einer Vielzahl von Versuchen lassen sich feste Beziehungen ableiten. Solche Untersuchungen führen zu Ergebnissen, die sich mittels Methoden der technischen Statistik in allgemein richtige Aussagen umformen lassen. Abb. 2.28. soll das sogenannte Grundmodell der technischen Statistik erläutern.

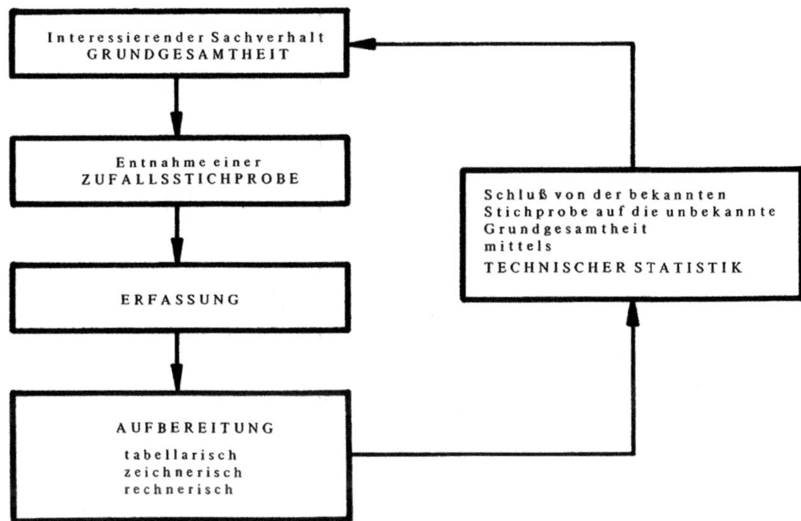

Abb. 2.28. Grundmodell der technischen Statistik (nach John)

Als *Grundgesamtheit* bezeichnet man die Gesamtmenge aller Ereignisse oder Elemente, die einer statistischen Betrachtung zugrunde liegen. Bei der Anwendung statistischer Verfahren ist es charakteristisch, daß man aus der Untersuchung einer beschränkten Anzahl von Meßwerten Informationen über die Grundgesamtheit einer Eigenschaft (z.B. Festigkeit) erhält.

Wird eine Anzahl von n Beobachtungen einer bestimmten Eigenschaft vorgenommen, so erhält man die Größen $x_1, x_2 \dots x_i \dots x_n$, mit $i = 1 \dots n$. Diese Größen bilden eine sogenannte *Stichprobe* und die Anzahl der in einer Stichprobe vereinigten Werte heißt *Umfang der Stichprobe*. Eine Stichprobe nennt man groß oder klein, je nachdem ob ihr Umfang mehr oder weniger als 25 Werte enthält. Die Beziehung

$$R = x_{max} - x_{min} = x_n - x_1$$

bezeichnet man als *Spannweite R* einer Stichprobe. Teilt man die Spannweite in gleiche Intervalle oder *Klassen* der Anzahl k, so erhält man die Klassenbreite mit

$$\frac{R}{k} = \frac{x_{max} - x_{min}}{k} = \frac{x_n - x_1}{k}$$

Durch eine günstige Klasseneinteilung erreicht man oft rechnerische Vorteile. Bei einer Versuchsdurchführung kann eine bestimmte Eigenschaft, z.B. der Meßwert einer bestimmten Festigkeit, mehrmals unter gleichbleibenden Bedingungen auftreten. Die Zahl, die angibt, wie oft dieser Wert bei Messungen auftritt, heißt *Häufigkeit*.

Als Häufigkeitsverteilung bezeichnet man diejenige Funktion, die angibt, mit welcher Häufigkeit eine zufallsbedingte Veränderliche in einem bestimmten Intervall liegt, also wie oft ein bestimmter Beobachtungswert vorkommt. Dabei teilt man den ganzen Wertebereich der zu untersuchenden Größe in eine bestimmte Anzahl von Intervallen bzw. Klassen.

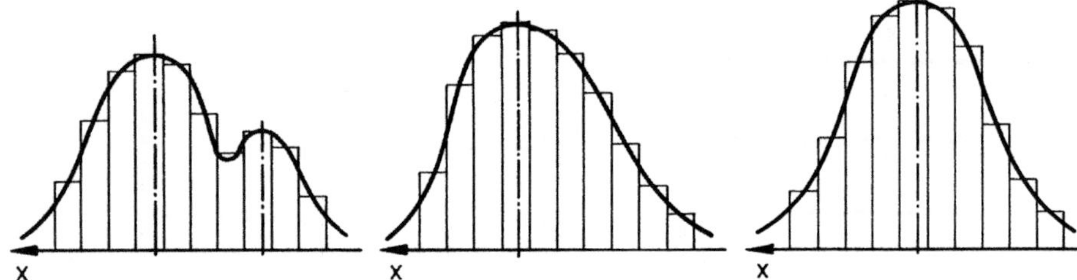

Abb. 2.29. Verschiedene Arten von Häufigkeitsverteilungen

Zeichnet man ein Koordinatensystem in der Form, daß auf der Abszissenachse die Beobachtungswerte und auf der Ordinate die zugehörigen Häufigkeiten liegen, so erhält man eine sogenannte Häufigkeitsverteilung. Je nach der Form dieser Verteilung unterscheidet man verschiedene Arten von Häufigkeitsverteilungen (Abb. 2.29.).

Die im Bauwesen wichtigste und am meisten verwendete Verteilung ist die sogenannte Normalverteilung (Gaußsche Glockenkurve). Abb. 2.30. zeigt eine derartige Häufigkeitsverteilung von Betonwürfeldruckfestigkeiten, wie sie im Rahmen einer Güteprüfung erhalten wurde.

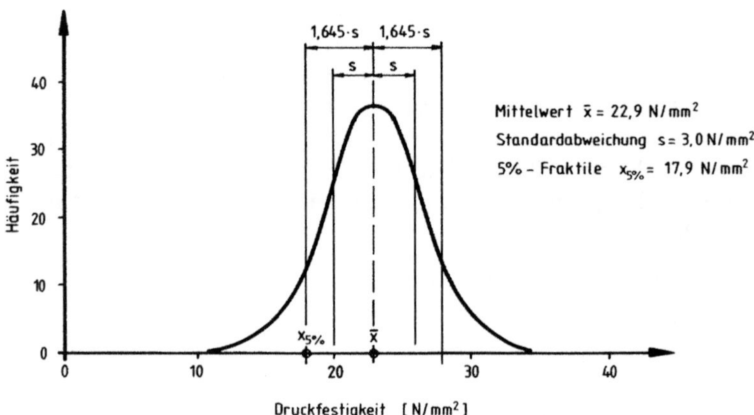

Abb. 2.30. Gaußsche Glockenkurve mit Bestimmung von $\bar{x}$, s und der 5 %-Fraktile

Aus den n-Einzelwerten $x_1 \ldots . x_i \ldots . x_n$ lassen sich folgende statistische Kennwerte ermitteln:

Mittelwert $\bar{x} = \frac{1}{n} \sum_{i=1}^{n} x_i$

Varianz $s^2 = \frac{1}{n-1} \sum_{i=1}^{n} (x_i - \bar{x})^2$

Standardabweichung $s = \sqrt{s^2}$

Durch den Mittelwert $\bar{x}$ und die Standardabweichung s wird die Form der Gaußschen Glockenkurve bestimmt. Die Standardabweichung ist durch den Abstand zwischen dem Mittelwert $\bar{x}$ und den Werten an den Wendepunkten der

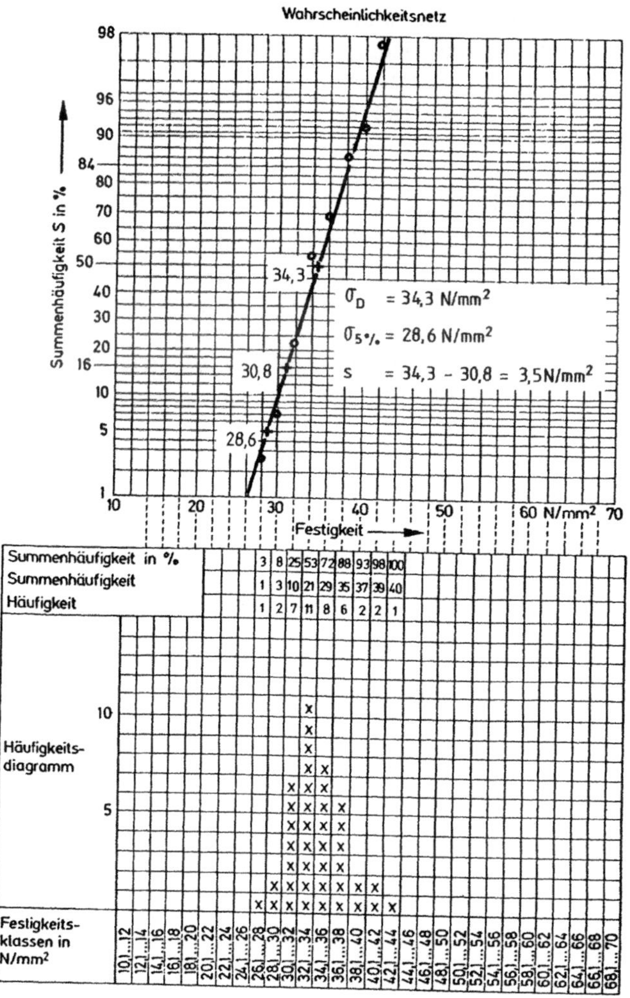

Abb. 2.31. Statistische Auswertung von Betonfestigkeitsprüfungen (nach Rüsch)

Gaußschen Glockenkurve charakterisiert und stellt ein Maß für die Streuung der Einzelwerte dar. In Abb. 2.30. ist neben dem Mittelwert $\bar{x}$ und der Standardabweichung s auch die sogenannte 5 % Fraktile eingetragen. Die Fraktile, auch Sicherheitsgrenze genannt, gibt jenen Wert an, der nur von einer begrenzten Anzahl von Einzelwerten unterschritten werden darf. Die 5 % Fraktile errechnet sich gemäß der Beziehung

$$5\ \%\ \text{Fraktile} = \bar{x} - 1{,}645 \cdot s$$

Bei der Normalverteilung wird die 5 % Fraktile von 5 % aller Werte unterschritten und von 95 % überschritten.

Abb. 2.31. zeigt ein Verfahren, welches es erlaubt, statistische Größen (z.B. Ergebnisse einer Betonfestigkeitsprüfung) unter Verwendung von Formblättern auf halbgraphischem Wege zu ermitteln. Auf einer Urliste werden die Klassenwerte durch Ankreuzen in den mit Häufigkeitsdiagramm bezeichneten Teil eingetragen. Weiters wird die Häufigkeit eingeschrieben, das ist die zu den einzelnen Festigkeitsklassen gehörende Summe der Meßwerte. Aus der Häufigkeit jeder Klasse wird dann die Summenhäufigkeit bestimmt und in Prozenten ausgedrückt. Die Prozentzahlen werden in das darüberliegende Wahrscheinlichkeitsnetz übertragen und eine Ausgleichsgerade gebildet. Der Schnittpunkt der Geraden mit der 50 %-Linie entspricht dem Mittelwert; die 5 % Fraktile liegt am Schnittpunkt mit der 5 %-Linie. Die Standardabweichung erhält man aus der Differenz zwischen den Schnittpunkten der Ausgleichsgeraden bei 50 % und 16 % Summenhäufigkeit.

Das vorliegende Verfahren ist nur bei einer Probenzahl ab $n = 30$ verwendbar. Liegt die Anzahl der Meßwerte n zwischen 10 und 30, sind gewisse Korrekturen notwendig.

2.11. Literatur und Normen

Gösele, K., Schüle, W.: Schall, Wärme, Feuchtigkeit. Wiesbaden-Berlin: Bauverlag. 1979.
John, B.: Statistische Verfahren für Technische Meßreihen. München-Wien: C. Hanser. 1979.
Klopfer, H.: Wassertransport durch Diffusion in Feststoffen. Wiesbaden-Berlin: Bauverlag. 1974.
Kohlrausch, F.: Praktische Physik, Bd. 1, 2 und 3. Stuttgart: B. G. Teubner. 1968.
Krist, Th.: Neue internationale Einheiten. Darmstadt: Technische Tabellen Verlag. 1973.
Rüsch, R., Sell, R., Rackwitz, R.: Statistische Analyse der Betonfestigkeit. Deutscher Ausschuß für Stahlbeton, *206*, Berlin 1969.

Normen

DIN 1048 Prüfverfahren für Beton
DIN 1301 Einheiten, Einheitennamen, Einheitenzeichen
DIN 1304 Allgemeine Formelzeichen
DIN 1305 Masse, Gewicht, Gewichtskraft, Fallbeschleunigung, Begriffe
DIN 1306 Dichte, Begriffe
DIN 1313 Physikalische Größen und Gleichungen, Begriffe, Schreibweisen
DIN 1345 Technische Thermodynamik, Formelzeichen
DIN 4102 Brandverhalten von Baustoffen und Bauteilen

DIN 4108 Wärmeschutz im Hochbau
DIN 4109 Schallschutz im Hochbau
DIN 4172 Maßordnung im Hochbau
DIN 5036 Bewertung und Messung der lichttechnischen Eigenschaften von Werkstoffen
DIN 5497 Mechanik; Starre Körper, Formelzeichen
DIN 18230 Baulicher Brandschutz im Industriebau, Ermittlung der Brandschutzklasse
DIN 50035 Begriffe auf dem Gebiet der Alterung von Materialien
DIN 50100 Werkstoffprüfung, Dauerschwingversuch, Begriffe, Zeichen, Durchführung, Auswertung
DIN 52612 Wärmeschutztechnische Prüfungen
DIN 52615 Wärmeschutztechnische Prüfungen
DIN 52617 Bestimmung der kapillaren Wasseraufnahme von Baustoffen und Beschichtungen
DIN 55302 Statistische Auswertungsverfahren
DIN 55303 Statistische Auswertung von Daten

ÖNORM A 6401 Zeichen für Größen und Einheiten
ÖNORM A 6409 Physikalische Größen, Einheiten, Zahlenwerte, Dimensionen
ÖNORM A 6410 Schreibweise physikalischer und technischer Gleichungen
ÖNORM A 6431 Größensysteme, Einheitensysteme, Basisgrößen, Urmaße
ÖNORM A 6432 Internationales Einheitensystem (SI)
ÖNORM A 6435 Maßsysteme, Mechanik
ÖNORM A 6436 Wärme, Größen und Einheiten
ÖNORM A 6437 Maßsysteme, Licht und andere optische Strahlungen
ÖNORM A 6440 Masse und Gewicht, Begriffe
ÖNORM A 6650 (Vornorm) Statistische Qualitätskontrolle, Attibutive Stichprobenprüfung, Vereinfachtes Verfahren
ÖNORM B 1010 Maßordnung im Bauwesen, Modulordnung, Grundlagen
ÖNORM B 1100 Maßordnung im Bauwesen, Maßtoleranzen, Grundsätze und Terminologie
ÖNORM B 3303 Betonprüfung
ÖNORM B 3800 Teil 1 bis Teil 4. Brandverhalten von Baustoffen und Bauteilen
ÖNORM B 8110 Hochbau, Wärmeschutz
ÖNORM B 8115 Schallschutz und Raumakustik im Hochbau

3. Natursteine

Als Natursteine bezeichnet man mineralische Aggregate, die durch geologische Vorgänge zusammengefügt und verfestigt wurden. Die natürlichen Gesteine kommen auf der Erde in großer Mannigfaltigkeit vor und werden im Bauwesen als bearbeitete oder unbearbeitete Naturwerksteine oder in zerkleinerter Form als Schotter oder Splitt verwendet. Je nach der Art ihrer Beschaffenheit sind die Natursteine im Bauwesen verschieden gut, teilweise vorzüglich brauchbar.

3.1. Einteilung der Gesteine

Entsprechend ihrer Entstehungsart unterscheidet man drei Gesteinsgruppen:
Magmatische Gesteine – Erstarrungsgesteine
Sedimentäre Gesteine – Ablagerungsgesteine
Metamorphe Gesteine – Umwandlungsgesteine

3.1.1. Magmatische Gesteine

Die magmatischen Gesteine werden auch als Eruptiv- oder Erstarrungsgesteine bezeichnet. Kennzeichnend für diese Gesteine ist, daß sie in Form einer flüssigen Schmelze (Magma) aus dem Erdinneren herausgepreßt oder herausgeschleudert wurden. Blieben die Gesteine bei diesen Vorgängen in der Tiefe stekken, dann spricht man von Tiefengesteinen. Die Abkühlung erfolgte dabei langsam unter Ausbildung eines grobkörnigen Gefüges. Zu den Tiefengesteinen zählt man den Granit, Diorit und Syenit.

Jener Teil der Schmelze, der an die Erdoberfläche gelangte, erstarrte dort schnell und bildete ein feinkörniges oder glasiges Gefüge. Zu diesen sogenannten Ergußgesteinen zählen die Basalte und Porphyre. Die Tabelle 3.1. enthält die wichtigsten magmatischen Gesteine und ihre Eigenschaften.

3.1.2. Sedimentäre Gesteine

Als Sedimentärgesteine bezeichnet man verfestigte Ablagerungen von Verwitterungsprodukten verschiedener Gesteine. Dabei unterscheidet man zwischen 3 Arten von Sedimentgesteinen

mechanische Sedimente
chemische Sedimente
organogene Sedimente

Bei den mechanischen Sedimentgesteinen zerfiel das Primärgestein durch mechanische Einwirkungen (Wasser, Wind, Frost) in feinste Bestandteile, welche

Tabelle 3.1. *Beispiele magmatischer Gesteine*

Gesteinsgruppe	Mineralische Bestandteile	Rohdichte (kg/dm³)	Druckfestigkeit (N/mm²)	Biegezugfestigkeit (N/mm²)	Eigenschaften
Granit	Quarz Feldspat Glimmer	2,5–2,8	160–240	10–20	sehr hart, schwer zu bearbeiten, mittel bis feinkörnig, wetterfest
Quarzporphyr Andesit	Feldspat mit Quarz	2,6–2,8	180–300	15–20	sehr hart und zäh wetterfest
Basalt Diabas	Augit, Hornblende Feldspat, Augit	2,7–2,9	180–300	15–25	sehr hart, dichtes Gefüge wetterfest

Tabelle 3.2. *Beispiele sedimentärer Gesteine*

Gesteinsgruppe	Mineralische Bestandteile	Rohdichte (kg/dm³)	Druckfestigkeit (N/mm²)	Biegezugfestigkeit (N/mm²)	Eigenschaften
Sandstein	Quarzkörner durch Zwischenmittel verkittet				
Quarzite, kieseliger Sandstein		2,5–2,6	120–200	10–20	hart, wetterfest
kalkiger Sandstein	kalkhaltig	2,0–2,6	60–100	4–10	geringe Festigkeit geringe Wetterbeständigkeit
toniger Sandstein	tonhaltig	2,0–2,6	40– 60	4– 8	weich, nicht wetterfest
Kalkstein Marmor	Kalkspat	2,5–2,8	80–180	5–15	sehr unterschiedliche Eigenschaften

sich zusammen mit Zwischenmitteln wie z.B. Ton, Lehm, Kalk oder dgl. in Schichten großer Dicke absetzten. Durch den Lagerungsdruck wurden die Gesteinsteilchen zusammengepreßt und untereinander verkittet. Vertreter mechanischer Sedimentgesteine sind Sandstein, Tonschiefer, Grauwacke. Falls die Gesteinsteilchen nicht verkittet wurden, entstand Geröll, Kies, Sand, Lehm, Ton.

Die chemischen Sedimentgesteine entstanden durch Auflösen des ursprünglichen Materials unter Wassereinwirkung mit anschließenden Ausscheidungsvorgängen. Beispiele für diese Gruppe sind Gips, Anhydrit, Steinsalz.

Durch Anhäufung von tierischen und pflanzlichen Organismen und durch nachfolgende Umwandlungen entstanden die organogenen Sedimentgesteine (Kalkstein wie z.B. Riffkalke).

Zu den Sedimentgesteinen zählt man: Grauwacke, Dolomit, dolomitische Kalke, Gipsstein, Anhydrit, Beispiele sedimentärer Gesteine zeigt die Tabelle 3.2.

3.1.3. Metamorphe Gesteine

Metamorphe Gesteine oder Metamorphite sind Gesteine, die unter Einwirkung hoher Temperaturen meist unter hohem Druck durch Umwandlung von magmatischen oder sedimentären Gesteinen gebildet wurden. Zu den wichtigsten metamorphen Gesteinen zählen die Glimmerschiefer und die Gneise. In der Tabelle 3.3. sind die Eigenschaften der wichtigsten Metamorphite angeführt. Charakteristische Eigenschaft der metamorphosen Gesteine ist ihr schiefriges Gefüge. Durch einfaches Spalten lassen sich plattenförmige Baustoffe herstellen.

Tabelle 3.3. *Beispiele metamorpher Gesteine*

Gesteinsgruppe	Mineralische Bestandteile	Rohdichte (kg/dm^3)	Druckfestigkeit (N/mm^2)	Eigenschaften
Gneis Granitgneis	Feldspat Quarz Glimmer	2,6–2,9	180–280	leicht spaltbar druckfest, wetterfest
Glimmerschiefer	Feldspat Quarz Glimmer	2,6–2,7	80–120	leicht spaltbar wetterfest

3.2. Verarbeitung der Natursteine

Natursteine können als grobe Bruchsteine, als bearbeitete und maßgerechte Werksteine und als Zuschlagstoffe für die Mörtel- und Betonherstellung verwendet werden. Zur Vermeidung von Verwitterungsschäden infolge Einwirkungen aus der Luft, durch Hitze oder Frost müssen die Natursteine bei einer allfälligen Verwendung an Außenflächen gegebenenfalls mit einem wasserabweisenden Anstrich versehen werden. Von Natursteinen, die im Freien verwendet werden, verlangt man vor allem eine gute Verwitterungsbeständigkeit und Frostbeständigkeit. Die Wasseraufnahme soll möglichst gering sein. Bei der Auswahl eines Natursteines muß auch der je nach der Härte unterschiedliche Aufwand für eine Bearbeitung berücksichtigt werden.

3.3. Prüfung der Natursteine

Zur Vermeidung von unnötigen Kosten wird ein Gestein bereits an der Fundstelle gesteinskundlich auf seine Eignung geprüft. Dies kann mit freiem Auge, mit einer Lupe sowie mittels Mikroskop an geschliffenen Gesteinsflächen erfolgen.

Hauptmerkmale für eine allfällige Verwendung sind die Rohdichte und der Dichtigkeitsgrad, die Frostbeständigkeit, Witterungsbeständigkeit, Schlagfestigkeit, Verschleißfestigkeit sowie die Druck- und Biegezugfestigkeit.

3.4. Literatur und Normen

Wagenbreth, O.: Naturwissenschaftliches Grundwissen für Ingenieure des Bauwesens, Bd. 3, Technische Gesteinskunde. Berlin: VEB Verlag für Bauwesen. 1970.

Normen

DIN 482	Bordsteine, Naturstein
DIN 18502	Pflastersteine, Naturstein
DIN 18515	Fassadenverkleidung aus Naturwerkstein, Betonwerkstein und keramischen Baustoffen; Richtlinien für die Ausführung
DIN 52100–106	Prüfung von Naturstein
DIN 52108	Verschleißprüfung mit der Schleifscheibe nach Böhme
DIN 52109–113	Prüfung von Naturstein
DIN 52114	Bestimmung der Kornform bei Schüttgütern, mit der Kornformschieblehre
ÖNORM B 3108	Natürliche Gesteine, Einfassungs- und Pflastersteine
ÖNORM B 3111	Natürliche Gesteine, Gleisbettungsstoffe
ÖNORM B 3120	Natürliche Gesteine (Teil 1 und 2)
ÖNORM B 3121	Prüfung von Naturstein, Reindichte, Rohdichte, Schüttdichte
ÖNORM B 3122	Prüfung von Naturstein, Wasseraufnahme
ÖNORM B 3123	Prüfung von Naturstein, Frostbeständigkeit
ÖNORM B 3124	Prüfung von Naturstein; Mechanische Gesteinseigenschaften (Teil 1 bis 5)
ÖNORM B 3126	Teil 1 Verschleißprüfung nach Bauschinger Teil 2 Verschleißprüfung nach Böhme
ÖNORM B 3127	Prüfung von Naturstein, Schlag- und Druckbeständigkeit von Schotter
ÖNORM B 3128	Prüfung von Naturstein und von anorganischen Baustoffen, Prüfung von Körnungen und Korngemischen in der Los Angeles Trommelmühle
ÖNORM B 3304	Betonzuschläge aus natürlichem Gestein

4. Keramische Baustoffe

Die zur Herstellung der keramischen Baustoffe verwendeten Tone sind Verwitterungsprodukte feldspatreicher Gesteinsarten (z.B. Granit). Hauptbestandteil des reinen Tones ist das Kaolin, dabei handelt es sich um ein wasserreiches Aluminiumsilikat ($Al_2O_3 \cdot 2\,SiO_2 \cdot 2\,H_2O$). Der reine Ton ist eine weiße Substanz mit einer Korngröße unter 0,002 mm. Die Wasseraufnahme des Tons ist sehr groß, wodurch er die für die Verarbeitbarkeit notwendige Plastizität erhält.

Fette Tone mit einem hohen Kaolingehalt lassen sich besser formen und werden für hochwertige und feiner geformte Produkte (z.B. Dachziegel) verwendet. Nachteil ist ein höheres Schwindvermögen und die damit verbundene Rißbildung und Verformung vor allem während der Trocknung. Magere Tone mit geringerem Kaolingehalt benötigt man für einfach geformte Erzeugnisse wie z.B. Mauervollziegel, diese Tone schwinden weniger. Ein guter Ziegelton besteht aus etwa 50 % Ton, 40 % Feinsand und 10 % Wasser. Ist ein Ziegelton zu fett, dann werden sogenannte *Magerungsmittel* beigegeben.

Als Magerungsmittel bezeichnet man solche Bestandteile, die selbst nicht schwinden und somit die Formbeständigkeit erhöhen. Als Materialien hiefür verwendet man Sande, Quarzmehl, Ziegelmehl, Aschen oder organische Stoffe (z.B. Sägespäne). Der Anteil an Magerungsmitteln darf nicht zu hoch werden, da sonst die Festigkeit und Formbarkeit stark abnimmt. Bis zu einem Gehalt von 25 Massenprozent kann Kalk als Magerungsmittel in fein verteilter Form verwendet werden. Falls der Kalkanteil zu hoch wird bzw. wenn er nicht in feiner Form vorkommt, entsteht beim Brennen Branntkalk, der in Verbindung mit Wasser Absprengungen am Ziegel bewirkt.

In den meisten Tonen sind als Nebenbestandteile sogenannte *Flußmittel* wie z.B. Kalziumcarbonat, Feldspatpulver oder Eisenoxid enthalten. Die Flußmittel haben die Eigenschaft, die Brenn- oder Sintertemperatur herabzusetzen, was einen besseren Oberflächenschluß mit sich bringt. Ein zu hoher Anteil an Flußmitteln ist nachteilig für die Formbeständigkeit während des Brennens. Die Eisenoxide erniedrigen nicht nur den Schmelzpunkt des Tones, sondern bewirken auch die rote Ziegelfarbe. Eisenverbindungen sind also dort günstig, wo man keramische Produkte mit roter Farbe wünscht.

Ein unerwünschter Bestandteil bei einer Reihe von Ziegeltonen sind wasserlösliche Salze, in der Hauptsache Sulfate, die zu weißen Ausblühungen des Mauerwerks führen. Solche Ausblühungen können unter Umständen auch eine Beschädigung des Mauerwerks in Form von Absprengungen zur Folge haben.

Für die Herstellung keramischer Produkte müssen die Rohstoffe möglichst gleichmäßig zusammengesetzt und aufbereitet werden. Aus der noch plastischen

Rohmasse werden maschinell durch Strang- oder Stempelpressen die gewünschten Rohlinge hergestellt. Dabei muß man bereits berücksichtigen, daß die Formstücke beim Trocknen und Brennen infolge der Schwindvorgänge ihr Volumen verringern.

Bis zum Brennen werden die Rohlinge 2 bis 4 Wochen an der freien Luft oder 8 Tage lang im Trockenraum getrocknet. In modernen Ziegeleien erfolgt das Trocknen fast ausschließlich in Trockenräumen. Durch das Brennen bei etwa 1 000 bis 1 200° C verlieren die getrockneten Rohlinge unter Abgabe des physikalisch gebundenen Wassers ihre Formbarkeit und werden hart und wetterfest. Das Brennen erfolgt in Tunnel- oder Ringöfen.

Ein Ringofen besteht aus einer Reihe von Kammern, die einen ringförmig geschlossenen Kanal bilden. Im Ringofen wandert das Feuer und erfaßt das Brenngut in verschiedenen Wärmezonen, das Brenngut bleibt unbeweglich. In der Brennzone verbleiben die Ziegel etwa 25 bis 30 Stunden.

Der Tunnelofen besteht aus 3 Feuerzonen; die mittlere ist die Brennzone und die beiden anderen die Vorwärm- bzw. Kühlzonen. Die Rohlinge werden auf Brennwagen durch den Tunnelofen geschoben. Im Tunnelofen wandert nicht das Feuer, sondern das Brenngut.

Zur Erreichung einer gleichmäßigen Festigkeit und Dichte der keramischen Produkte müssen die Brenntemperatur und die Brennzeit genau eingehalten werden.

4.1. Mauerziegel

Mauerziegel werden aus Ton, Lehm oder tonigen Massen mit oder ohne Zusatz von Magerungsmitteln geformt und gebrannt. Als Magerungsmittel verwendet man Sande, Ziegelmehl oder organische Substanzen. Neben der Magerung werden diese Stoffe auch zum Zweck der Porosierung oder gezielten Beeinflussung von Eigenschaften zugesetzt. Mauerziegel dienen zur Herstellung von dauernd verputztem oder anderweitig gegen Witterungseinflüsse geschütztem Mauerwerk. Nach ÖNORM B 3200 unterscheidet man zwischen einem normalen *Mauerziegel* und einem *Hohlziegel*.

Die Herstellung der Mauerziegel erfolgt entweder als *Vollziegel* ohne Lochung (Abb. 4.1.) oder als *Lochziegel* mit einem Lochanteil von höchstens 25 % der Lagerfläche (Abb. 4.2.).

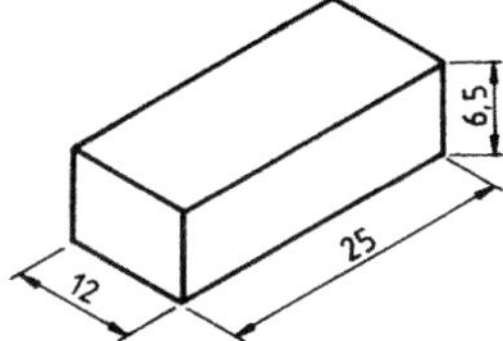

Abb. 4.1. Vollziegel

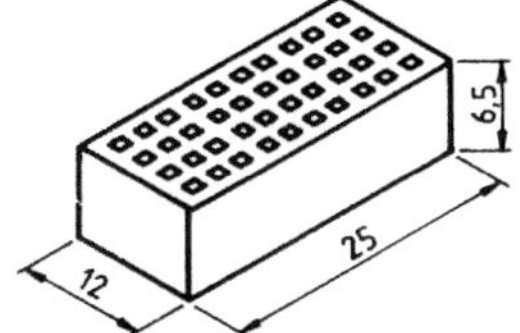

Abb. 4.2. Lochziegel

Bei einem Lochanteil von über 25 % spricht man von Hohlziegeln. Dabei unterscheidet man zwischen Hochlochziegel (HLZ, Abb. 4.3.), bei denen die

Lochkanäle senkrecht zur Lagerfläche, und Langlochziegel (LLZ, Abb. 4.4.), bei denen die Lochkanäle parallel zur Lagerfläche angeordnet sind. Die Löcher der Hochlochziegel sind vorwiegend rechteckig oder kreisförmig und über dem Querschnitt möglichst gleichmäßig verteilt. Die kleinere Abmessung der Rechtecklöcher sowie die Durchmesser der kreisrunden Löcher sollen 2,0 cm nicht überschreiten. Zur besseren Handhabung können die Hohlziegel Grifföffnungen mit einem maximalen Querschnitt von 30 cm² aufweisen. Zur Herstellung von Tür- oder Fensteranschlägen werden von den Hohlziegeln Anschlagziegel erzeugt.

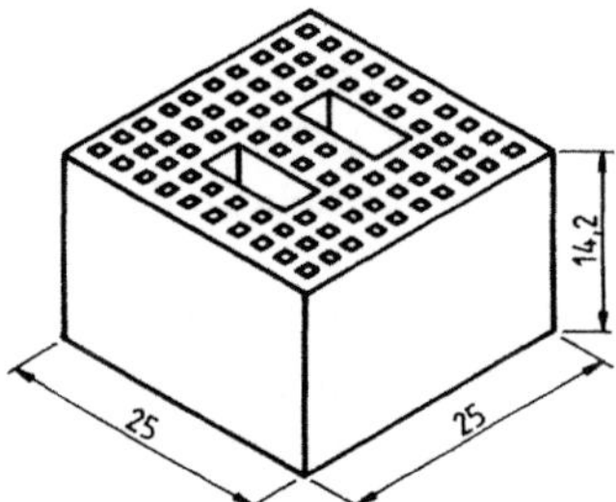

Abb. 4.3. Hochlochziegel

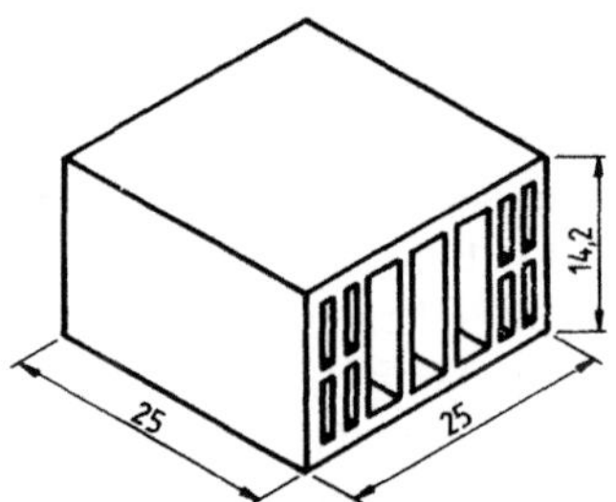

Abb. 4.4. Langlochziegel

Die Abmessungen der Mauer- und Hohlziegel sind regional unterschiedlich. Nach ÖNORM B 3200 gelten derzeit nachstehende Sollmaße.

Länge	Breite	Höhe	Länge	Breite	Höhe
25,0	12,0	6,5	25,0	30,0	21,9
25,0	12,0	10,3	25,0	38,0	14,2
25,0	12,0	14,2	25,0	38,0	21,9
25,0	17,0	14,2	25,0[1]	30,0[1]	23,8[1]
25,0	25,0	14,2	50,0	25,0	21,9
25,0	25,0	21,9	50,0	30,0	21,9
25,0	30,0	14,2	[1] Sofern eine Vermauerung im Verband möglich ist.		

Die Ist-Maße dürfen die Soll-Abmessungen in der Preßrichtung um 4 %, in den anderen Richtungen um je 3 % über- oder unterschreiten, wobei Abweichungen von höchstens ± 5 mm zulässig sind.

Als Ziegelrohdichte bezeichnet man die Masse der Raumeinheit des gebrannten Ziegels einschließlich aller Hohlräume. Die Einteilung erfolgt in Klassen zwischen 1,0 und 2,0 kg/dm³. Ziegel der niedrigen Rohdichteklassen werden im Hinblick auf eine bessere Wärmedämmung als Loch- oder Hohlziegel hergestellt.

Die Druckfestigkeit ist die mittlere Bruchspannung der Ziegel einer Prüfserie, bezogen auf den Bruttoquerschnitt, dabei darf der kleinste Einzelwert einer Prüfserie den Sollwert der Klasse um nicht mehr als 20 % unterschreiten und die

Mehrzahl der Werte muß größer sein als der Sollwert. Nach ÖNORM B 3200 unterscheidet man folgende Festigkeitsklassen in N/mm²

4,0 7,0 10,0 15,0 20,0 25,0 35,0 50,0

Von den Ziegeln wird die Freiheit von schädlichen Einschlüssen verlangt. Unter Feuchtigkeitseinwirkungen dürfen sich keine Änderungen des Ziegelgefüges einstellen. Ausblühungen gelten dann als unschädlich, wenn nach ihrer Entfernung eine ausreichende Putzhaftung sichergestellt ist.

Der Nachweis der Frostbeständigkeit wird nach ÖNORM B 3200 nur für Sichtmauerziegel, also bei nicht verputzten Außenwänden gefordert.

4.2. Dachziegel

An das Rohmaterial der Dachziegel werden höhere Anforderungen gestellt als bei normalen Mauerziegeln. Die Dachziegel sollen gut gebrannt, rißfrei, hell klingend, möglichst gleichfarbig und wetterbeständig sein und dürfen keine Einschlüsse von Kalk oder wasserlöslichen Salzen aufweisen. Bei Wasserzutritt an der Oberseite darf sich auf der Unterseite innerhalb einer Stunde keine Tropfenbildung einstellen, da der Dachziegel dann als wasserdurchlässig gilt und nicht mehr genügend frostsicher ist.

Arten der Dachziegel:

Biberschwänze sind gewöhnliche Dachziegel oder Dachplatten in drei verschiedenen Formen

Form A: Segmentschnitt (Abb. 4.5a.)
Form B: gerader Schnitt (Abb. 4.5b.)
Form C: halbkreisförmiger Schnitt (Abb. 4.5c.)

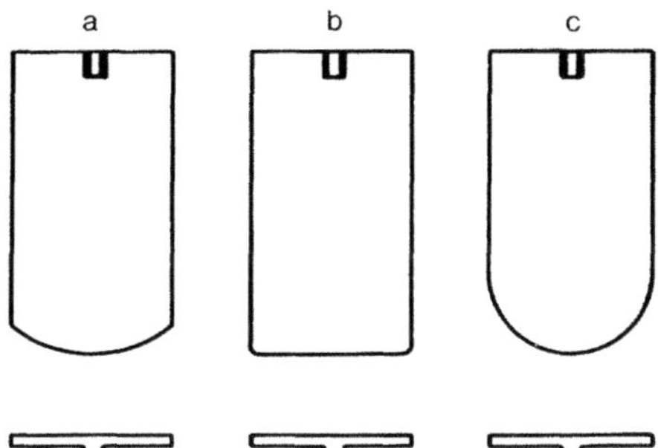

Abb. 4.5. Arten von Dachziegeln. a) Segmentschnitt, b) gerader Schnitt, c) halbkreisförmiger Schnitt

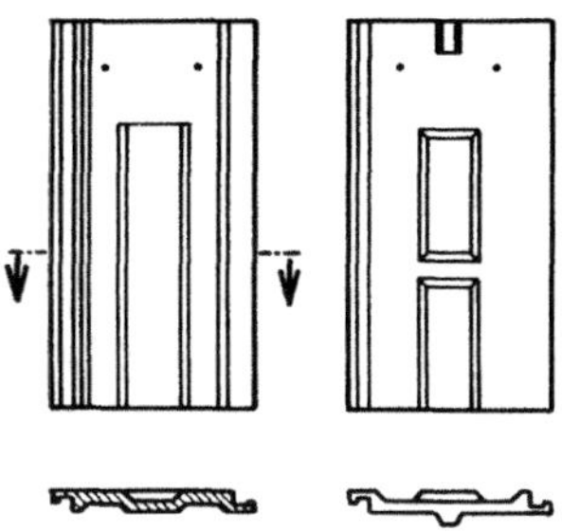

Abb. 4.6. Strangfalzziegel

Nach der ÖNORM B 3205 werden gewöhnliche Dachziegel mit geradem Schnitt im Format 460 x 190 mm als Wiener Taschen und im Format 400 x 190 mm als Langdachziegel bezeichnet.

Strangfalzziegel werden auf einer Strangpresse hergestellt und weisen auf ihrer Längsseite einfache oder doppelte Falze auf (Abb. 4.6.).

Von den Dachplatten bzw. Strangfalzziegeln werden nach der ÖNORM B 3205 bei einer Stützweite von 250 mm unter einer mittigen Belastung folgende Bruchlasten verlangt:

	Trocken	Wassersatt	Nach Frostprüfung wassersatt
Strangfalzziegel	160 kg	145 kg	130 kg
Dachplatten	100 kg	90 kg	80 kg

Dachpfannen dienen zur Herstellung von schuppenartigen Dacheindeckungen. Ihre Oberfläche ist s-förmig gekrümmt mit einem Wulst auf der rechten Seite – Rechtspfanne – oder auf der linken Seite – Linkspfanne (Abb. 4.7.a,b.).

Mönch- und *Nonnendachziegel* (Abb. 4.8.) sind Hohlziegel, die vielfach zur Eindeckung von Sakralbauten verwendet werden. Der Nonnenziegel (Rinnenzie-

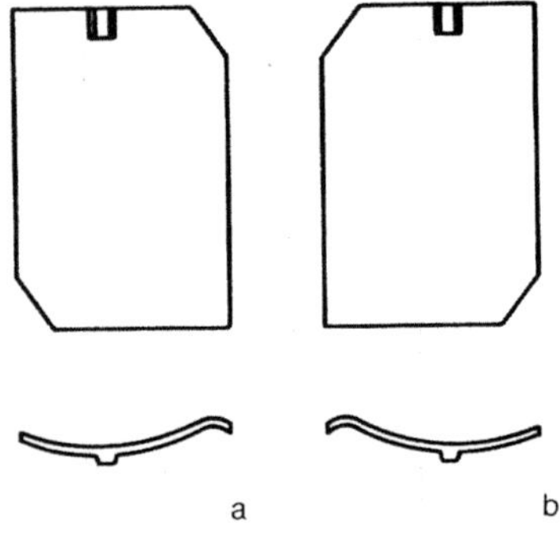

Abb. 4.7. Dachpfannen. a) Rechtspfanne, b) Linkspfanne

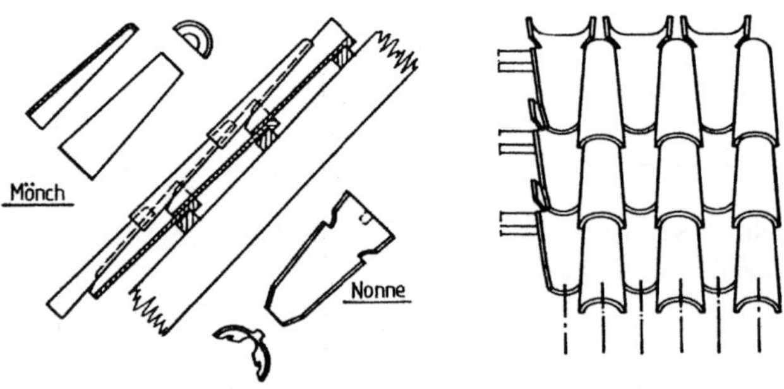

Abb. 4.8. Mönch- und Nonnenziegel

gel) hat einen größeren Krümmungshalbmesser und wird nebeneinander nach oben offen verlegt. Der Mönchziegel (Deckziegel) wird umgekehrt verlegt und greift über die Kanten zweier nebeneinander liegender Nonnenziegel über, er hängt dabei in zwei Einkerbungen am Kopf der Nonnenziegel. Der Mönchziegel hat die Abmessungen 440 x 135 mm und der Nonnenziegel 410 x 195 mm.

Firstziegel (Gratziegel) werden in Längen von 330 bis 450 mm und einem Durchmesser von 125 mm hergestellt. Sie werden mit oder ohne Falz geliefert (Abb. 4.9.).

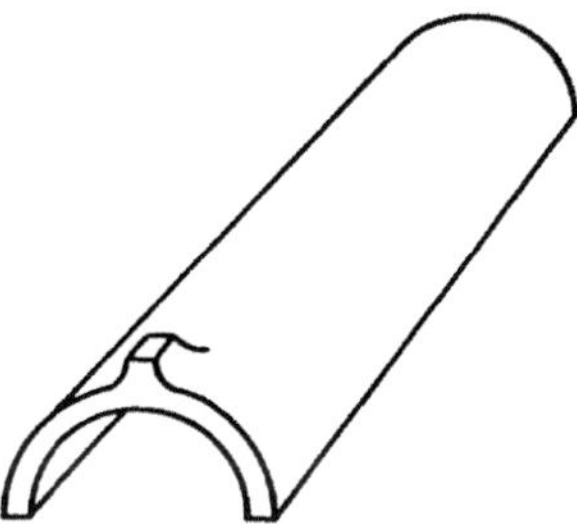

Abb. 4.9. Firstziegel

4.3. Weitere Ziegelarten

Deckenziegel werden für die Herstellung von Stahlbetondecken verwendet. Nach DIN 4159 müssen statisch mitwirkende Deckenziegel eine Mindestdruckfestigkeit von 16, 22,5 und 30 N/mm² aufweisen. Statisch nicht mitwirkende Deckenziegel nach DIN 4160 dienen als Füllkörper für Stahlbetonrippendecken.

Drähnrohre nach DIN 1180 werden aus kalk- und mergelfreien Tonen auf Strangpressen mit rundem oder ovalem Querschnitt hergestellt. Beim Verlegen werden die Rohre stumpf aneinander gelegt, das Grundwasser kann durch die Stoßfugen eintreten und wird abgeleitet.

Ringziegel nach DIN 1057 dienen zur Herstellung von Schornsteinen und Silos.

Kanalklinker nach DIN 4051 werden bei der Herstellung von Schächten und Kanälen verwendet.

Tonhohlplatten nach DIN 278 benutzt man für die Herstellung von Decken und leichten Trennwänden.

4.4. Klinkerziegel

Klinkerziegel sind bis zur durchgehenden Sinterung (1 200–1 400° C) gebrannte Ziegel aus steinzeugähnlichen Massen. Ohne Lochung bezeichnet man sie als *Vollklinker*, bei einem Lochanteil von maximal 15 % der Lagerfläche nennt man sie *gelochte Klinker*.

Verwendung finden Klinkerziegel für Mauerwerk mit hoher Druckbeanspruchung oder von großer Widerstandsfähigkeit gegen chemische Einflüsse und Frost, weiters für Pflasterungen und Verkleidungen.

Nach der ÖNORM B 3220 werden Klinkerziegel in den Abmessungen 25,0 x 12,0 x 6,5 cm (1/1 Ziegel) und 18,7 x 12,0 x 6,5 cm (3/4 Ziegel) erzeugt. Diese Abmessungen dürfen in der Länge um 1,5 %, in der Breite um 2 % und in der Höhe um 3 % über- oder unterschritten werden.

Klinkerziegel müssen eine schichtenfreie, feinkörnige Bruchfläche aufweisen und frei von Kalkeinschlüssen und wasserlöslichen Salzen sein.

Nach der ÖNORM B 3220 muß der kleinste Einzelwert der Druckfestigkeit, geprüft an 5 luftgetrockneten Ziegeln, 450 kp/cm^2 betragen. Der kleinste Wert der Biegezugfestigkeit bei 20 cm Stützweite beim 1/1 Ziegel bzw. 15 cm beim 3/4 Ziegel muß 60 kp/cm^2 betragen. Im allgemeinen kann bei Klinkerziegeln deren Zähigkeit, Kantenschärfe und Widerstandsfähigkeit gegen mechanische und chemische Einflüsse als gut bezeichnet werden.

Die Wasseraufnahme darf nicht mehr als 8 % betragen. Nach 25 Frost-Tauwechseln gilt ein Klinkerziegel als frostbeständig, wenn im wassersatten Zustand der kleinste Einzelwert der Biegezugfestigkeit, gemessen an 5 Ziegeln, mindestens 40 kp/cm^2 beträgt.

Je nach Verwendungszweck unterscheidet man Mauerklinker, Fassadenklinker, Kanalklinker, Pflasterklinker, säurefeste Klinker usw. Klinkerziegel sind nur dann wasserdicht, wenn ihre Oberfläche frei von Rissen und Poren ist und sie gut durchgesintert sind. Die gute Durchsinterung läßt sich am hellen Klang und am gleichmäßigen Bruch erkennen.

4.5. Steingut

Rohmaterial für das Steingut sind sehr fette Tone, die frei von färbenden Verunreinigungen sind. Beim gewöhnlichen Steingut (Kalksteingut) wird hauptsächlich Quarzsand als Magerungsmittel benutzt, beim wertvollen *Hartsteingut* verwendet man hauptsächlich Feldspat. Die Rohstoffe werden fein gemahlen und naß gemischt, im Anschluß daran wird das Wasser durch Filterpressen oder Heißluft fast vollständig entzogen. Die Formgebung der fast trockenen Masse erfolgt durch Pressen. Die Rohlinge werden in Ring- oder Tunnelöfen unterhalb der Sinterungsgrenze gebrannt. Nach dem Brennen wird die Glasur, bestehend aus leicht schmelzbaren und beliebig färbbaren Blei- oder Zinksilikaten, aufgetragen. In einem zweiten Brennvorgang schmilzt die Glasurmasse und verbindet sich mit der Oberfläche. Steingutprodukte mit farbiger Glasur werden als *Majolika* oder *Fayence* bezeichnet.

Der Steingutscherben ist porös und wassersaugend. Die Wasseraufnahme beträgt meist über 15 %. Das stärker gebrannte Hartsteingut hat eine höhere Rohdichte und größere Festigkeit, die Wasseraufnahme liegt unter 15 %. Als *Sanitärsteingut* bezeichnet man besonders stark gebranntes Hartsteingut mit einer Wasseraufnahme unter 10 %.

Verwendet wird Steingut hauptsächlich für Wandfliesen und sanitäre Erzeugnisse.

4.6. Steinzeug

Steinzeug wird aus Ton mit Magerungs- und Flußmittel durch Brennen bis zur Sinterungsgrenze erzeugt. Der Steinzeugscherben ist dicht, nimmt fast kein Wasser auf und ist vollkommen frost- und säurebeständig. Außerdem ist Steinzeug gegen mechanische und chemische Beanspruchungen sehr widerstandsfähig. In den meisten Fällen werden Steinzeugprodukte in glasiertem Zustand benutzt. Statt der beim Steingut üblichen Bleiglasur verwendet man die sogenannte *Salzglasur*, die durch Einstreuen von Salz beim Brennvorgang bei 1 200–1 350° C zustandekommt. Die mit Salzglasur versehenen Erzeugnisse werden also während eines einzigen Brandes hergestellt.

Feinsteinzeug hat einen fast weißen Scherben, hingegen besitzt das gewöhnliche Steinzeug einen hellgrauen, gelben oder braunen Scherben.

Steinzeug wird hauptsächlich für die Herstellung von Rohren für Abwasserleitungen verwendet. Weiters werden aus Steinzeug frost- und säurebeständige Wand- und Bodenfliesen erzeugt. Charakteristisch für Steinzeugboden- und Wandfliesen sind deren große Härte und geringe Abnutzung.

Weiter Erzeugnisse aus Steinzeug: Futtertröge, Säurebehälter für die chemische Industrie, Kamin- und Dunstaufsätze, Klosettschalen, Ausgußbecken usw.

4.7. Porzellan

Rohmaterial für Porzellan ist ein Gemisch aus Kaolin, Ton, Quarzit und Feldspat, welches bis zur Sinterung gebrannt wird. Porzellan besteht aus einem weißen oder künstlich getönten, dichten, durchscheinenden Scherben. Glasiertes Porzellan wird einmal ohne und einmal mit Glasur gebrannt.

Hartporzellan (echtes Porzellan) enthält mehr Kaolin und weniger Flußmittel, Weichporzellan hingegen weniger Kaolin und mehr Flußmittel und wird auch weniger stark gebrannt. Aus Porzellan werden eine Reihe haustechnischer Produkte sowie sanitäre Gegenstände (Waschbecken, Klosettschalen usw.) gefertigt.

4.8. Feuerfeste Baustoffe

Feuerfeste Baustoffe werden in Form von *Schamotteziegel* vorwiegend zum Innenausbau von Öfen verwendet. Gute Schamotteziegel können bis zu einer Temperatur von etwa 1 400° C benützt werden. Der Scherben ist mehr oder weniger porös. Außer der Schwerschmelzbarkeit müssen sie auch gute Druckfestigkeit bei hohen Temperaturen, Widerstandsfähigkeit gegen chemische Angriffe und Unempfindlichkeit gegen raschen Temperaturwechsel aufweisen.

Für Industrieöfen und Stahlschmelzöfen benötigt man hochfeuerfeste Baustoffe, wie z.B. die *Silika-* oder *Dinasziegel*. Diese Steine werden aus Quarzsand mit Löschkalk (1 bis 2 %) als Bindemittel durch Pressen in Formen, Trocknen und Brennen gewonnen. Der SiO_2-Gehalt liegt bei etwa 95 %, diese Baustoffe sind hochfeuerfest und bis 1 600° C druckfest.

Magnesiaziegel bestehen vorwiegend aus gebranntem Magnesit; zu ihrer Herstellung dient eisenhaltiges Magnesiumgestein. Diese sogenannten Sintermagnesite sintern bei hoher Temperatur, wodurch die Steine eine hohe Festigkeit erhalten. Die Feuerbeständigkeit der Magnesiasteine übersteigt die der Schamotteziegel, sie sind nur im Knallgasgebläse oder im elektrischen Lichtofen schmelzbar. Verwendet werden Magnesiaziegel zum Auskleiden elektrischer Öfen und Zementöfen.

Zur Bestimmung der Feuerbeständigkeit und des Brenngrades von keramischen Produkten dienen die sogenannten *Segerkegel*. Das sind Pyramidenstumpfe von 6 cm Höhe aus künstlichen Silikatgemengen mit verschiedenen Schmelzpunkten zwischen 600° C (Segerkegel 022) und etwa 2 000° C (Segerkegel 42). Beim Brennen stellt man 3 aufeinanderfolgende Nummern von Segerkegeln in den Brennofen und durch das Stehenbleiben eines Segerkegels erhält man einen Überblick über das Ansteigen der Temperatur im Ofen. Produkte, die von Segerkegel 18 (etwa 1 520° C) aufwärts schmelzen, bezeichnet man als feuerfest.

4.9. Literatur und Normen

Chandler, M.: Keramische Werkstoffe. Stuttgart: Deutsche Verlags-Anstalt. 1971.

Heuschkel, H., Muche, K.: ABC-Keramik. Leipzig: VEB Deutscher Verlag für Grundstoffindustrie. 1975.

Singer, F.: Industrielle Keramik, Bd. 1–3. Berlin–Heidelberg–New York: Springer. 1964–1969.

Normen

DIN 105	Mauerziegel
DIN 456	Dachziegel
DIN 1057	Mauersteine für freistehende Schornsteine
DIN 4159	Ziegel für Decken und Wandtafeln, statisch mitwirkend
DIN 4160	Ziegel für Decken, statisch nicht mitwirkend
DIN 18155	Feinkeramische Fliesen
DIN 18166	Keramische Spaltplatten
DIN 52251	Prüfung der Frostwiderstandsfähigkeit von Dachziegeln

ÖNORM B 2206	Mauer- und Verputzarbeiten
ÖNORM B 3200	Mauer- und Hohlziegel
ÖNORM B 3205	Dachziegel
ÖNORM B 3206	Hohlblocksteine
ÖNORM B 3220	Klinkerziegel
ÖNORM B 3232	Keramische Fliesen und Platten
ÖNORM B 3351	Wände aus Ziegeln oder Betonsteinen gemauert

5. Bindemittel

Bindemittel haben die Eigenschaft, in Verbindung mit Wasser zu erhärten. Sie sind wesentliche Bestandteile der Mörtel und Betone, ihre Hauptaufgabe ist es, die einzelnen Körner der Zuschlagstoffe fest miteinander zu verbinden. Nach ihrer Eigenschaft beim Erhärten unterscheidet man 2 Arten von Bindemitteln.

Nicht hydraulische Bindemittel oder *Luftbindemittel* erhärten nur an der Luft und sind im erhärteten Zustand wasserlöslich. Zu den Luftbindemitteln zählt man die Luftkalke, Baugipse, Anhydritbinder und Magnesiabinder.

Hydraulische Bindemittel erhärten an der Luft und unter Wasser und sind im festen Zustand wasserunlöslich. Zu den hydraulischen Bindemitteln gehören die hydraulischen Kalke, alle Zemente und die verschiedenen Arten der Putz- und Mauerbinder.

Mit den Luftbindemitteln erreicht man normale Festigkeiten, für höhere oder hohe Festigkeiten benötigt man hydraulische Bindemittel.

Nach ihrer *technischen Anwendung* unterscheidet man zwischen drei Gruppen von Bindebaustoffen:

Baukalke
Baugipse
Zemente.

Zusätzlich zu diesen drei Hauptarten verwendet man Binder mit einer besonderen Zusammensetzung, wie z.B. Anhydritbinder oder Magnesiabinder.

5.1. Baukalke

Baukalke entstehen durch Brennen von kalkhaltigen Gesteinen (Kalziumcarbonat $CaCO_3$) bei einer Temperatur zwischen 900 und 1 100° C unterhalb der Sintergrenze. Das Brennen erfolgt in Schachtöfen oder Drehöfen, als Brennstoff verwendet man Steinkohle, Koks oder Generatorgas. Beim Brennen erfolgt nachstehende Umwandlung:

$CaCO_3$	$\rightarrow$ CaO	+ CO_2
Kalziumcarbonat	Kalziumoxid	Kohlendioxid
	Branntkalk	

Der entstehende *Branntkalk* (CaO) wird im allgemeinen nicht verwendet, sondern zur Erreichung seiner Erhärtungsfähigkeit mit Wasser gelöscht. Dies geschieht nach folgender Reaktion:

$$\underset{\text{Kalziumoxid}}{CaO} + \underset{\text{Wasser}}{H_2O} \rightarrow \underset{\substack{\text{Kalziumhydroxid} \\ \text{Kalkhydrat}}}{Ca(OH)_2}$$

Beim Löschen entsteht aus dem Branntkalk unter lebhafter Wärmeentwicklung (exotherme Reaktion) *Löschkalk*, in der reinen Form auch Kalkhydrat genannt. Üblicherweise erfolgt die Löschkalkerzeugung in Pulverform. Wird beim Löschen Wasser im Überschuß zugegeben, dann entsteht Kalkteig. Ein stark gebrannter Kalk hat eine geringere Reaktionsfähigkeit mit Wasser, wodurch der Löschvorgang langsamer abläuft. Ein „totgebrannter" Kalk kann nicht mehr gelöscht werden.

Kalkhydrat gewinnt man auch als Nebenprodukt bei der Azetylenherstellung entsprechend der Reaktion:

$$\underset{\text{Kalziumcarbid}}{CaC_2} + \underset{\text{Wasser}}{2\,H_2O} \rightarrow \underset{\text{Azetylen}}{C_2H_2} + \underset{\substack{\text{Kalziumhydroxid} \\ \text{Kalkhydrat}}}{Ca(OH)_2}$$

Je nach Art der Erhärtung unterscheidet man zwischen *Luftkalken* und *hydraulischen Kalken*.

Luftkalke sind Baukalke, die nur an der Luft durch Aufnahme von Kohlensäure unter Wasserabgabe erhärten.

Hydraulische Kalke erhärten nach einer entsprechenden Vorlagerung an der Luft auch unter Wasser, sie erhärten schneller und erreichen höhere Festigkeiten als Luftkalke.

5.1.1. Luftkalke

Der gelöschte Kalk wird üblicherweise mit Wasser und Sand zu einem Mörtel verarbeitet. Beim Erhärten nimmt das Kalkhydrat die sich bei Anwesenheit von Wasser und Kohlendioxid (aus der Luft) bildende Kohlensäure auf. Dabei erfolgt eine Umwandlung des Kalkhydrates in Kalkstein gemäß der Reaktion:

$$\underset{\text{Kalkhydrat}}{Ca(OH)_2} + \underset{\text{Kohlensäure}}{H_2CO_3} \rightarrow \underset{\substack{\text{Kalziumcarbonat} \\ \text{Kalkstein}}}{CaCO_3} + \underset{\text{Wasser}}{2\,H_2O}$$

Beim Erhärtungsvorgang wird Kohlensäure aufgenommen und Wasser abgegeben. Der Kalk geht dabei in seinen Ausgangszustand zurück, es entsteht ein harter Kalkstein ($CaCO_3$).

Verwendet man beim Kalkbrennen fast reinen Kalkstein ($CaCO_3$), dann entsteht *Weißkalk*, bei der Verwendung von Dolomitstein ($CaCO_3 \cdot MgCO_3$) entsteht beim Brennen der sogenannte *Dolomitkalk*. Einen Überblick über die verschiedenen Handelsformen der Luftkalke gibt die Tabelle 5.1.

Luftkalke besitzen eine gute Verarbeitbarkeit und sind sehr wirtschaftlich in der Anwendung. Sie werden vorwiegend für die Herstellung von Mauer- und Putzmörtel verwendet.

Tabelle 5.1. *Handelsformen der Luftkalke*

Kalkart	ungelöscht (vor der Verarbeitung zu löschen)		gelöscht	
	stückig	pulverförmig	teigig	pulverförmig
Weißkalk	Weißstückkalk	Weißfeinkalk	Weißkalkteig	Weißkalkhydrat
Dolomitkalk	Dolomitstückkalk	Dolomitfeinkalk	Dolomitkalkteig	Dolomitkalkhydrat
Carbidkalk	–	–	Carbidkalkteig	Carbidkalkhydrat

5.1.2. Hydraulische Kalke

Die hydraulischen Kalke erhalten ihre Fähigkeit, unter Wasser zu erhärten, durch das Vorhandensein der sogenannten *Hydraulefaktoren*. Als Hydraulefaktoren gelten das Siliziumdioxid (SiO_2), Aluminiumoxid (Al_2O_3) und das Eisenoxid (Fe_2O_3). Diese Stoffe bewirken, daß der Kalk hydraulisch, das heißt unter Wasser, härtbar wird. Während der keine Hydraulefaktoren enthaltende Kalk die zum Erhärten notwendige Kohlensäure aus der Luft aufnimmt, ist für die hydraulische Erhärtung die Bildung von unlöslichen Verbindungen aus dem Kalkhydrat und den Hydraulefaktoren charakteristisch. Die Wirkung der hydraulischen Stoffe beruht im wesentlichen auf dem Vorhandensein von bindefähigem Siliziumoxid. Bei der Erhärtung erfolgt nachstehender Reaktionsablauf:

$$\underset{\text{Kalkhydrat}}{Ca(OH)_2} + \underbrace{\underset{\text{Hydraule-faktor}}{SiO_2} + \underset{\text{Wasser}}{H_2O}}_{\underset{\text{Kieselsäure}}{H_2SiO_3}} + \text{Sand} = \text{hydraulischer Mörtel}$$

$$Ca(OH)_2 + H_2SiO_3 \rightarrow CaSiO_3 + 2\,H_2O$$

Außer den in mergeligen Kalksteinen natürlich vorkommenden Hydraulefaktoren wie Kieselsäure, Tonerde und Eisenoxid verwendet man auch hydraulische Zusätze. Dabei unterscheidet man zwischen natürlichen und künstlichen Zusätzen. Natürliche hydraulische Zusätze sind Traß oder Puzzolanerde, künstliche sind feingemahlene Hochofenschlacke oder Ziegelmehl.

Zu den hydraulisch erhärtenden Baukalken gehören:

Der *Wasserkalk* mit einem Gehalt an Hydraulefaktoren von mehr als 10 %. Dadurch erhält der Wasserkalk die Fähigkeit, unter Wasser abzubinden. Wasserkalk löscht träge und zerfällt vollständig zu Pulver. Mörtel aus Wasserkalk müssen, bevor sie einem ständigen Wasserzutritt (z.B. Regen oder Grundwasser) ausgesetzt werden, etwa 7 Tage an der Luft erhärten. Im Gegensatz zu Luftkalkmörtel erhärten die Wasserkalke unter Wasser weiter und sind wasserbeständig. Wasserkalk wird als Mauer- und Putzmörtel mit höheren Festigkeiten und Widerstandsfähigkeiten gegen Feuchtigkeit verwendet.

Hydraulische Kalke: der Anteil an Hydraulefaktoren beträgt mehr als 15 %. Neben ausgeprägten Kalkeigenschaften besitzen die hydraulischen Kalke eine gute hydraulische Erhärtungsfähigkeit. Nach einer Vorerhärtungsdauer von etwa 5 Tagen an der Luft sind die Mörtel auch unter Wasser beständig. Verwendung als Putz- und Mauermörtel höherer Festigkeit.

Hochhydraulische Kalke: der Gehalt an Hydraulefaktoren liegt zwischen 25 und 30 %, diese Kalke sind stärker erhärtungsfähig als die hydraulischen Kalke und benötigen an der Luft nur eine Vorerhärtungszeit von 1 bis 3 Tagen, bevor sie unter Wasser beständig sind.

5.2. Baugipse und Anhydritbinder

Baugipse und Anhydritbinder sind Luftbindemittel. Die Rohstoffe treten in zwei Formen auf:

Als *Gipsstein* mit der chemischen Zusammensetzung $CaSO_4 \cdot 2\,H_2O$ (Kalziumsulfat – Doppelhydrat). Der Gipsstein kommt in der Natur frei vor.

Als *Anhydrit*, ein kristallwasserfreies Kalziumsulfat ($CaSO_4$). Anhydrit entsteht bei der Herstellung von Estrichgips, dabei wird dem Gipsstein ($CaSO_4$ $2\,H_2O$) durch starkes Erhitzen das Kristallwasser entzogen und das Kalziumsulfat (Estrichgips) bleibt übrig. In der Verbindung mit Salzlagerstätten findet man Anhydrit in Form von Anhydritgestein.

Nach dem Zerkleinern und der Vermahlung des Gipssteines erfolgt die Herstellung des Baugipses durch Brennen in Drehöfen oder Großkochern.

Dabei entstehen je nach Brenntemperatur verschiedene Hydratstufen des Kalziumsulfates.

Bei Temperaturen zwischen 130° und 180° entsteht das Kalziumsulfat-Halbhydrat ($CaSO_4$ $1/2\,H_2O$). Beim Halbhydrat unterscheidet man zwischen einer festeren α- und einer weniger festen β-Modifikation. Die α-Form bildet sich beim Erhitzen unter Dampfeinwirkung (Entwässerung unter Sattdampf in Kochern), die β-Modifikation entsteht beim trockenen Brennen im Drehofen.

Erhitzt man weiter auf Temperaturen zwischen 180° und 300° C, erfolgt der Übergang vom Halbhydrat zum Anhydrit III oder Halbanhydrit, der noch Restwasser enthält.

Im Temperaturbereich zwischen 300° und 500° entsteht Anhydrit II, der dem natürlichen Anhydrit ($CaSO_4$) entspricht. Bei Brenntemperaturen zwischen 800° und 1 000° C entsteht Estrichgips.

Die Erhärtung der Gipse erfolgt durch Aufnahme von Kristallwasser aus dem Anmachwasser, diesen Vorgang bezeichnet man als *Hydratation*. Nach dem Anmachen mit Wasser bleibt der Gipsbrei je nach Gipssorte und Art der Zusätze unterschiedlich lange verarbeitbar, während des Ansteifens nimmt der Gips Wasser auf, ohne daß eine Umsetzung erfolgt. Die Hydratbildung erfolgt erst während der Erhärtung. Die Aufnahme von Kristallwasser bewirkt eine Raumvergrößerung von etwa 1 Vol.-%.

Die Festigkeit des erhärteten Gipses wird vom sogenannten Wasser-Gips-Wert bestimmt. Bei der Herstellung eines Gipsmörtels soll der Gips in eine der gewünschten Konsistenz entsprechenden Wassermenge eingefüllt werden und niemals umgekehrt.

Zu beachten ist, daß erhärteter Gips immer Wasser- und feuchtigkeitsempfindlich bleibt. Er nimmt aufsteigende und sich niederschlagende Feuchtigkeit (Kondenswasser) auf und geht teilweise in Lösung. Beim Austrocknen wird neuerlich Kristallwasser aufgenommen, was mit einer Volumsvergrößerung verbunden ist. Daher sind Gipse nur in trockenen Bauteilen zu gebrauchen.

Für die Herstellung von *Anhydritbindern* wird Anhydrit II verwendet. Auch im gemahlenen Zustand hat Anhydrit allein noch keine Bindkraft. Zur Erzielung der Bindemitteleigenschaften muß man Anregestoffe wie z.B. Kalk, Zement oder Eisensulfat beimischen. Die Anreger bewirken, daß Anhydrit erhärtet, das heißt Kristallwasser aufnimmt. Entsprechend ihren Mindestdruckfestigkeiten werden Anhydritbinder in verschiedenen Festigkeitsklassen hergestellt (AB 50, AB 125, AB 200).

5.2.1. Baugipssorten

Stuckgips wird bei einer Brenntemperatur zwischen 130° und 180° C hergestellt. Dabei entweichen 1 1/2 Moleküle Wasser, übrig bleibt ein weißes Halbhydrat $CaSO_4 \cdot 1/2\ H_2O$ (β-Modifikation). Stuckgips bindet schnell ab, erhärtet nach 15 bis 30 Minuten, ist wasserlöslich und nicht wetterbeständig, dient für Stuck- und Rabitzarbeiten und für Gipsdecken. Wird auch zur Herstellung von Gipsbauplatten verwendet. Die Erhärtung erfolgt durch Rückbildung zum Doppelhydrat $CaSO_4 \cdot 2\ H_2O$ nach Beigabe des Anmachwassers.

Putzgips entsteht bei Brenntemperaturen bis 800° C als Gemisch aus Halbhydrat, Anhydrit III und Anhydrit II, bei fast völliger Entwässerung des Gipssteins. Wird ohne Zusätze als Gipsputz und mit Sandzusätzen als Gipssandputz verwendet. Bindet langsamer ab als Stuckgips und erreicht höhere Festigkeiten.

Mörtelgipse, Maschinenputzgipse sind in der Hauptsache Stuckgipse oder Putzgipse bzw. Mischungen aus beiden. Sie enthalten Zusätze oder Füllstoffe zur Verbesserung der Verarbeitbarkeit und Haftung.

Estrichgips entsteht bei völliger Entwässerung des Gipssteines (Brenntemperaturen 800° C bis 1 000° C). Estrichgips wird fein gemahlen und erstarrt langsam. Seine Erhärtungszeit beträgt 6 bis 20 Stunden, er ist druck- und abriebfest, ziemlich wetterbeständig und wird hauptsächlich für Estricharbeiten verwendet.

Marmorgips, auch als Kunstmarmor bezeichnet, wird aus mit Alaun getränktem und nochmals bei etwa 500° C gebranntem Stuckgips hergestellt. Marmorgips ist besonders hart (Druckfestigkeit nach 28 Tagen mindestens 10 N/mm^2), waschfest, aber wenig wetterbeständig, läßt sich gut bearbeiten und färben. Als Herstellungsmaterial für Wandplatten, Säulen und zum Ausfugen von keramischen Fliesen.

Anhydritbinder bestehen aus gemahlenem Naturanhydrit oder künstlich hergestelltem Anhydrit unter Verwendung von Anregestoffen. Anhydritbinder werden für Estricharbeiten sowie als Mauer- und Putzmörtel in trockener Umgebung eingesetzt (ungeeignet für Feuchträume). Erreichen gute Festigkeiten, Erstarrungszeit je nach Art zwischen 1 und 12 Stunden.

5.3. Magnesiabinder

Durch Brennen von Magnesit ($MgCO_3$) unterhalb der Sintergrenze zwischen 800° und 900° C entsteht gebrannte Magnesia (MgO). Durch Mischen von feingemahlener gebrannter Magnesia mit Magnesiumchloridlösung ($MgCl_2 \cdot 6\,H_2O$) unter Zusatz von organischen oder anorganischen Füllstoffen wie Holzmehl, Sägespäne, Korkmehl usw. erhält man die Magnesiabinder.

Magnesiabinder erhärten unter Bildung von $MgCl_2$ und $MgCO_3$ sehr schnell unter Erreichung von guten Festigkeiten, dabei ist ein Schutz gegen Feuchtigkeit notwendig. Beim Erhärten neigen die Magnesiabinder im allgemeinen zum Schwinden. Bei einem Überschuß von Magnesiumchlorid bei der Herstellung zeigen die Magnesiabinder erhöhte Hygroskopizität und damit Quellneigung, weiters verminderte Festigkeiten und korrosionsfördernde Wirkung im Zusammenwirken mit Metallen.

Magnesiabinder in Verbindung mit Holzmehl oder Sägespänen werden als Steinholz bezeichnet und für die Erzeugung von Fußböden verwendet.

5.4. Zemente

Zement ist ein hydraulisches Bindemittel, welches durch Reaktion mit Wasser sowohl unter Wasser als auch an der Luft erhärtet und nach dem Erhärten beständig gegen Wasser ist. Im Verhältnis zu den anderen hydraulischen Bindemitteln zeigt der Zement eine wesentlich höhere Druckfestigkeit. Die Mindestdruckfestigkeit nach 28 Tagen beträgt etwa 25 N/mm^2 gegenüber etwa 5 N/mm^2 bei den hydraulischen Kalken.

Die wichtigste Gruppe der Zemente sind die *Portlandzemente*. Ausgangsmaterialien für den Portlandzement sind kalkhaltige Rohstoffe, wie Kalkstein und Ton. Im Ton sind die Hydraulefaktoren Kieselsäure (SiO_2), Tonerde (Al_2O_3) und Eisenoxid (Fe_2O_3) enthalten. Aus einer genau eingestellten Mischung von Kalkstein und Ton entsteht durch Brennen bis zur Sinterung bei etwa 1 450° C der sogenannte Portlandzementklinker. In der Tabelle 5.2. sind die für die Zementzusammensetzung wichtigsten Klinkerphasen und deren Bedeutung für die Zementeigenschaften angeführt.

Die wichtigsten Festigkeitseigenschaften der Zemente stammen von der Verbindung Trikalziumsilikat (C_3S). Im feingemahlenen Zustand zusammen mit Wasser erhärtet es sehr schnell und erreicht hohe Festigkeiten. Es bildet sich durch die chemische Reaktion von Kalziumoxid (CaO) und Siliziumdioxid (SiO_2) Dieser Vorgang erfolgt bei einer Temperatur von 1 450° C sehr rasch. Wegen der Wichtigkeit der C_3S-Verbindung verwendet man zur Herstellung von Portlandzementklinkern Rohstoffgemische, die in erster Linie CaO und SiO_2 enthalten und weniger Al_2O_3 und Fe_2O_3.

Tabelle 5.2. *Zusammensetzung des Portlandzementklinkers*

Chemische Verbindung	Kurzbezeichnung	Zementtechnische Eigenschaften	Hydratationswärme (J/g)
Trikalziumsilikat $3\,CaO \cdot SiO_2$	C_3S	schnelle Erhärtung mittlere Hydratationswärme	500
Dikalziumsilikat $2\,CaO \cdot SiO_2$	C_2S	langsame, stetige Erhärtung, Endfestigkeit etwa wie bei C_3S, niedere Hydratationswärme	250
Tetrakalziumaluminatferrit $4\,CaO\ Al_2O_3\ Fe_2O_3$	C_4AF	langsame Erhärtung reagiert weniger rasch als C_3A, daher geringere Hydratationswärme und weniger Schwinden	420
Trikalziumaluminat $3\,CaO \cdot Al_2O_3$	C_3A	schnelle Anfangserhärtung, nicht sehr hohe Endfestigkeit starkes Schwinden, sulfatempfindlich, hohe Hydratationswärme	1260
Freier Kalk CaO	–	in geringer Menge: unschädlich, in größerer Menge: Kalktreiben	–
Freie Magnesia MgO	–	in größerer Menge: Magnesiatreiben	–

In der Zementchemie bedeuten $C = CaO$, $S = SiO_2$, $A = Al_2O_3$, $F = Fe_2O_3$.

Bei nicht vollständiger Sättigung des Zementklinkers an Kalziumoxid entsteht das kalkärmere Dikalziumsilikat (C_2S), ebenso wie das C_3S erhärtet es hydraulisch, aber mit geringer Geschwindigkeit, erreicht aber nach längerer Zeit die gleichen oder noch höhere Festigkeiten.

Im Tetrakalziumaluminatferrit (C_4AF) ist praktisch das gesamte im Klinker enthaltene Eisenoxid und ein Teil des Aluminiumoxids gebunden. Zur hydraulischen Erhärtung liefert das C_4AF nur einen geringen Beitrag.

Der im C_4AF nicht gebundene Teil des Aluminiumoxids bildet das Trikalziumaluminat. Es reagiert mit Wasser zwar sehr schnell, erreicht aber keine hohen Endfestigkeiten. In Verbindung mit den Silikaten erhöht es die Anfangsfestigkeit des Zementes.

Nebenbestandteile des Portlandzementklinkers sind das freie CaO (freier

Kalk) und die freie Magnesia (MgO). Aus diesen beiden Verbindungen bilden sich durch Reaktion mit Wasser die Hydroxide $Ca(OH)_2$ und $Mg(OH)_2$, die ein größeres Volumen beanspruchen als die Oxide allein. Bei Vorhandensein einer zu großen Menge von CaO und MgO entsteht Kalktreiben bzw. Magnesiatreiben. Normgerechte Zemente dürfen kein Kalk- oder Magnesiatreiben aufweisen. Zur Kontrolle dient die Prüfung auf Raumbeständigkeit mittels Kochversuch (DIN 1164, ÖNORM B 3310).

Portlandzementklinker allein oder zusammen mit Zumahlstoffen werden in Zementmühlen in unterschiedlicher Feinheit gemahlen. Da gemahlener Portlandzementklinker mit Wasser sehr rasch reagiert, müssen zur Steuerung des Erstarrens geringe Mengen von Kalziumsulfat in Form von Gips zugemahlen werden. Bei einer zu großen Gipszugabe bilden die Aluminate des Zements nadelförmige Trisulfatverbindungen ($3\ CaO \cdot Al_2O_3 \cdot 3\ CaSO_4 \cdot 32\ H_2O$), den sogenannten Ettringit. Diese Entwicklung ist insofern schädlich, als sie zu Treiberscheinungen im Zement führt und den Festigkeitsverlauf behindert.

Als Zumahlstoffe sind folgende hydraulisch wirkende Stoffe zugelassen:

schnellgekühlte Hochofenschlacke
Traß
Flugasche.

Durch die Verwendung von Zumahlstoffen erreicht man sowohl eine höhere Wirtschaftlichkeit des Zements als auch die Möglichkeit, spezielle Zementeigenschaften steuern zu können.

Nach der ÖNORM B 3310 unterscheidet man zwischen Portlandzement, Eisenportlandzement und Hochofenzement.

Portlandzement besteht in überwiegendem Maße aus feingemahlenem Portlandzementklinker. Gemäß ÖNORM B 3310 ist es gestattet, dem Portlandzement maximal 15 Masseteile hydraulisch wirkende Stoffe wie Hochofenschlacke, Traß oder Flugasche beizufügen. Je nach der Art der zugegebenen Stoffe werden diese Zemente mit den Buchstaben H, T oder F gekennzeichnet (z.B. PZ 275 H, PZ 275 T, PZ 275 F).

Eisenportlandzemente erhält man durch gemeinsames Feinmahlen von mindestens 70 und höchstens 84 Masseteilen Portlandzementklinker mit mindestens 16 und höchstens 30 Masseteilen Hochofenschlacke.

Hochofenzement entsteht durch gemeinsames Mahlen von mindestens 15 und höchstens 69 Masseteilen Portlandzementklinker und mindestens 31 und höchstens 85 Masseteilen Hochofenschlacke.

Je nach der Erhärtungsgeschwindigkeit der Zemente unterscheidet man nach der ÖNORM B 3310 die Zement-Güteklassen PZ 275, PZ 375 und PZ 475. Die Zahlen 275, 375, 475 entsprechen den im Normprüfverfahren festzustellenden Druckfestigkeiten in kp/cm^2 nach 28 Tagen.

Weitere Unterscheidungsmerkmale und die daraus folgenden baupraktischen Überlegungen werden in einem späteren Abschnitt dargelegt.

5.4.1. Aufbau des Zementsteins

Das Gemisch, welches beim Anmachen des Zements mit Wasser entsteht, bezeichnet man als Zementleim. Das Verhältnis zwischen Wasser und Zement ist sehr wichtig in bezug auf die zu erwartende Zementsteinfestigkeit. Das Massenverhältnis von Wasser zu Zement wird als *Wasserzementfaktor* oder *Wasserzementwert* bezeichnet.

$$\frac{\text{Masse des Wassers}}{\text{Masse des Zements}} = \frac{W}{Z} = \text{Wasserzementfaktor}$$

Die Konsistenz des Zementleims ist je nach Wasserzementfaktor sehr unterschiedlich. Bei einem Wasserzementfaktor zwischen 0,2 und 0,3 entsteht eine steifplastische Masse, die sich in der Praxis nicht verwenden läßt. Wasserzementwerte zwischen 0,3 und 0,4 ergeben einen zähflüssigen Zementleim. Diese Art von Zementleim findet bereits praktische Anwendung z.B. als Einpreßmörtel bei Spannbetonkanälen oder für die Herstellung von besonders festen Betonen. Mit zunehmendem Wasserzementwert werden die Zementleime immer flüssiger. Für die praktische Herstellung von Mörteln und Betonen verwendet man im allgemeinen Wasserzementwerte zwischen 0,35 und 0,80.

Wegen seiner im Vergleich zu Wasser etwa dreimal so großen Dichte neigt der Zement im Zementleim zum Sedimentieren. Dabei entsteht an der Oberfläche des Zementleims eine mehr oder weniger dicke Wasserschicht. Dieser Vorgang wird als *Bluten* bezeichnet. Die Tendenz zum Bluten steigt mit zunehmendem Wasserzementfaktor und ist bei grob gemahlenen Zementen stärker als bei fein gemahlenen.

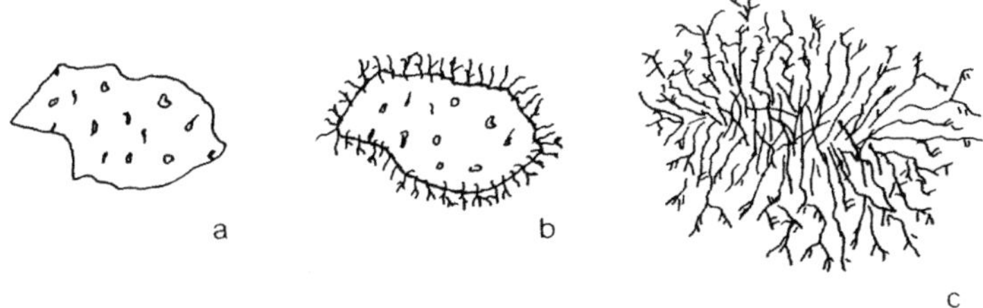

Abb. 5.1. Darstellung des Hydratationsvorganges an einem Zementkorn. a) Einzelnes Zementkorn vor der Wasserzugabe, b) Ausbildung des Zementgels in einer dünnen Schicht, c) Zementgel nach Beendigung der Hydratation

Die einzelnen Zementkörner, die im Zementleim von Wasser umgeben sind, werden durch die *Hydratation* starr miteinander verbunden. Der Hydratationsvorgang läßt sich anhand von Abb. 5.1. anschaulich erklären. In Abb. 5.1a. ist ein einzelnes Zementkorn vor der Wasserzugabe dargestellt. Der Durchmesser dieses Zementkornes liegt in der Größenordnung von einigen μm. Nach der Wasserzugabe beginnen die Hydratationsreaktionen, dabei entstehen Kalziumsilikathydrate und Kalziumaluminathydrate, die man auch als *Zementgel* bezeichnet.

Innerhalb des Zementgels befinden sich die *Gelporen*. Die Ausbildung des Zementgels erfolgt zunächst nur in einer dünnen Schicht (Abb. 5.1b.). Mit fortschreitender Hydratation wachsen die Hydratationsprodukte in den die Zementkörner umgebenden Wasserraum hinein. Nach Beendigung der Hydratation, die je nach Größe des Zementkorns einige Tage, aber auch Wochen dauern kann, beansprucht das gebildete Zementgel ein etwa doppelt so großes Volumen wie das ursprüngliche Zementkorn (Abb. 5.1c.).

Ein Teil des Wassers wird bei der Hydratation chemisch gebunden, dieses wird zu den Bestandteilen des Feststoffs gerechnet. Zusätzlich enthält der Zementstein auch physikalisch gebundenes Wasser. Da eine Trennung zwischen chemisch und physikalisch gebundendem Wasser nicht möglich ist, unterscheidet man zwischen „verdampfbarem" und „nicht verdampfbarem" Wasser. Das nicht verdampfbare Wasser, welches erst bei Temperaturen um 1 000° C entweicht, ist chemisch gebunden. Bei einem vollständig hydratisierten Portlandzement beträgt der Anteil des chemisch gebundenen Wassers etwa 25 Massenprozent, bezogen auf die Ausgangsmasse des Zements. Der Gehalt an nicht chemisch gebundenem, verdampfbarem Wasser beträgt etwa 10 bis 15 Massenprozent.

Im Gesamtporenraum des Zementsteins unterscheidet man zwischen drei Arten von Wasser:

das verdunstbare Wasser in den Kapillarporen
das verdampfbare Wasser in den Gelporen und
das nicht verdampfbare, zum Feststoff zählende chemisch gebundene Wasser.

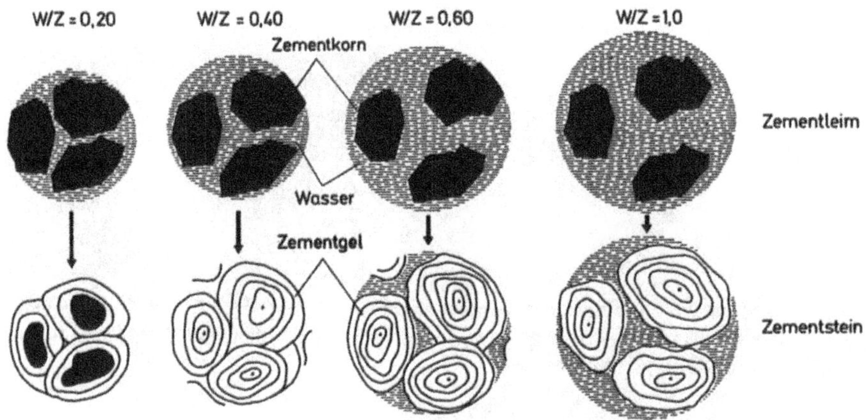

Abb. 5.2. Hydratationsvorgänge des Zements bei verschiedenen Wasserzementfaktoren

Abb. 5.2. zeigt den Einfluß von unterschiedlichen Wasserzementfaktoren auf die Erhärtung des Zements. Bei der Hydratation dringen die Hydratationsprodukte in die mit Wasser gefüllten Zwischenräume vor. Der Zementstein mit einem Wasserzementfaktor von 0,2 enthält noch unhydratisierte Zementklinkerreste, die von Zementgel umgeben sind. Dabei verhalten sich die nicht umgesetzten Klinkeranteile wie fest eingebaute Zuschlagkörner; diese Struktur ist auch unter anderem dafür verantwortlich, daß ein Zement-Wasser-Gemisch mit einem solch niedrigen Wasserzementfaktor eine hohe Festigkeit aufweist, obwohl keine vollständige Hydratation des Zements stattfindet.

Bei einem Wasserzementfaktor von 0,4 erfolgt theoretisch eine vollständige Hydratation. Theoretisch deswegen, weil praktisch gesehen eine vollkommene Hydratation nicht möglich ist. Auch bei einem Wasserzementfaktor von 0,4 wird man im Bereich eines großen Zementkornes noch unhydratisierte Teile eines Zementklinkers vorfinden bzw. werden sich an anderen Stellen Kapillarporen einstellen. Nur unter der Annahme einer vollständigen Hydratation sind im Zementstein kein unhydratisierter Zement und kein ungebundenes Wasser mehr vorhanden.

Mit der Zunahme des Wasserzementfaktors auf 0,6 erhöht sich der Anteil des ungebundenen Wassers. Auch nach Ablauf einer vollständigen Hydratation ist ein Überschußwasser vorhanden, welches nach dem Verdunsten ein weit verzweigtes Netz von Kapillarporen zurückläßt. Im Mittel sind diese Kapillarporen etwa 1 000 mal so groß wie die Gelporen. In Abb. 5.3. ist der Zusammenhang zwischen Dichtigkeit eines erhärteten Zementsteins in Abhängigkeit vom Wasserzementfaktor dargestellt. Aus diesem Diagramm wird die rasche Zunahme des Zementsteinporenraums mit zunehmendem Wasserzementfaktor deutlich.

Das Vorhandensein von Poren im Zementstein (Gelporen, Kapillarporen, Luftporen), auch als Porosität bezeichnet, beeinflußt in starkem Maße die Festigkeit des Zementsteins.

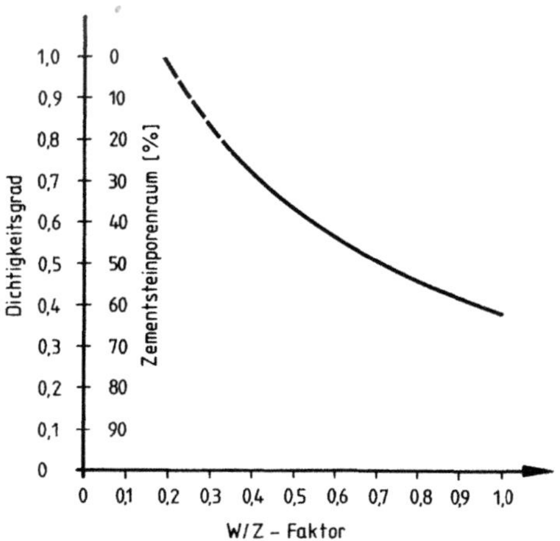

Abb. 5.3. Zusammenhang zwischen Dichtigkeitsgrad bzw. Porenraum und Wasserzementfaktor im Zementstein

Da die Porosität mit steigendem Wasserzementfaktor zunimmt, ergibt sich daraus eine Erklärung für die große Abhängigkeit der Zementsteinfestigkeit vom Wasserzementfaktor. Abb. 5.4. zeigt den Einfluß des Wasserzementfaktors auf die Druckfestigkeit von Zementstein, mit zunehmendem Wasserzementfaktor ver-

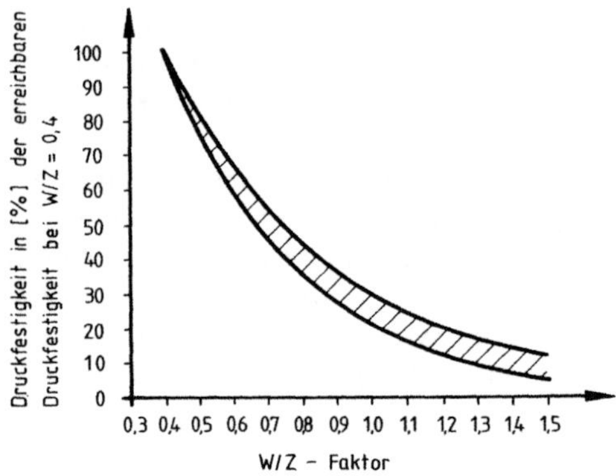

Abb. 5.4. Abhängigkeit der Druckfestigkeit vom Wasserzementfaktor beim Zementstein (nach Hummel)

ringert sich die Druckfestigkeit des Zementsteins. Durch Zusammenlegen von Abb. 5.3. und 5.4. erhält man die Zusammenhänge zwischen Zementsteinporosität, Zementsteindruckfestigkeit und Wasserzementfaktor, wie sie in Abb. 5.5. dargestellt sind. Aus Abb. 5.5. wird deutlich, daß die Festigkeitskurve β_D (W/Z) in Abhängigkeit vom Wasserzementfaktor in absolutem Gleichlauf mit der Zementsteindichtigkeit p (W/Z) in Abhängigkeit vom Wasserzementfaktor steht. Der rasche Abfall der Festigkeit mit zunehmendem W/Z-Faktor steht also in einem direkten Zusammenhang mit der Zunahme des Porenraums im Zementstein.

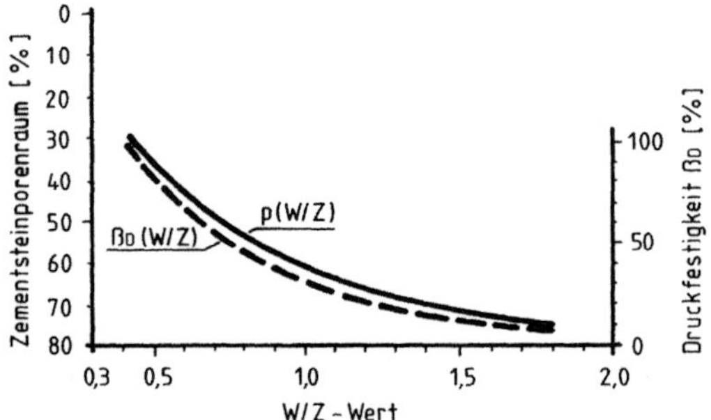

Abb. 5.5. Zementsteinporenraum und Druckfestigkeit in Abhängigkeit vom Wasserzementfaktor (nach Hummel)

5.4.2. Technische Eigenschaften des Zementsteins

5.4.2.1. Festigkeit

Die wichtigste technische Eigenschaft des Zements ist sein Erhärtungsvermögen. Es wurde bereits erwähnt, daß es nach ÖNORM B 3310 drei verschiedene Zementfestigkeitsklassen gibt (PZ 275, PZ 375 und PZ 475). Diese unterschiedlichen Festigkeitsklassen entstehen durch verschiedenartige Anteile und Ausbildung der einzelnen Klinkerminerale im Klinker und durch dessen verschieden feine Mahlung. Zemente hoher Festigkeitsklassen erhält man meist durch einen hohen C_3S-Gehalt mit entsprechend geringeren C_2S-Anteilen und durch starke Feinmahlung. Feingemahlener Zement besitzt eine viel größere Reaktionsfähigkeit; wenn zusätzlich auch noch der C_3S-Gehalt höher ist, entsteht eine entsprechend schnelle und günstige Festigkeitsentwicklung.

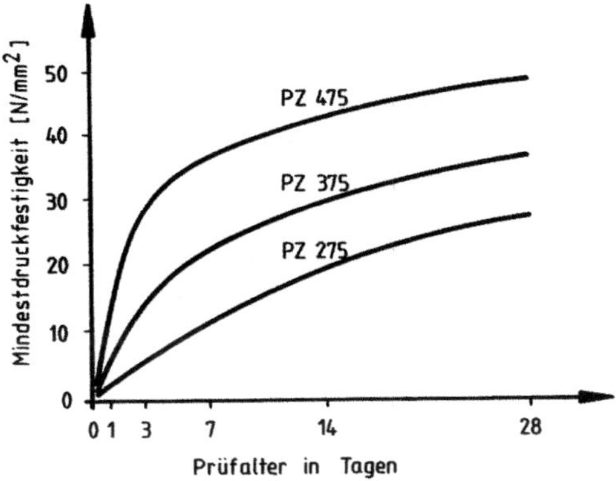

Abb. 5.6. Entwicklung der Druckfestigkeiten der Zemente (PZ 275, PZ 375, PZ 475) in Abhängigkeit vom Prüfalter

Abb. 5.6. zeigt die Entwicklung der Druckfestigkeit, gemessen an Normenmörtel der Zemente PZ 275, PZ 375 und PZ 475. Nach 28 Tagen bestehen in den Druckfestigkeiten der drei Zementsteinfestigkeitsklassen noch deutliche Differenzierungen, die sich mit zunehmendem Alter verringern.

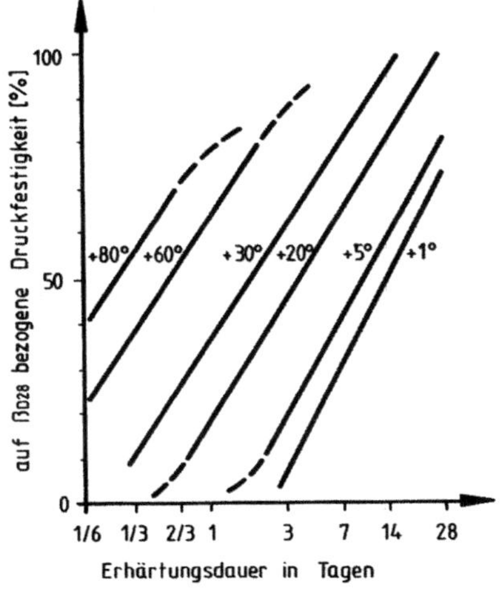

Abb. 5.7. Einfluß der Temperatur auf den Erhärtungsverlauf von Beton

Die Bestimmung der Festigkeit erfolgt an Prismen aus Normenmörtel der Größe 4 cm x 4 cm x 16 cm. Der Normenmörtel (ÖNORM B 3310) setzt sich zusammen aus 1 MT Zement, 3 MT Normensand und 0,6 MT Wasser, die Lagerung der Probekörper erfolgt bis zur Festigkeitsprüfung unter Wasser.

Eine wichtige Größe, welche die Festigkeitsentwicklung der Zemente stark beeinflußt, ist die Temperatur. Dabei ist es relativ belanglos, ob die Temperaturerhöhung durch Wärmezufuhr von außen oder durch Eigenwärmeentwicklung bei der Hydratation erfolgt. Bei Temperaturen zwischen 5° C und dem Gefrierpunkt kommen Hydratationsvorgänge fast zum Stillstand, bei höheren Temperaturen verlaufen sie schneller. Diesen Effekt macht man sich bei der Betonschnellerhärtung zunutze, indem man der Betonmischung Wärme, meist in Form von Dampf, zuführt. Durch die hohen Temperaturen darf dem Beton aber kein Wasser entzogen werden, da sonst die Hydratation gestört wird. Tiefe Temperaturen hingegen verzögern die Erhärtungsvorgänge, das hat vor allem beim Betonieren im Winter Bedeutung. In Abb. 5.7. ist der Einfluß der Temperatur auf den Erhärtungsverlauf eines Zementbetons dargestellt.

5.4.2.2. Mahlfeinheit

Die Mahlfeinheit des Zements wird durch seine spezifische Oberfläche nach *Blaine* beurteilt und über eine Prüfung der Luftdurchlässigkeit in cm^2/g bestimmt. Als mittlere Mahlfeinheit gilt der Bereich zwischen 2 800 und 4 000 cm^2/g. Zemente mit einer Mahlfeinheit unter 2 800 cm^2/g gelten als grob, solche mit mehr als 4 000 cm^2/g als fein. Sehr feine Zemente haben eine Mahlfeinheit zwischen 5 000 und 7 000 cm^2/g.

Durch die Mahlfeinheit werden eine Reihe von Zementeigenschaften beeinflußt. Je nach der Mahlfeinheit des Zements ändert sich seine spezifische Oberfläche und in diesem Zusammenhang das Reaktionsvermögen mit Wasser, was eine geänderte Festigkeitsentwicklung mit sich bringt. Eine feinere Mahlung der Zemente bewirkt eine höhere Frühfestigkeit und ein Ansteigen der Reaktionswärme.

5.4.2.3. Schwinden, Quellen, Kriechen

Als *Schwinden* bezeichnet man eine durch Austrocknung verursachte Volumensverringerung von Zementstein. Hauptmaßgebend für das Schwinden oder das Schwindmaß sind der Wassergehalt des Zementsteins, also der Wasserzementfaktor, und die äußeren klimatischen Umstände, denen der Zementstein ausgesetzt ist. Abb. 5.8. zeigt das Schwindverhalten von Zementstein bei verschiedenen Wasserzementfaktoren und Abb. 5.9. den Einfluß verschiedener Luftfeuchtigkeiten auf das Schwinden von Zementstein.

Neben den genannten Faktoren wird das Schwinden von der Zusammensetzung der Klinkermineralien beeinflußt. Ein hoher C_3S-Gehalt hat ein geringes und ein hoher C_3A-Anteil ein starkes Schwinden zur Folge. Weiters hängt das Schwinden mit der Mahlfeinheit der Zemente zusammen; ein fein gemahlener Zement schwindet stärker als ein grob gemahlener. Die Karbonatisierung, also die Umwandlung des $Ca(OH)_2$ im Zementstein durch CO_2-Aufnahme aus der

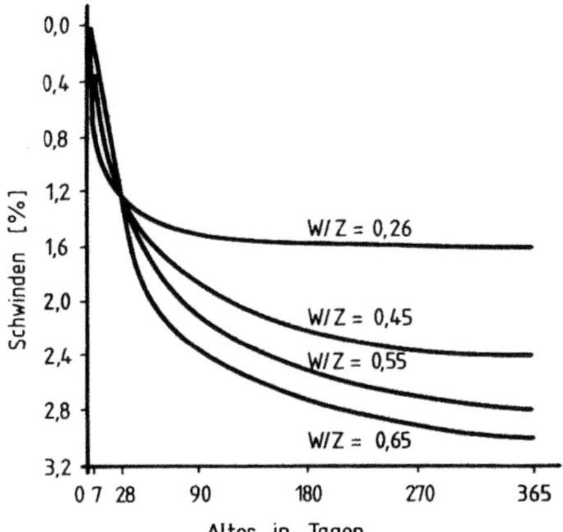

Abb. 5.8. Schwindverhalten von Zementstein bei verschiedenen Wasserzementfaktoren (nach Haller)

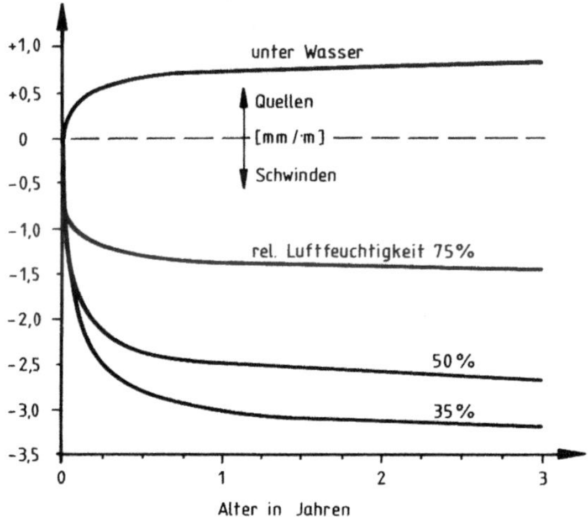

Abb. 5.9. Schwindverhalten in Abhängigkeit von der relativen Luftfeuchtigkeit (nach Hummel)

Luft in $CaCO_3$, hat ebenfalls einen Einfluß auf das Schwindverhalten von Zementstein.

Die zum Schwinden gegenteilige Erscheinung, eine Volumensvergrößerung infolge Durchfeuchtung, bezeichnet man als *Quellen*.

Das Schwinden bzw. Quellen wird an Prismen der Größe 4 cm x 4 cm x 16 cm durch Längenänderungsmessungen (Meßzapfen an den Stirnseiten der Prismen) bestimmt. Zu diesem Zweck werden die Probekörper unter entsprechenden Umweltbedingungen untersucht. Schwindmaße werden als bezogene Längenänderungen in mm/m oder auch in Promille angegeben. Die maximalen Schwindwerte für Zementstein liegen bei etwa 4 mm/m bzw. 4 Promille.

Beim *Kriechen* des Zementsteins handelt es sich um einen äußerst komplexen Vorgang. Beim Zementstein treten anfangs sehr schnell Kriecherscheinungen auf, die nach einem Zeitraum von 1 bis 2 Jahren wieder abklingen. Im allgemeinen ist das Kriechmaß bei höheren Zementsteinfestigkeiten niedriger. In trockener Luft ist das Kriechen stärker ausgeprägt als in feuchter Atmosphäre. Bei Zementstein liegt es etwa in der Größenordnung der elastischen Verformung, unter ungünstigen Bedingungen können aber auch erheblich höhere Werte auftreten.

5.4.2.4. Widerstandsfähigkeit gegen chemische Angriffe

Bei einem chemischen Angriff auf Zementstein unterscheidet man zwischen *lösenden* und *treibenden* Angriffen.

Ein lösender Angriff entsteht durch Säuren oder Salzlösungen, durch diese Mittel wird der Zementstein aus dem Beton herausgelöst. Der Widerstand gegen solche Angriffe hängt vor allem von den Eigenschaften des Zementsteins, besonders von dessen Dichtigkeit ab. Starken Säuren kann der Zementstein nur geringen Widerstand leisten, gegenüber schwachen Säuren ist ein zweckmäßig zusammengesetzter Zementstein hinreichend widerstandsfähig.

Treibende Angriffe erfolgen meist durch die in den Zementstein eindringenden Sulfate. Die Sulfationen reagieren mit bestimmten Hydratphasen des Zementsteins und bilden dabei Ettringit-Kristalle. Diese Kristalle haben einen größeren Raumbedarf, wodurch im Inneren des Zementsteins Kristallisationsdrücke entstehen, die zu einer Zerstörung führen. Zemente mit einem erhöhten Sulfatwiderstand sind Normzemente, deren Gehalt an Trikalziumaluminat (C_3A) höchstens 3 % beträgt.

5.4.2.5. Hydratationswärme des erhärteten Zementsteins

Die Hydratation des Zements stellt einen exothermen Vorgang dar; dabei erfolgt besonders bei Zementen mit höherer Anfangsfestigkeit ein schnelleres Freisetzen der entstehenden Wärme. Die Größe der Wärmetönung ist von der Art der Zementzusammensetzung und vom Anteil der einzelnen Klinkermaterialien abhängig (siehe Tab. 5.2.). Die entstehende Hydratationswärme hat zur Folge, daß sich der erhärtende Zementstein erwärmt. Unter gewissen Umständen, wie z.B. beim Betonieren im Winter, ist diese Wärmetönung sogar erwünscht. In vielen Fällen ist die Wärmeentwicklung aber unerwünscht, da sie im Zementstein Temperaturspannungen verursacht, die unter Umständen zu Rissen führen.

Die Hydratationswärme läßt sich mit einem adiabatischen Kalorimeter ermitteln. Bei diesem Verfahren wird die unmittelbare Umgebung der Zementsteinprobe ständig auf der gleichen Temperatur wie die Probe selbst gehalten. Die vom Zementstein entwickelte Temperatur kann über ein eingebautes Thermoelement gemessen werden.

5.4.3. Einteilung und Arten der Zemente

5.4.3.1. Portlandzement

Auf Grund der bei der Zementnormenprüfung nach 28 Tagen festgestellten Druckfestigkeiten erfolgt nach ÖNORM B 3303 eine Einteilung der Portlandzemente in drei Güteklassen.

Portlandzement 275: Erreicht bei der Zementnormenprüfung nach 28 Tagen eine Mindestdruckfestigkeit von 27,0 N/mm² (275 kp/cm²). Die Lieferung dieses Zements erfolgt in naturfarbenen (braunen) Säcken mit schwarzer Aufschrift.

Portlandzement 375: Bei der Zementnormenprüfung nach 28 Tagen erreicht dieser Zement eine Mindestdruckfestigkeit von 36,8 N/mm² (375 kp/cm²). Geliefert wird dieser Zement in braunen Säcken mit grüner Aufschrift. Verwendung zur Erzielung von höheren Anfangsfestigkeiten oder kürzeren Ausschalfristen.

Portlandzement 475: Die Mindestdruckfestigkeit dieses Zements beträgt nach 28 Tagen 46,6 N/mm² (475kp/cm²). Lieferung in roten Säcken mit schwarzer Aufschrift. Wegen seiner hohen Hydratationswärme und starken Schwindneigung verwendet man diesen Zement nur in Sonderfällen, in denen eine sehr rasche Erhärtung verlangt wird.

Bei Anlieferung des Zements in Silowagen ist die Zementgüteklasse aus der Farbe des Lieferscheins ersichtlich.

Gemäß ÖNORM B 3310 ist es erlaubt, Portlandzementen bis zu höchstens 15 Masseteilen hydraulisch wirkende Stoffe, wie z.B. Hochofenschlacke, Traß oder Flugasche beizufügen. Je nach Art der zugesetzten Stoffe werden die Zemente dann mit den Buchstaben H, T oder F gekennzeichnet (z.B. PZ 275 H, PZ 275 T, PZ 275 F).

Seit Juni 1970 gilt in Deutschland eine Neufassung der DIN 1164, in der andere Zementfestigkeitsklassen Gültigkeit haben (Z 250, Z 350, Z 450, Z 550). Auf Grund der zum Teil anderen Prüfvorschriften ist ein direkter Vergleich mit den in Österreich verwendeten Zementfestigkeitsklassen nicht mehr möglich.

Der unterschiedliche Erhärtungsverlauf der drei Zementgüteklassen (PZ 275, PZ 375, PZ 475) wurde bereits in Abb. 5.6. dargestellt. Die höhere Festigkeit nach 28 Tagen und der raschere Festigkeitsanstieg beim PZ 375 gegenüber PZ 275 wird im allgemeinen durch eine höhere Mahlfeinheit bei sonst im wesentlichen gleichen Klinkermaterialien erreicht. Die hohen Anfangs- und 28-Tage-Festigkeiten beim PZ 475 bekommt man durch eine besondere Auswahl der Rohmischung und durch einen großen C_3S-Anteil.

Zemente mit einem erhöhten *Sulfatwiderstand* haben einen besonders geringen Gehalt an C_3A, sodaß gefährliche Ettringitbildungen vermieden werden.

5.4.3.2. Hüttenzement

Von Hüttenzementen spricht man dann, wenn der dem Portlandzement zugegebene Anteil an granulierter Hochofenschlacke 15 Masseteile übersteigt. Bei einem Zusatz an Hochofenschlacke zwischen 10 % und 30 % spricht man von

Eisenportlandzement (Abkürzung EPZ), und als *Hochofenzement* (Abkürzung HOZ) bezeichnet man Zemente mit einem Schlackenanteil zwischen 31 % und 85 %. Das Verhalten und die Eigenschaften der Hüttenzemente sind sehr unterschiedlich und werden hauptsächlich von der verwendeten Hochofenschlacke und vom Mischungsverhältnis Portlandzement – Hochofenschlacke bestimmt.

Auf Grund der geringeren Reaktionsfähigkeit der Hochofenschlacke im Verhältnis zum Portlandzement erfolgt mit zunehmendem Schlackengehalt ein langsamerer Erhärtungsverlauf, trotzdem erreichen Hüttenzemente im allgemeinen die gleichen Endfestigkeiten wie normale Portlandzemente. Charakteristisch für Hüttenzemente ist weiters, daß sie beim Erhärten niedrigere Hydratationswärmen entwickeln als reguläre Portlandzemente, die Hydratationsprodukte enthalten gegebenermaßen auch weniger freien Kalk. Da die Mahlfeinheit in den meisten Fällen größer ist, neigen Hüttenzemente zu stärkerem Schwinden. Hüttenzemente werden vor allem dort verwendet, wo es weniger auf hohe Anfangsfestigkeiten als vielmehr auf niedrige Hydratationswärmen ankommt, dies ist vor allem bei Massenbetonbauwerken (z.B. im Talsperrenbau) wichtig.

Die Erhärtung einiger Hochofenschlacken läßt sich nicht nur durch Portlandzement, sondern auch durch Gips oder Anhydrit anregen. Durch gemeinsames Vermahlen von granulierter, tonerdereicher Hochofenschlacke mit Gips oder Anhydrit und kleinen Mengen an Portlandzementklinkern (maximal 5 %) erhält man den *Sulfathüttenzement* (Abkürzung SHZ). Der Gehalt an Hochofenschlakke beträgt mindestens 75 %, der Al_2O_3-Anteil der Schlacke mindestens 13 %, der Gipsgehalt liegt zwischen 10 % und 15 %. Sulfathüttenzemente werden feiner gemahlen als Portlandzemente.

Sulfathüttenzemente besitzen trotz sehr geringer Hydratationswärme hohe Anfangs- und Endfestigkeiten und sind gegen Sulfatangriffe und gegen Meerwasser beständig. Gegenüber Säuren zeigen sie aber eine große Empfindlichkeit.

5.4.3.3. Tonerdeschmelzzement

Der Tonerdeschmelzzement (Abkürzung TSZ) enthält weniger Kalk und weniger Kieselsäure als die Portlandzemente, statt dessen aber mehr Aluminumoxid. Hauptbestandteile sind die kalkarmen Kalziumaluminate. Hergestellt wird Tonerdeschmelzzement durch Brennen eines Gemisches aus Kalkstein und Bauxit bis zur Schmelze (etwa 1 500° – 1 600° C).

Tonerdeschmelzzement erhärtet sehr rasch unter starker Wärmeentwicklung und erreicht nach 24 Stunden bereits die 28-Tage-Festigkeiten von Portlandzementen. Die Hydratation ist nach einem Tag fast vollständig abgeschlossen. Die rasche und hohe Wärmeentwicklung erlaubt das Betonieren bei tiefen Temperaturen (bis zu –10° C). Gegen sulfatische Wässer (Gipswasser) ist der Tonerdezement sehr widerstandsfähig, ein gutes Widerstandsvermögen zeigt der TSZ auch gegenüber schwach sauren Wässern.

Praktische Erfahrungen haben aber gezeigt, daß der TSZ wegen seiner geringen chemischen Stabilität vor allem in Gegenwart von Feuchtigkeit außerordentlich temperaturempfindlich ist. Bereits bei Temperaturen um +25° C und in feuchter Umgebung wurden Zerfallserscheinungen verbunden mit Festigkeitsminderungen festgestellt. Wegen seines niedrigen Kalkgehaltes besteht im Tonerdeschmelzzementbeton auch kein ausreichender Korrosionsschutz für die eingelagerten Stahlbewehrungen. Aus diesem Grund ist die Verwendung von Tonerdeschmelzzement für Stahl- und Spannbetonbauteile in Deutschland seit 1962 verboten. In Österreich wird TSZ nicht erzeugt und nur selten verwendet.

5.5. Literatur und Normen

Czernin, W.: Zementchemie für Bauingenieure. Wiesbaden–Berlin: Bauverlag. 1977.

Henning, O., Kühl, A., Oelschläger, A., Philipp, O.: Technologie der Bindebaustoffe, Bd. 1. Berlin: VEB Verlag für Bauwesen. 1976.

Normen:

DIN 1060	Baukalk
DIN 1164	Portland-, Eisenportland-, Hochofen- und Traßzement, Blatt 1 bis Blatt 8
DIN 1168	Baugipse
DIN 4207	Mischbinder
DIN 4208	Anhydritbinder
DIN 4211	Putz- und Mauerbinder
DIN 18163	Wandbauplatten aus Gips
DIN 18169	Deckenplatten aus Gips
DIN 18180	Gipskartonplatten
DIN 51043	Traß, Anforderungen, Prüfung

ÖNORM B 3310	Portlandzement, Eisenportlandzement und Hochofenzement
ÖNORM B 3313	Hochofenschlacke, Allgemeines
ÖNORM B 3318	Zumahlschlacke für die Zementerzeugung
ÖNORM B 3319	Flugasche als hydraulische Zumahlkomponente für die Zementerzeugung
ÖNORM B 3321	Gips für Bauzwecke, Teil 1 und 2
ÖNORM B 3323	Traß
ÖNORM B 3324	Baukalk
ÖNORM B 3325	Putz- und Mauerbinder
ÖNORM B 3410	Gipskartonplatten
ÖNORM B 3412	Wandbauplatten aus Gips
ÖNORM B 3453	Ausgangsstoffe für Steinholz, kaustisch gebrannter Magnesit
ÖNORM B 3454	Ausgangsstoffe für Steinholz, Chlormagnesium

6. Mörtel

Als Mörtel bezeichnet man Gemische aus Zuschlägen, Bindemittel und Wasser, falls notwendig erfolgt eine Zugabe von Zusatzstoffen oder Zusatzmitteln. Im allgemeinen verwendet man mineralische Zuschläge (Sande) mit einem Größtkorn von 4 mm.

Aufgabe des Sandes ist es, im Mörtel ein mineralisches Gerüst auszubilden. Durch die Wahl des geeigneten Sandes läßt sich sowohl die Raumbeständigkeit als auch die Festigkeit des Mörtels günstig beeinflussen. In den meisten Fällen verwendet man Natursand, aber auch der Einsatz von Brechsanden ist möglich.

Das Bindemittel ist entsprechend der gewünschten Verarbeitbarkeit und den geforderten Eigenschaften des erhärteten Mörtels zu wählen. Durch das Anmachen des Bindemittels mit Wasser sollen die einzelnen Zuschlagkörner umhüllt und gut miteinander verkittet werden.

Durch Hinzunahme von Zusatzstoffen oder Zusatzmitteln lassen sich bestimmte Mörteleigenschaften wie zum Beispiel Wasserundurchlässigkeit, besonders gute Haftung, Verarbeitbarkeit, Farbe usw. beeinflussen bzw. verbessern.

Die Beanspruchungen, denen ein Mörtel am Bauwerk ausgesetzt wird, sind oft sehr unterschiedlicher Natur. Manchmal erhärtet er ausschließlich an der Luft, in anderen Fällen muß er unter Wasser erhärten. Je nach Verwendungszweck werden an die Mörtel verschiedene Anforderungen gestellt. Aus diesem Grund gibt es eine Vielzahl von Mörtelarten, aus denen jeweils der geeignetste ausgewählt wird.

Eine Einteilung der Mörtel ist möglich

a) nach der Bindemittelart, wie z.B. Zementmörtel, Kalkmörtel, Kalkzementmörtel, Gipsmörtel usw.

b) nach der Art der Verwendung, wie z.B. Mauermörtel, Putzmörtel, Einpreßmörtel, Fugenmörtel, Estrichmörtel usw.

c) nach dem Erhärtungsvorgang, wie z.B. Nichthydraulische Mörtel oder Hydraulische Mörtel.

6.1. Mauermörtel

Nach DIN 1053 erfolgt hinsichtlich Zusammensetzung, Eigenschaften und Anwendung eine Einteilung der Mauermörtel in 3 Gruppen (Tabelle 6.1.).

Die für die Mauermörtel verwendeten mineralischen Zuschläge müssen gemischt körnig sein und dürfen keine schädlichen Bestandteile wie z.B. Ton, Lehm oder Humusstoffe enthalten (siehe ÖNORM B 3304, DIN 4226). Als Bindemittel dürfen nur die in Tabelle 6.1. angeführten Stoffe verwendet werden.

Tabelle 6.1. *Mörtelzusammensetzung, Mischungsverhältnisse in Raumteilen (nach DIN 1053)*

Mörtelgruppe	Luft- und Wasserkalk Kalkteig	Kalkhydrat	Hydraul. Kalk	Hochhydraulischer Kalk, Putz- und Mauerbinder	Zement	Sand [1] (Natursand)
I	1					4
		1				3
			1			3
				1		4,5
II	1,5				1	8
		2			1	8
				1		3
II a		1			1	6
				2	1	8
III					1	4

[1] Die Werte des Sandanteils beziehen sich auf den lagerfeuchten Zustand.

Etwa beigefügte Zusatzstoffe oder Zusatzmittel dürfen das Erhärten, die Festigkeit und die Beständigkeit des Mörtels nicht beeinträchtigen.

Falls die Zusammensetzung eines Mörtels nicht der Tabelle 6.1. entspricht, so muß man eine Eignungsprüfung durchführen, bei der die in Tabelle 6.2. angeführten Druckfestigkeiten erreicht werden müssen.

Tabelle 6.2. *Verlangte Mörteldruckfestigkeiten (nach DIN 1053)*

Mörtelgruppe	Druckfestigkeit (MN/m^2) nach 28 Tagen Einzelwert	Mittelwert
I	–	–
II	$\geqslant 2$	$\geqslant 2{,}5$
II a	$\geqslant 4$	$\geqslant 5$
III	$\geqslant 8$	$\geqslant 10$

Die Festigkeitsentwicklungen der Mauermörtel in der Gruppe I, II und III sind in Abb. 6.1. dargestellt.

Werden die Mauermörtel auf der Baustelle hergestellt, so muß für eine trokkene und witterungsgeschützte Lagerung der Bindemittel, Zusatzstoffe und Zusatzmittel sowie für eine saubere Aufbereitung der Zuschläge Vorsorge getroffen werden. Bei den Mörtelgruppen II, IIa und III sind beim Zumessen der einzelnen

Komponenten Waagen oder Zumeßgefäße zu verwenden. Eine Mörtelzusammensetzung nach der Masse der Einzelbestandteile ergibt gleichmäßigere Mörteleigenschaften als eine Mörtelherstellung nach dem Volumen. Bei einem volumsmäßigen Zumessen der Mörtelkomponenten ist zu beachten, daß sich die in Tabelle 6.1. angegebenen Raumteile auf einen lagerfeuchten Sand beziehen, bei Verwendung von trockenen Sanden muß daher entsprechend mehr Anmachwasser beigefügt werden. Ein werkmäßig hergestellter Trockenmörtel muß auf der Baustelle mit der angegebenen Wassermenge vermischt werden. Zur Herstellung der Mörtel müssen die einzelnen Mörtelbestandteile in Mischern solange miteinander gemischt werden, bis ein möglichst homogenes Gemisch entsteht.

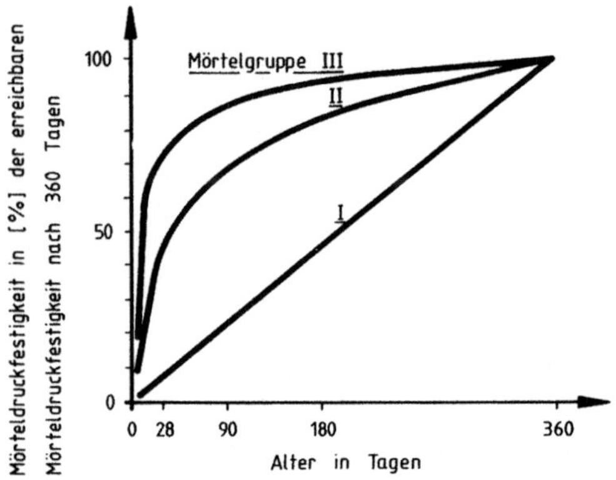

Abb. 6.1. Festigkeitsentwicklung der Mauermörtel in Abhängigkeit von der Zeit

Nach DIN 1053 gelten für die Verwendung der einzelnen Mörtelgruppen nach Tabelle 6.1. folgende Beschränkungen:

Mörtelgruppe I: a) nicht zulässig für Gewölbe, bewehrtes Mauerwerk, Kellermauerwerk;

b) zulässig bis maximal 2 Vollgeschosse bei Wanddicken $d \geqslant 24$ cm.

Mörtelgruppe II, IIa: Diese Mörtelgruppen dürfen nicht zusammen auf einer Baustelle verwendet werden. Nicht zulässig für Gewölbe und bewehrtes Mauerwerk.

Für die *Mörtelgruppe III* sind keinerlei Beschränkungen auferlegt.

Für die Prüfung der Mauermörtel gilt DIN 18555. In dieser Norm werden unter anderem Angaben gemacht über die richtige Ermittlung der Menge und der Kornzusammensetzung der Zuschläge sowie hinsichtlich der Bestimmung der Bindemittelgehalte. Die Ermittlung der Biegezug- und Druckfestigkeit erfolgt an Probekörpern der Größe 4 x 4 x 16 cm.

6.2. Putzmörtel

Putzmörtel werden an Wandoberflächen (innen und außen) und an Deckenunterseiten zum Schutz und zur besonderen Gestaltung aufgebracht. Für Putzmörtel gelten die Vorschriften nach DIN 18550.

Putzmörtel müssen eine gute Haftung aufweisen und genügend fest sein, sie dürfen keine Risse, Flecken oder Ausblühungen zeigen. Außenputze müssen wetter- und frostbeständig, wasserabweisend und farbecht sein. Von Innenputzen verlangt man Wasserdampfdurchlässigkeit und kapillares Saugvermögen. In manchen Fällen wird auch Wert auf erhöhten Feuerschutz gelegt.

Nach dem Anwendungszweck unterscheidet man zwischen Außenwandputz, Innenwandputz und Innendeckenputz. Eine Benennung der Putze kann auch nach der Art des Bindemittels erfolgen: z.B. Luftkalkmörtel, Wasserkalkmörtel, Hydraulische Kalkmörtel, Kalkzementmörtel, Zementmörtel, Gipsmörtel, Anhydritmörtel usw.

Nach physikalischen Gesichtspunkten trifft man folgende Unterscheidungen:

Normale, porige Putze, bei denen ein ausreichender Feuchtigkeitsaustausch zwischen verputztem Bauteil und Raumluft möglich ist.

Wasserabweisende Putze sind wenig benetzbar und hemmen durch wasserabweisende Zusätze den Eintritt von Niederschlagsfeuchte, die Wasserdampfdiffusion wird jedoch nicht behindert.

Wassersperrende Putze sind dicht auch gegen drängendes Wasser.

Die Putzausführung kann einlagig oder zweilagig in Form von Unterputz und Oberputz erfolgen. Zur Erhöhung der Putzhaftung auf dem Untergrund ist bei wenig saugfähigem Putzgrund ein Spritzbewurf aus dünnflüssigem Zementmörtel notwendig. Zur Verbesserung der Haftung des Putzes auf einem weniger geeigneten Putzgrund, wie z.B. Holz oder dergleichen, verwendet man Putzträger. Als Putzträger dienen z.B. Holzwolle-Leichtbauplatten, Metallputzträger, Rohrmatten, Ziegeldrahtgewebe usw. Besonders gleichmäßig und maschinell gut verarbeiten lassen sich sogenannte Fertigmörtel, sie sind werksmäßig vorgemischt und enthalten bereits den Sand und allfällige Zusatzstoffe. Zu ihrer Verwendung auf der Baustelle muß nur noch das Wasser beigefügt werden.

Als Zuschlagstoffe für Putzmörtel verwendet man im allgemeinen Natursande oder Brechsande. Zur Verbesserung der Wärmedämmung können Teile der Zuschläge durch Leichtzuschläge ersetzt werden. Der Anteil an mehlfeinen Bestandteilen im Mörtelsand soll unter 5 Massenprozent liegen. Nach DIN 4188 gelten Anteile bis zu einer Korngröße von 0,09 mm als mehlfein. Die Haufwerksporigkeit der Mörtelsande soll möglichst gering sein, aus diesem Grund sind gemischtkörnige Sande günstiger. Der Anteil der Körner zwischen 0 und 0,2 mm soll zwischen 10 und 35 Massenprozent liegen. Das Größtkorn richtet sich entsprechend Tabelle 6.3. in erster Linie nach dem Verwendungszweck des Mörtels.

Zusätze im Putzmörtel dürfen nur insoweit verwendet werden, als sie den Putz in keiner Weise schädigen. Bestehen Zweifel an der Brauchbarkeit von Zusatzstoffen oder Zusatzmitteln, so ist auf alle Fälle eine Eignungsprüfung durchzuführen.

Nach DIN 18550 erfolgt eine Einteilung der Putzmörtel in 5 Gruppen, Angaben über die Mischungsverhältnisse in den 5 Mörtelgruppen finden sich in Tabelle 6.4.

In Tabelle 6.4. gelten für Mörtel der Gruppe I, II und IVc die niedrigen Werte des Sandanteiles bei händischem Mischen und die höheren beim intensiven

Tabelle 6.3. *Hinweise für Sandkörnungen im Mörtel*

Putzanwendung	Mörtel für	Sandkörnung (mm)
	Spritzbewurf	0/7
Außenwandputz	Unterputz	0/5
	Oberputz	0/3 bis 0/7 oder gröber
	Spritzbewurf	0/3 bis 0/7
Innenwandputz	Unterputz	0/3
	Oberputz	0/1 bis 0/2
	Spritzbewurf	0/5
Innendeckenputz	Unterputz	0/3
	Oberputz	0/1 bis 0/2

Mischen mit der Maschine. Die Gehalte an Sand können nach oben hin um maximal 20 % und um höchstens 10 % nach unten abweichen.

Für *Außenwandputze* verwendet man bei einem Untergrund aus Mauerwerk oder Holzwolle-Leichtbauplatten Mörtel der Gruppe I und II und auf Beton einen Mörtel der Gruppe III nach Tabelle 6.4. Außenwandputze sollen eine mittlere Dicke von etwa 20 mm aufweisen, sie müssen witterungsbeständig und wasserabweisend sein. In ihrer Wasserdampfdurchlässigkeit müssen Außenputz und Wandbaustoff aufeinander abgestimmt sein. Bei üblichen Außenputzen ohne dampfsperrende Anstriche und üblichem Mauerwerk kann diese Forderung als erfüllt angesehen werden. Ungleichmäßige und rauhe Putzoberflächen neigen leicht zum Verschmutzen, bei zu glatt geriebenen Flächen besteht die Gefahr von Schwindrissen.

Als *Innenwand-* und *Innendeckenputz* eignen sich bei Mauerwerk als Putzgrund Mörtel der Gruppe I, II, IV und V, bei einem Betonuntergrund verwendet man die Mörtelgruppe III. In Feuchträumen sind Mörtel der Gruppe IV und V (Gips- und Anhydritmörtel) nicht zugelassen. Die Dicke der Innenputze soll im Mittel etwa 15 mm betragen, verlangt wird eine gute Ebenflächigkeit.

6.3. Estrichmörtel

Nach DIN 18560 und DIN 18353 unterscheidet man je nach Anwendung zwischen verschiedenen Estricharten:

Ein *Verbundestrich* ist ein mit einem tragenden Untergrund (Massivdecke, Unterbeton) fest verbundener Estrich. Er hat eine Dicke von mindestens 30 mm und dient als Ausgleichsschicht oder als Nutzboden. Zur besseren Haftung des Verbundestrichs muß der Unterbeton gut gereinigt und allenfalls aufgerauht werden. Eine gute Verbundwirkung erreicht man auch durch Aufbringen einer Kunstharzdispersion oder -emulsion zwischen Untergrund- und Verbundestrich. Wird der Verbundestrich mit einem Gehbelag versehen, so muß seine Druckfestigkeit mindestens 15 N/mm² betragen, wird der Verbundestrich direkt genutzt, dann ist eine Mindestdruckfestigkeit von 25 N/mm² erforderlich.

Tabelle 6.4. *Mischungsverhältnisse in Raumteilen von Putzmörteln nach DIN 18550*

Zeile	Mörtelgruppe		Mörtelart	Baukalke nach DIN 1060				Zemente nach DIN 1164 oder DIN 1167	Baugipse nach DIN 1168				Anhydritbinder nach DIN 4208	Sand
				Luftkalk Wasserkalk		Hydraulischer Kalk	Hochhydraulischer Kalk		Stuckgips	Putzgips	Mörtelgips	Estrichgips		
				Kalkteig	Kalkhydrat									
				Schüttdichte der Ausgangsstoffe in kg/dm³										
				Rohdichte 1,25	0,5	0,8	1,0	1,2	0,9	0,9	0,9	1,1	1,0	1,3 [1]
1	I	a	Luftkalk- und Wasserkalkmörtel	1,0	oder 1,0									3,5 bis 4,5 3,0 bis 4,0
2	I	b	Hydraulischer Kalkmörtel			1,0								3,0 bis 4,0
3	II		Hochhydraulischer Kalkmörtel				1,0							3,0 bis 4,0
4	II		Kalkzementmörtel	1,5 oder	2,0 oder	2,0		1,0						9,0 bis 11,0
5	III		Zementmörtel					1,0						3,0
6	IV	a	Gipsmörtel						1,0 oder	1,0				0
7	IV	b	Gipssandmörtel						1,0 oder	1,0 oder	1,0 oder	1,0		1,0 bis 3,0 1,0 bis 3,0 3,0
8	IV	c	Gipskalkmörtel	1,0 oder	1,0				0,5 bis 1,0 oder	1,0 bis 2,0				3,0 bis 4,0
9	IV	c	Kalkgipsmörtel	1,0 oder	1,0				0,1 bis 0,2 oder	0,2 bis 0,5				3,0 bis 4,0
10	V		Anhydritmörtel										1,0	0 bis 2,5
11	V		Anhydritkalkmörtel	1,0 oder	1,5								3,0	12,0

[1] Bei etwa 2 bis 5 Gew.-% Feuchtigkeit bezogen auf den trockenen Sand.

Ein *Estrich auf Trennschicht* wird durch eine dünne Zwischenlage (Folie) vom tragenden Untergrund getrennt.

Hartstoffestriche bestehen aus einem ein- oder zweilagigen Verbundestrich (Ausgleichsschicht und Hartstoffschicht), an dessen Oberfläche besondere Anforderungen bezüglich Abnutzung gestellt werden.

Beim *schwimmenden Estrich* befinden sich zwischen Estrich und Unterboden federnde Dämmplatten zur Gewährleistung eines ausreichenden Trittschallschutzes. Die Dicke des Estrichs muß mindestens 30 bis 45 mm betragen, und er muß eine Biegezugfestigkeit von mindestens 2,5 bis 3,0 N/mm² aufweisen (Prüfung an Probekörpern der Größe 4 x 4 x 16 cm³).

6.3.1. Zementestrich

Für alle vier angeführten Estricharten können Zementestriche verwendet werden, dabei gelten die in Tabelle 6.5. angeführten Festigkeitsklassen.

Tabelle 6.5. *Festigkeitsklassen von Zementestrichen*

Festigkeitsklasse	Druckfestigkeit kleinster Einzelwert N/mm²	Druckfestigkeit Mittelwert jeder Serie N/mm²	Biegezugfestigkeit Mittelwert je Serie N/mm²	Verwendung
ZE 12	12	15	3	Unterlage für Beläge
ZE 20	20	25	4	Schwimmender Estrich
ZE 30	30	35	5	Lagerung leichter Güter
ZE 40	40	45	6	
ZE 50	50	55	7	
ZE 55	55	70	9	Hartbetonbeläge
ZE 65	65	75	11	

Je nach Zementgüteklasse und Korngröße bewegt sich der Zementgehalt zwischen 300 und 475 kg/m³. Bei schwimmenden Estrichen soll wegen der Gefahr des Auftretens von Schwindrissen der Zementgehalt nicht über 400 kg/m³ liegen. Zur Vermeidung von Schwindrissen empfiehlt sich ein Aufteilen der Estrichfläche durch Fugen im Abstand von 4 bis 6 m.

Als Größtkorn wird im allgemeinen eine Korngröße bis 8 mm verwendet. Als Zusätze nimmt man Betonverflüssiger zur Verbesserung der Verarbeitbarkeit, Erstarrungsbeschleuniger zur früheren Nutzung der Estrichoberfläche und Kunstharzdispersionen oder -emulsionen zur Verbesserung der Haftung am Untergrund (Verbundestrich). Sind Estriche einer Gefährdung durch Frost- oder Frosttausalzeinwirkung ausgesetzt, dann müssen luftporenbildende Zusatzmittel verwendet werden.

Wichtig ist eine ununterbrochene Nachbehandlung der Estrichoberfläche während mindestens ein bis zwei Wochen nach der Herstellung. Während dieses Zeitraumes muß ein Feuchtigkeitsentzug durch Sonne oder Zugluft unbedingt verhindert werden. Ein schnelles Austrocknen führt zu Schwindrissen und Absanden der Oberfläche.

Hartstoffestriche werden mit einer 3 bis 15 mm dicken Verschleißschicht versehen, in der je nach Art der Beanspruchung Hartzuschläge (Korund, Siliziumkarbid, Hartgestein usw.) enthalten sind.

6.3.2. Gips- und Anhydritestriche

Gipsestriche werden meistens als fugenlose schwimmende Estriche auf schall- und wärmedämmenden Unterlageplatten hergestellt. Je nach Zusammendrückbarkeit der Dämmplatten beträgt ihre Dicke 30 bis 45 mm. Die Verarbeitung erfolgt ungemagert oder mit Zuschlägen der Korngröße 0/8 mm. Gipsestriche werden nur noch selten ausgeführt.

Anhydritestriche werden als schwimmende Estriche, Verbundestriche mit oder ohne Trennschicht in den Festigkeitsklassen AE 12, AE 20, AE 30 und AE 40 ausgeführt. Bei Zumischung gebrochener Hartzuschläge sind sie auch als Industrieestriche verwendbar. Anhydritestriche dürfen nicht in Feuchträumen verlegt werden.

6.3.3. Magnesiaestrich

Magnesiaestriche werden aus Magnesiabinder zusammen mit organischen Zuschlägen (z.B. Nadelholzspäne) hergestellt. Man bezeichnet sie auch als Steinholzestriche. Sie zeichnen sich durch gute Wärmedämmung und angenehme Begehbarkeit aus. Die Eigenschaften wie Härte, Elastizität und Fußwärme sind in bestimmten Grenzen variabel.

Magnesiaestriche bestehen entweder aus einer gleichmäßig einfärbbaren einschichtigen Nutzschicht oder sind zweischichtig mit einer porösen Unterschicht und einer dichten Verschleißschicht. Die Herstellung erfolgt in den Festigkeitsklassen ME 5, ME 7, ME 10, ME 20, ME 30, ME 40 und ME 60. Je nach Beanspruchung schwanken die Druckfestigkeiten zwischen 8 und 65 N/mm^2 und die Biegezugfestigkeiten zwischen 3 und 12 N/mm^2.

Magnesiagebundene Estriche können bei einem entsprechenden Gehalt an harten mineralischen Zuschlägen auch als widerstandsfähige Industriebeläge verwendet werden.

Eine Verlegung von Magnesiaestrichen im Freien oder in Feuchträumen ist nicht zulässig, auch ist ein Schutz gegen aufsteigende Feuchtigkeit erforderlich. Magnesiamörtel besitzen einen hohen Chloridgehalt, aus diesem Grund müssen bei der Verlegung von Magnesiaestrichen Metallteile in den Decken durch bituminöse Anstriche oder dgl. geschützt werden. Auch auf eine ausreichende Betonüberdeckung bei Stahlbetondecken ist zu achten. Eine Verlegung von Magnesiaestrichen auf Spannbetondecken ist wegen des hohen Chloridgehaltes verboten.

6.4. Einpreßmörtel

Die Herstellung der Einpreßmörtel erfolgt ausschließlich aus Zementleim oder Zementmörtel. Verwendet werden Einpreßmörtel im Spannbetonbau zum nachträglichen Auspressen der Spannkanäle. Dadurch sollen die Spannglieder gut umhüllt werden, um so einen möglichst hohen Korrosionsschutz der Spannstähle zu erreichen.

Maßgebend für die verschiedenen Eigenschaften der Einpreßmörtel sind die „Vorläufigen Richtlinien für das Einpressen von Zementmörtel in Spannkanäle" aus dem Jahre 1973. Darin sind die Anforderungen hinsichtlich Druckfestigkeit, Frostbeständigkeit, Fließvermögen, Absetzen infolge Sedimentation und Schrumpfen sowie die Prüfvorschriften enthalten.

Nach diesen Richtlinien dürfen als Bindemittel nur Portlandzemente der Festigkeitsklasse 350 F und 450 F nach DIN 1164 verwendet werden, der Wasserzementfaktor darf maximal 0,44 betragen und soll zur Erreichung einer guten Frostbeständigkeit und einer geringen Volumensverringerung beim Erhärten zwischen 0,36 und 0,44 liegen. Zur Verbesserung des Fließvermögens und zur Verringerung des Wasserbedarfs verwendet man als Zusatzmittel sogenannte Einpreßhilfen.

Die Bestimmung des Fließvermögens erfolgt mit einem Tauchgerät. Dabei wird die Absinkzeit eines Metallkörpers in einem mit Einpreßmörtel gefülltem Metallrohr bestimmt. Die Mörtelzusammensetzung ist so zu wählen, daß die Tauchzeit unmittelbar nach dem Mischen mindestens 30 Sekunden und nach 30 Minuten noch mindestens 80 Sekunden beträgt.

Der Mörtel soll nach 28 Tagen eine Druckfestigkeit von mindestens 30 N/mm^2 aufweisen. Bestimmt wird die Druckfestigkeit an Prüfzylindern mit einem Durchmesser von 10 cm, die durch Einfüllen des Mörtels in 1 kg Konservenbüchsen hergestellt werden. Das Absetzmaß des in die Konservenbüchsen eingefüllten Mörtels darf maximal 2 % ausmachen.

Die Bestimmung der Frostbeständigkeit erfolgt an 3 Tage alten Proben durch einmaliges Gefrieren bei $-20°$ C, dabei darf sich keine Raumveränderung einstellen.

6.5. Kalk- und Zementgebundene Fertigteilerzeugnisse

6.5.1. Kalksandsteine und Hüttensteine

Kalksandsteine bestehen aus quarzhaltigen Feinsandzuschlägen, die mit Luftkalk als Bindemittel und geringer Wasserzugabe erdfeucht gepreßt werden. Die Rohlinge werden in einem Autoklaven über einen Zeitraum von etwa 6 Stunden bei einem Dampfdruck von 14 bis 15 bar und einer Temperatur um 180° C gehärtet. In dem hochgespannten Dampf reagiert der Kalk mit dem SiO_2 des Quarzsandes und es entstehen Kalk-Kieselsäure-Verbindungen (Kalziumsilikathydrat), die den Hydratationsprodukten des Zements ähnlich sind und hohe Festigkeiten aufweisen.

Kalksandsteine werden als Voll-, Loch- und Hohlblocksteine hergestellt, die sowohl für Innen- als auch für Außenmauerwerk verwendet werden. In den letzten Jahren hat in Deutschland die Produktion der Kalksandsteine stark zugenommen und liegt heute mit an führender Stelle in der Mauersteinherstellung.

Hüttensteine werden aus granulierter Hochofenschlacke unter Zugabe von Zement oder Baukalk hergestellt und nach Formung durch Pressen unter Dampf oder kohlesäurehaltigen Abgasen gehärtet. In ihren Formen und Eigenschaften entsprechen sie in etwa den Kalksandsteinen.

6.5.2. Asbestzement

Asbest ist eine witterungs- und feuerbeständige kristalline Faser hoher Zugfestigkeit (etwa 20 N/mm^2), die unter Druck und Hitze aus silikathaltigen Gesteinen gewonnen wird.

Die Herstellung von Asbestzement erfolgt aus einem wässerigen Gemisch von Zement mit etwa 8 Volumsprozent Asbestfasern. Dabei zeigt der Zement eine gute Anlagerungsfähigkeit an die Asbestfasern. Der frische Asbestzement besteht aus einer Reihe dünner Schichten von zementumhüllten Asbestfasern, woraus in bestimmten Herstellungsvorgängen bereits bestimmte Formen wie Tafeln, Rohre, Wellplatten, verschiedene Zubehörteile usw. erzeugt werden.

Wegen seiner hohen Dichtigkeit ist Asbestzement sehr widerstandsfähig gegen chemische Angriffe, Frost-Tauwechsel und Feuer. Die Druckfestigkeit von Asbestzement liegt zwischen 70 und 150 N/mm^2 und die Biegezugfestigkeit je nach Faserrichtung und Verdichtung zwischen 20 und 40 N/mm^2. Zu beachten ist bei Asbestzement das relativ hohe Schwindmaß, welches über 1mm/m beträgt.

Verwendet wird Asbestzement unter anderem für Fassadenverkleidungen, Fensterbänke, Dachplatten, Dachrinnen, Abschlußrohre, Rohre für Entlüftungsanlagen, Behälter, Luftkanäle usw. Gehandelt wird Asbestzement unter den Bezeichnungen Eternit, Fulgurit, Frenzelit usw.

6.5.3. Holzwolle-Leichtbauplatten

Hergestellt werden Holzwolle-Leichtbauplatten aus einem Gemisch aus langfaseriger Holzwolle und mineralischen Bindemitteln, wie Zement, Gips oder Magnesiabinder durch Pressen und Trocknen bei hoher Temperatur. Zur Verbesserung der Bindemittelhaftung wird die Holzwolle mit Tränkstoffen vorbehandelt.

Wegen ihrer geringen Wärmeleitfähigkeit werden Holzwolle-Leichtbauplatten als Wärmedämmstoffe verwendet. Die Wärmeleitfähigkeitswerte für 15 mm dicke Platten betragen etwa 0,11 W/mK und für 25 mm und 35 mm dicke Platten etwa 0,09 W/mK. Die Herstellungsgröße der Platten beträgt 50 x 200 cm.

Häufig verwendet man Holzwolle-Leichtbauplatten bei der sogenannten Mantelbetonbauweise. Mantelbetonwände sind mehrschichtige Verbundwände, bestehend aus einem statisch wirkenden Kern aus Schwer- oder Leichtbeton und einer wärmedämmenden, als bleibende Schalung und Putzträger dienenden Ummantelung aus Holzwolle-Leichtbauplatten. Bei der Mantelbetonbauweise lassen sich die Anforderungen von erhöhtem Wärmeschutz günstig beeinflussen.

Gehandelt werden Holzwolle-Leichtbauplatten unter den Bezeichnungen: Heraklith, Durisol, Isotex, Primanit usw.

6.6. Literatur und Normen

Benz, G.: Einpreßmörtel. Chemische Fabrik Grünau, Illertissen.
Piepenburg, W.: Mörtel, Mauerwerk, Putz, 6. Aufl. Wiesbaden–Berlin: Bauverlag. 1970.

Normen:

DIN 106	Kalksandsteine, Vollsteine, Lochsteine und Hohlraumblocksteine
DIN 273	Ausgangsstoffe für Magnesiaestriche
DIN 274	Asbestzement-Wellplatten
DIN 398	Hüttensteine, Voll- und Lochsteine
DIN 1053	Mauerwerk; Berechnung und Ausführung
DIN 1101	Holzwolle-Leichtbauplatten; Maße, Anforderungen, Prüfung
DIN 1102	Holzwolle-Leichtbauplatten, Richtlinien für die Verarbeitung
DIN 1104	Mehrschicht-Leichtbauplatten aus Schaumkunststoffen und Holzwolle
DIN 18353	Allgemeine Technische Vorschriften für Bauleistungen, Estricharbeiten
DIN 18560	Estriche im Bauwesen
DIN 18550	Putz, Baustoffe und Ausführung
DIN 18555	Mörtel aus mineralischen Bindemitteln, Prüfung

Richtlinien für das Einpressen von Zementmörtel in Spannkanäle, Fassung Juni 1973.

ÖNORM B 2206	Mauer- und Verputzarbeiten
ÖNORM B 2232	Estricharbeiten, Werksvertragsnorm
ÖNORM B 3325	Putz- und Mauerbinder
ÖNORM B 3332	Zusatzmittel für Mörtel und Beton, Frostschutzmittel
ÖNORM B 3340	Fertigmörtel für Putzzwecke
ÖNORM B 3350	Massive Mauern und Wände, Güteeigenschaften
ÖNORM B 3351	Wände aus Ziegeln oder Betonsteinen gemauert
ÖNORM B 3352	Mantelbetonwände
ÖNORM B 3421	Asbestzement-Dachplatten
ÖNORM B 3422	Asbestzement-Wellplatten
ÖNORM B 3423	Asbestzement-Tafeln
ÖNORM B 3424	Asbestzement-Platten für Außenwandverkleidungen
ÖNORM B 3425	Tafeln aus Asbestzement mit leichten anorganischen Zuschlagstoffen
ÖNORM B 3465	Holzwolle-Leichtbauplatten

7. Normalbeton

Die Herstellung des Betons erfolgt aus den drei Grundmaterialien Zement, Zuschläge und Wasser. Nach moderner Anschauung betrachtet man den Beton als ein Zweistoffsystem, bestehend aus dem bei der Herstellung flüssigen Zementleim und den in fester Form vorliegenden Zuschlagkörnern. Seine Gebrauchseigenschaften erhält dieses Zweistoffsystem erst nach dem Aushärten der Zementsteinmatrix.

Grundsätzlich unterscheidet man bei Beton zwei Zustandsformen. Solange er sich noch verarbeiten läßt, hat der fertig gemischte Beton die Bezeichnung *Frischbeton*. Durch die Erstarrungs- und Erhärtungsvorgänge erfolgt der Übergang zum *Festbeton*. Der bereits eingebaute und verdichtete, aber noch nicht erstarrte Beton wird als *grüner Beton*, der einige Stunden alte, bereits erstarrte Beton als *junger Beton* bezeichnet. Zwischen Frischbeton und Festbeton liegen die Übergangsstadien grüner und junger Beton.

Im gesamten gesehen, werden die Eigenschaften des Frischbetons und des Festbetons von den Ausgangsstoffen und von der Zusammensetzung bestimmt. Die Eigenschaften des Festbetons sind weiters noch von der Verarbeitung, der Verdichtung, der Nachbehandlung und vom Alter abhängig.

Richtlinien für die Herstellung und Überwachung des Betons sind in der ÖNORM B 4200, 10. Teil und in der DIN 1045 enthalten. Die Vorschriften für die Prüfungen des Frischbetons und Festbetons finden sich in der ÖNORM B 3303 und in DIN 1048.

Entsprechend seiner Rohdichte unterteilt man den Beton in drei Betonarten:

Leichtbeton: Rohdichte bis 1,8 kg/dm^3

Normalbeton: Rohdichte 1,8 bis 2,8 kg/dm^3

Schwerbeton: Rohdichte über 2,8 kg/dm^3

Normalbeton verwendet man zur Herstellung tragender Bauteile mit dem Hauptaugenmerk auf Festigkeit und Dichtigkeit. Bei Leichtbeton steht neben dem Vorhandensein einer gewissen Festigkeit die Wärmedämmung im Vordergrund. Schwerbeton wird vor allem dort verwendet, wo das Problem des Strahlenschutzes eine Rolle spielt.

Eine der wichtigsten Betoneigenschaften ist seine Druckfestigkeit. Bestimmt wird die Druckfestigkeit an eigens hiefür hergestellten Probekörpern (Würfel, Zylinder, Prismen). Je nach der Festigkeit des Betons unterscheidet man verschiedene Festigkeitsklassen. Die Tabelle 7.1. enthält die entsprechend ÖNORM B 4200, 10. Teil (Entwurf 1981) festgelegten Festigkeitsklassen.

Durch die Betonfestigkeitsklassen werden jene Festigkeiten festgelegt, die vom Mittelwert aus drei Betonwürfeln (Kantenlänge 20 cm x 20 cm x 20 cm) bei einer Güteprüfung im Alter von 28 Tagen mindestens erreicht werden müssen. Der Festigkeitsnachweis kann auch bei einem Betonalter von 7 Tagen erbracht werden. Im Alter von 7 Tagen gilt der Nachweis als erbracht, wenn die 7-Tage-Festigkeit nach Tabelle 7.1. erreicht ist. Wird die 7-Tage-Festigkeit nicht erreicht oder nicht geprüft, dann ist die 28-Tage-Festigkeit maßgebend.

Tabelle 7.1. *Betonfestigkeitsklassen nach ÖNORM B 4200, Teil 10 (Entwurf 1981)*

Festigkeitsklasse	Mittelwert der Druckfestigkeit von 20 cm Würfeln (in N/mm²) mindestens			
	nach 28 Tagen	nach 7 Tagen bei Zement der Güteklasse		
		Z 275	Z 375	Z 475
B 0	kein Nachweis der Festigkeit erforderlich			
B 50	5	3	4	–
B 80	8	6	7	–
B 120	12	9	10	–
B 160	16	12	13	14
B 225	23	17	18	19
B 300	30	23	25	26
B 400	40	32	34	36
B 500	50	41	44	46
B 600	60	–	54	57

Nach der ÖNORM B 4200, 10. Teil, unterscheidet man zwischen einem Beton der Herstellungsklasse R (Rezeptbeton) und einem Beton der Herstellungsklasse E (Beton nach Eignungsprüfung).

Der Beton der Herstellungsklasse R (Rezeptbeton nach ÖNORM B 4200, 10. Teil) entspricht nach DIN 1045 in etwa dem Beton der Klasse B I und der Beton der Herstellungsklasse E nach ÖNORM B 4200, 10. Teil in etwa dem Beton der Klasse B II nach DIN 1045.

Für den Rezeptbeton ist die Durchführung einer Eignungsprüfung nicht erforderlich, zur Erzielung der erforderlichen Festigkeiten müssen bei seiner Herstellung gewisse Mindestzementgehalte eingehalten werden. Die Verwendung von getrennten Körnungen wird zwar als vorteilhaft empfohlen, ist aber nicht zwingend vorgeschrieben. Der Rezeptbeton umfaßt die unteren Betonfestigkeitsklassen von B 50 bis B 225. Falls die in der Norm für den Rezeptbeton angegebene Rezeptur zur Erzielung von bestimmten Betoneigenschaften nicht ausreicht, kann man für diesen Beton auch eine Eignungsprüfung durchführen.

Betone der höheren Festigkeitsklassen (B 300 bis B 600) und Betone mit besonderen Eigenschaften müssen als Beton E auf Grund einer Eignungsprüfung hergestellt werden. Bei der Zusammensetzung dieser Betone muß man getrennte Korngruppen verwenden. Die Betonherstellung nach Klasse E stellt erhöhte Anforderungen sowohl an das Baustellenpersonal als auch an die Baustelleneinrichtung und verlangt eine besonders sorgfältige Güteüberwachung.

7.1. Grundstoffe für die Betonherstellung

Wie bereits erwähnt, setzt sich der Beton aus den drei Grundmaterialien Zement, Zuschläge und Anmachwasser zusammen. Will man spezielle Betoneigenschaften erreichen, so geschieht dies durch Beigabe entsprechender Zusatzmittel, wie z.B. Luftporenbildner für Luftporenbeton, Verflüssiger für Fließbeton, Dichtungsmittel für wasserdichten Beton usw. In den folgenden Abschnitten werden die Eigenschaften der Grundstoffe und ihre Einflüsse auf die Betoneigenschaften behandelt.

7.1.1. Zement

Für die Herstellung von Beton werden ohne Ausnahme Zemente, die den jeweiligen Normen entsprechen, verwendet. Die wichtigsten stofflichen Eigenschaften der Zemente wurden bereits im Abschnitt 5.4. behandelt.

Die Auswahl der Zemente bewirkt einen nachhaltigen Einfluß auf die zu erwartende Betonfestigkeit. Unter der Voraussetzung, daß die Einflußgrößen, wie Mischungsverhältnis, Wasserzementfaktor, Art und Zusammensetzung der Zuschläge, Verdichtung und Nachbehandlungsbedingungen gleich bleiben, steigen mit zunehmender Zementnormenfestigkeit die Druck- und Biegezugfestigkeiten des hergestellten Betons. Unter den gleichen Voraussetzungen erfolgt ein etwa proportionales Ansteigen der Betondruckfestigkeit mit der Zementnormendruckfestigkeit. Abb. 7.1. zeigt den Zusammenhang zwischen Zementnormendruckfestigkeit und der zu erwartenden Betondruckfestigkeit nach 28 Tagen, in diesem Diagramm wurde die 28-Tage-Betondruckfestigkeit bei einer Zementnormendruckfestigkeit von 30 N/mm^2 gleich 100 % gesetzt. Die 28-Tage-Zementnormendruckfestigkeit ist daher eine maßgebende Kenngröße für die Betondruckfestigkeit nach 28 Tagen.

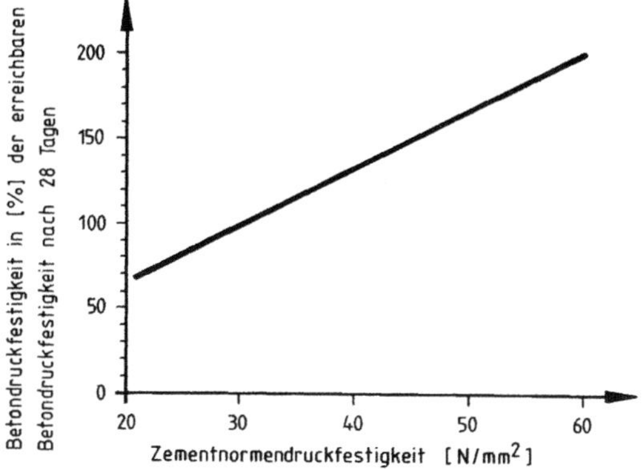

Abb. 7.1. Zusammenhang zwischen Zementnormendruckfestigkeit und der zu erwartenden Betondruckfestigkeit nach 28 Tagen

Ebenso wie für die Betondruckfestigkeit ist für die Ausbildung der Anfangsfestigkeit und für die Betonnacherhärtung die Festigkeitsentwicklung des Zements maßgebend. Eine hohe Anfangsfestigkeit des Betons läßt sich durch die Verwendung von Zementen mit einer hohen anfänglichen Festigkeit erreichen. Wird eine längere Nacherhärtung des Betons verlangt, so muß man Zemente mit einer langsameren Festigkeitsentwicklung verwenden.

Falls bei der Betonherstellung die Festigkeit Hauptgesichtspunkt ist, dann wird man eine der entsprechenden Betonfestigkeitsklassen zugeordnete Zementgüteklasse heranziehen. Die wahren Normfestigkeiten der Zemente der Güteklassen Z 275, Z 375 und Z 475 überschneiden sich in weiten Grenzen. Für die Beziehung zwischen Betonfestigkeit und Zementfestigkeit ist selbstverständlich nur die wahre Zementnormenfestigkeit maßgebend und nicht die Bezeichnung Z 275, Z 375 oder Z 475. Da die Festigkeit des Zementsteins von der Zementgüte und vom Wasserzementfaktor abhängt, besteht hier eine große Auswahl von Variationsmöglichkeiten. Zemente hoher Festigkeit sollen aber nur dort eingesetzt werden, wo die Notwendigkeit ihrer Verwendung gerechtfertigt ist. Sowohl in betontechnologischer als auch in wirtschaftlicher Hinsicht ist es sinnvoll, für die Herstellung von Betonen mit bestimmten gewünschten Eigenschaften auch die hiefür zweckentsprechenden Zemente zu wählen.

7.1.2. Zuschlagstoffe

Für Normalbeton verwendet man Zuschläge, bestehend aus gebrochenen oder ungebrochenen Körnern mit dichtem Gefüge und Kornrohdichten zwischen 2,5 und 2,9 kg/dm^3. Zuschläge mit Kornrohdichten unterhalb 2,2 kg/dm^3 heißen Leichtzuschläge, Zuschläge mit Kornrohdichten größer als 3,2 kg/dm^3 werden als Schwerzuschlag bezeichnet.

Natürlichen Zuschlag gewinnt man entweder als gerundetes Material aus Gruben, Flüssen oder Seen oder als gebrochenes Material durch Sprengen, Brechen und Zerkleinern von felsigem Gestein aus Steinbrüchen. Künstliche Zuschläge wie z.B. Hochofenschlacke erhält man durch langsames Abkühlen von flüssiger Hochofenschlacke, die anschließend gebrochen und aufbereitet wird.

Die Betonzuschläge müssen der ÖNORM B 3304 bzw. der DIN 4226 entsprechen. In diesen Normen sind die Eigenschaften, Prüfungen und Abnahmebedingungen festgelegt. Da die Eigenschaften der Zuschläge starken Schwankungen unterliegen, muß für ihre Auswahl und Überwachung besonders vorgesorgt werden.

Für die Verwendung zur Betonherstellung muß man die Zuschläge entsprechend aufbereiten. Zu diesem Zweck müssen schädliche Verunreinigungen (Lehm, Ton) durch Waschen entfernt werden. Weiters erfolgt eine Aufteilung der Zuschläge in verschiedene Korngruppen. Nach der Korngröße und der Art der Gewinnung trifft man zwischen ungebrochenem Korn und gebrochenem Korn die in Tabelle 7.2. dargelegten Unterscheidungen.

Bei der Betonherstellung verwendet man im allgemeinen Gemische aus verschiedenen Korngruppen, die an der Baustelle oder im Betonwerk zusammengesetzt werden. Verwendet man Zuschlaggemische, die vom Hersteller der Zuschläge beigestellt werden, dann spricht man von werksgemischten Betonzuschlag, der in der Regel aber nur für Beton der Festigkeitsklassen bis B 400 verwendet werden darf.

Tabelle 7.2. *Bezeichnung der Zuschläge nach gebrochenem und ungebrochenem Material*

Zuschlag mit Kleinstkorn (mm)	Zuschlag mit Größtkorn (mm)	Bezeichnung für ungebrochenen Zuschlag	Bezeichnung für gebrochenen Zuschlag
–	0,25	Feinstsand	Feinstbrechsand
–	1	Feinsand	Feinbrechsand
1	4	Grobsand	Grobbrechsand
4	32	Kies	Splitt
32	63	Grobkies	Schotter

7.1.2.1. Verlangte Eigenschaften der Zuschlagstoffe

Da die Eigenschaften des Betons in erheblichem Maß auch von der Qualität der Zuschläge abhängen, sind diesbezüglich bestimmte Anforderungen notwendig. Zunächst wird eine ausreichende *Eigenfestigkeit* der Zuschläge verlangt. Tonige, verwitterte, schiefrige oder weiche Gesteine sind als Betonzuschlag ungeeignet. Die Zuschlagkörner müssen so fest sein, daß bei ihrer Verwendung im gewünschten Sieblinienbereich die geforderte Betonfestigkeitsklasse erreicht werden kann. Nach ÖNORM 3304 gelten Zuschläge als ausreichend fest, wenn der Gehalt an *Mürbkorn* höchstens 5 % beträgt. Übersteigt der Gehalt an Mürbkorn den Wert von 5 %, dann ist anhand einer Betonprüfung nachzuweisen, ob eine Beeinträchtigung der Betondruckfestigkeit ausgeschlossen werden kann.

Der Mürbkornanteil von Korngruppen bis zu einem Größtkorn von 4 mm ist unter einem Mikroskop bei etwa 25-facher Vergrößerung an jeweils mindestens 1 000 Körnern abzuschätzen. Der Gehalt an Mürbkorn von Korngruppen mit einem Größtkorn über 4 mm ist anhand des Hammerversuches an Teilproben von mindestens 200 Körnern je Kornklasse zu beurteilen. Körner, die nach 24-stündiger Wasserlagerung einzeln auf einer harten Unterlage liegend unter einem Hammerschlag (Masse des Hammers 500 g bzw. 250 g bei der Kornklasse 4/8, Fallhöhe 30 cm) mit dumpfem Klang in viele Stücke zerfallen, gelten als mürbe. Körner, die beim gleichen Hammerschlag mit hellem Klang in wenige Stücke mit scharfkantigen Bruchflächen zerfallen, gelten als fest.

Von natürlich entstandenen Sanden und Kiesen kann man auf Grund der Beanspruchung während der Entstehung eine ausreichende Festigkeit voraussetzen. Zuschläge aus natürlich gebrochenem Gestein müssen im durchfeuchteten Zustand eine Mindestdruckfestigkeit von 100 N/mm^2 aufweisen. In der Tabelle 7.3. sind die Druckfestigkeiten einiger Gesteinssorten angeführt. Wie aus der Tabelle 7.3. hervorgeht, liegt die Druckfestigkeit der für die Betonherstellung verwendeten Zuschläge wesentlich über der Druckfestigkeit des Zementsteins. Die Festigkeit des Zweistoffsystems Beton wird daher in erster Linie von der Festigkeit der Zementsteinmatrix bestimmt, da diese die schwächere Phase darstellt.

Zur Herstellung von frostbeständigem Beton muß der verwendete Zuschlag eine ausreichende *Frostbeständigkeit* aufweisen. Natürlich entstandene Sande und Kiese bzw. gebrochene Zuschläge enthalten in der Regel keine frostanfäl-

Tabelle 7.3. *Druckfestigkeiten einiger Gesteinssorten*

Gesteinssorten	Druckfestigkeit in N/mm^2
Kalkstein, Dolomit	80 – 180
Granit, Syenit	160 – 240
Diabas	180 – 300
Grauwacke	150 – 300
Diorit, Gabbro	170 – 300
Porphyr	180 – 300
Basalt	200 – 300

ligen Zuschlagkörner. Zuschläge aus gebrochenem Material sind im allgemeinen frostbeständig, wenn die Wasseraufnahme des Gesteins 0,5 Massenprozent nicht überschreitet oder die Mindestdruckfestigkeit des durchfeuchteten Gesteins 150 N/mm^2 beträgt. Gesteine solcher Qualität haben eine so geringe Wasseraufnahme, bzw. eine so große Dichtigkeit, daß der beim Gefrieren entstehende Eisdruck nicht schädigend wirkt. Nicht frostbeständig hingegen sind verwitterte und schiefrige Gesteine mit großem Wasseraufnahmevermögen, wodurch beim Gefrieren die Gefahr einer Betonschädigung entsteht.

Nach ÖNORM B 3304 gelten Zuschläge als ausreichend frostbeständig, wenn der Mürbkornanteil höchstens 5 % beträgt, bei Mürbkornanteilen von mehr als 5 % ist anhand einer Betonprüfung zu beurteilen, ob mit diesen Zuschlägen ein frostbeständiger Beton bzw. Frost- Tausalzbeständige Oberflächen herstellbar sind.

Zuschläge mit einem Mürbkornanteil von höchstens 5 % mit ausreichender Eigenfestigkeit und Frostbeständigkeit werden gemäß ÖNORM B 3304 der *Verwendungsklasse I* zugeordnet. Zuschläge mit einer ausreichenden Eigenfestigkeit, aber nicht genügenden Frostbeständigkeit zählt man zur *Verwendungsklasse II.* Zuschläge mit bis zu 20 % Mürbkorn ohne Nachweis der Festigkeit und der Frostbeständigkeit gehören zur *Verwendungsklasse III.*

Zur Vermeidung einer Abminderung der Betonfestigkeit dürfen die Betonzuschläge keine *schädlichen Bestandteile* wie z.B. Gesteinsstaub, Lehm, Ton, Erde usw. enthalten. Schädlich sind alle Stoffe, die das Erstarren oder das Erhärten des Betons stören, die Festigkeit oder die Dichtigkeit des Betons herabsetzen, zu Absprengungen oder späteren Zerstörungen des Betons führen oder die Korrosion der Bewehrung fördern.

Sogenannte *abschlämmbare Bestandteile* bis zu einer Korngröße von 0,02 mm in Form von Ton, Lehm oder dergleichen können schädlich wirken, wenn sie in großer Menge vorhanden sind, an der Oberfläche größerer Zuschlagkörner haften oder als Knollen vorkommen. Sie erhöhen den Wasseranspruch des Betons und vermindern seine Festigkeit und Frostbeständigkeit. Die Bestimmung des Abschlämmbaren erfolgt über Absetz- oder Auswaschversuche. In ÖNORM B 3304 und DIN 4226 sind für die jeweiligen Korngruppen die zulässigen Anteile an abschlämmbaren Bestandteilen angeführt.

Auch geringe Anteile an Humusstoffen oder organischen Verunreinigungen verzögern oder verhindern die Erhärtung des Betons. Eine entsprechende Prüfung nach ÖNORM B 3304 bzw. DIN 4226 ist bei allen Körnungen, die Sand enthalten, durchzuführen.

Schwefelverbindungen wie z.B. Sulfite, Sulfide oder lösliche Sulfate führen in größeren Mengen zu einem Festigkeitsabfall oder auch zu einer Zerstörung des Betons. Derartige Verunreinigungen können von Gips, Anhydrit, Schlacken, Aschen oder Ziegelsplitt herstammen. Der Anteil dieser Verunreinigungen darf nicht mehr als 0,3 Massenprozent des Zuschlags ausmachen.

Durch wasserlösliche *Chloride* werden der Korrosionsschutz der Bewehrung und die Erhärtungsgeschwindigkeit des Zements beeinträchtigt. Chloride können von Natur aus in den Zuschlägen vorkommen oder durch Verunreinigungen in den Zuschlag gelangen. Der Anteil an wasserlöslichen Chloriden darf nicht mehr als 0,01 Massenprozent des Zuschlags betragen.

Bei feuchten Betonzuschlägen haftet an der Oberfläche und zwischen den einzelnen Zuschlagkörnern Wasser, welches man als *Oberflächenwasser* bezeichnet. Dieser Gehalt an Oberflächenwasser muß bei der Betonherstellung unbedingt berücksichtigt werden.

Zur Erreichung einer guten Verarbeitbarkeit des Frischbetons sollen die Zuschläge nach Möglichkeit eine gedrungene oder runde Form (Abb. 7.2a.) aufweisen. Längliche oder plattige Körner (Abb. 7.2b.) setzen der Verarbeitung einen größeren Widerstand entgegen. Splittmaterial (Abb. 7.2c.) sollte nach Möglichkeit doppelt gebrochen sein (Edelsplitt).

Die Kornfom eines Einzelkornes wird durch das Verhältnis von größter Länge zu kleinster Dicke und gegebenenfalls durch eine zusätzliche Beschreibung wie länglich, plattig oder gedrungen gekennzeichnet. Nach ÖNORM B 3304 bezeichnet man als Rundkorn ein Korn, dessen Oberfläche zu mehr als 50 % natürlich gerundet ist. Körnungen, die zu mehr als 50 % aus Rundkorn bestehen, nennt man Rundkörnung. Kantkorn ist ein Korn, dessen Oberfläche zu mehr als 50 % Bruchflächen aufweist. Körnungen mit mehr als 50 % Kantkorn bezeichnet man als Kantkorn.

7.1.2.2. Kornzusammensetzung

Grundsätzlich soll eine Kornzusammensetzung so gewählt werden, daß ein möglichst hohlraumarmes Zuschlaggemisch entsteht. Daß heißt, die Hohlräume zwischen den großen Körnern sollen durch kleinere und die noch verbleibenden Hohlräume wieder durch noch kleinere Körner ausgefüllt werden. Angestrebt wird auf diese Weise ein Gemisch mit möglichst großer Haufwerksdichtigkeit. Zweck dieser Vorgangsweise ist es, ein Zuschlaggemisch mit einem möglichst geringen Zementleimbedarf zu erhalten, welches sich gut verarbeiten und verdichten läßt. Ist der Anteil der groben Zuschlagkörner zu groß, so ist der Zementleimbedarf zwar geringer, die Verarbeitbarkeit und Verdichtungswilligkeit eines solchen Betons wird aber erschwert. Zuschläge mit ungünstiger Kornform und einem zu großen Sandanteil hingegen benötigen wegen der großen Oberfläche der Einzelkörner wesentlich mehr Zementleim.

Eine Beurteilung über die Eignung eines Zuschlaggemisches, ob zum Beispiel

Abb. 7.2. Kornformen von Betonzuschlägen. a) Kies gedrungen, b) Kies länglich, plattig, c) Splitt, doppelt gebrochen

eine Kornzusammensetzung zu sandarm oder zu sandreich ist, kann man am Verlauf einer sogenannten *Sieblinie* vornehmen. Die Bestimmung der Sieblinie, also die Erfassung der Kornverteilung erfolgt über Siebversuche. Bei den Siebversuchen werden trockene Zuschlagproben durch Prüfsiebe mit 0,063; 0,125; 0,25; 0,5; 1,0; und 2,0 mm Maschenweite und 4,0; 8,0; 11,2; 16,0; 22,4; 31,5; 45,0;

63,0; 90,0 und 125,0 mm Quadratlochweite gesiebt und die jeweiligen Rückstände auf den einzelnen Sieben gewogen.

Das *Größtkorn* ist so groß zu wählen, wie es das Verarbeiten und Fördern des Betons zuläßt. Seine Nenngröße darf ein Viertel der Bauteilabmessung nicht überschreiten. Nach ÖNORM B 4200, Teil 10 darf das Größtkorn nicht größer sein als das 1,25-fache des kleinsten Abstandes der Stahleinlagen. Im Bereich mehrlagiger Bewehrung darf das Größtkorn das 0,8-fache des kleinsten Abstandes der Stahleinlagen nicht übersteigen. Zur Gewährleistung einer ausreichenden Betondeckung der Stahleinlagen im Beton soll das Größtkorn kleiner sein als die Betondeckung der Bewehrungsstäbe.

Von besonderer Bedeutung ist der Gehalt an *Mehlkorn*, worunter man denjenigen Anteil des Kornes im Betonmischgut versteht, dessen Korngröße unter 0,25 mm liegt. Dazu zählt man die Anteile des Zements, der Zuschläge und der Zusatzstoffe. Der Mehlkorngehalt muß ausreichend sein, damit sich der Beton gut verarbeiten läßt und ein geschlossenes Gefüge erhält. Das ist besonders wichtig beim Pumpbeton, wasserundurchlässigen Beton und Sichtbeton. Wegen des hohen Wasseranspruches des Mehlkornes soll der Mehlkorngehalt auf das für die Verarbeitung notwendige Maß beschränkt bleiben. Ein zu hoher Gehalt an Mehlkorn kann sich für verschiedene Betoneigenschaften wie z.B. Frostbeständigkeit oder Verschleißverhalten ungünstig auswirken. Im allgemeinen sind die in Tabelle 7.6. angegebenen Richtwert für den Mehlkorngehalt zweckmäßig.

Bei der Darstellung der Kornzusammensetzung durch Sieblinien werden die Durchgänge an den einzelnen Prüfsieben in Massenprozent über den im logarithmischen Maßstab aufgetragenen Lochweiten der Prüfsiebe festgehalten. Abb. 7.3. zeigt die Sieblinie eines Korngemisches mit einem Größtkorn vom 32 mm. In diesem Beispiel fallen durch das 2-mm-Sieb 25 % der Zuschläge hindurch. Dieser Wert von 25 % setzt sich aus den Kornfraktionen 0/0,25 (4 %); 0,25/0,5 (7 %); 0,5/1 (8 %) und 1/2 (6 %) zusammen.

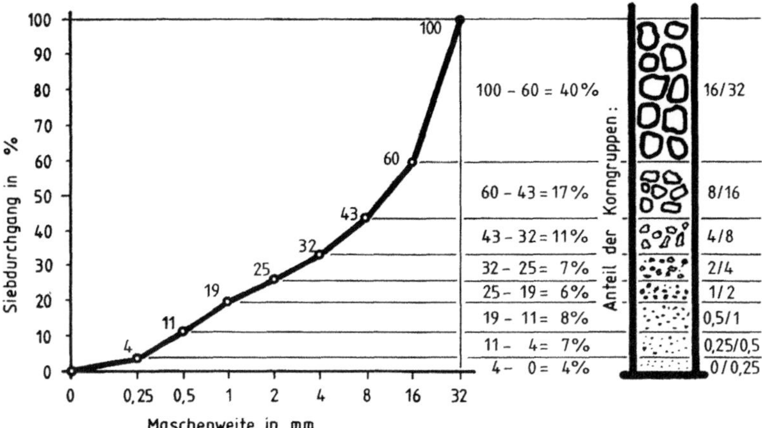

Abb. 7.3. Sieblinie eines Korngemisches mit einem Größtkorn von 32 mm (Lochweite im logarithmischen Maßstab, nach „Guter Beton“)

Für die Kornzusammensetzung mit Größtkorn 4, 8, 11, 16, 22 und 32 mm werden in der ÖNORM B 3304 sogenannte Regelsieblinien angegeben. Für ein Größtkorn von 8 mm bzw. 32 mm sind in den Abb. 7.4. und 7.5. die Regelsieblinien dargestellt. Durch Grenzsieblinien (Linien A, B und C in den Abb. 7.4. und 7.5.) werden Bereiche begrenzt, in denen erfahrungsgemäß die Kornzusammen-

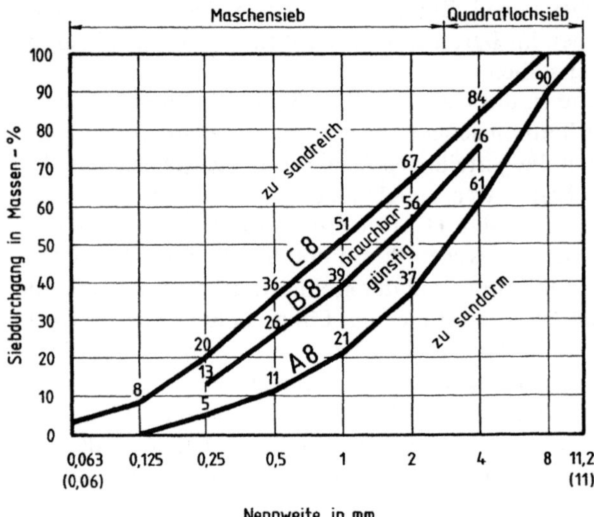

Abb. 7.4. Grenzsieblinien und Sieblinienbereiche, Größtkorn 8 mm

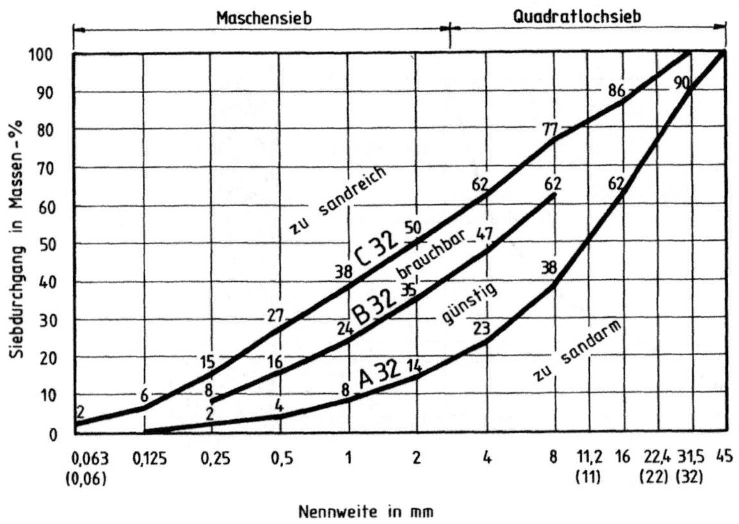

Abb. 7.5. Grenzsieblinien und Sieblinienbereiche, Größtkorn 32 mm

setzung „günstig" (Sieblinienbereich AB) oder „brauchbar" (Sieblinienbereich BC) ist. Die Zahl nach den die Grenzsieblinien bzw. Sieblinienbereiche kennzeichnenden Buchstaben gibt das Größtkorn des Korngemisches an (z.B. A 32, AB 8, B 8 oder AC 32).

Zwischen den Regelsieblinien A und B liegt der sogenannte günstige Bereich mit einem geringen Wasseranspruch und einer guten Verarbeitbarkeit des Frischbetons. Zuschläge mit einer Sieblinie im brauchbaren Bereich zwischen den Regelsieblinien B und C erfordern einen höheren Wasseranspruch und der Beton erhält eine mindere Qualität. Oberhalb der Sieblinie C ist das Zuschlaggemisch zu sandreich und der Wasseranspruch zu hoch. Ein zu sandreicher Beton erfordert sehr hohe Wasser- und Zementbeigaben. Beton mit zu sandarmen Zuschlägen ist zu sperrig, läßt sich nicht mehr einwandfrei verdichten und ergibt kein dichtes Gefüge. Normalerweise ist man bestrebt, eine Sieblinie in der Mitte des günstigen Bereichs zu erhalten.

Neben den stetigen Sieblinien verwendet man auch unstetige Sieblinien, sogenannte *Ausfallkörnungen.* Das ist dann der Fall, wenn in einem Korngemisch eine oder mehrere Kornfraktionen fehlen. Unter der Voraussetzung, daß in den der Ausfallkörnung benachbarten Fraktionen kein Unterkorn bzw. Überkorn vorhanden ist, verläuft die Sieblinie im fehlenden Kornbereich waagrecht. Abb. 7.6. zeigt das Beispiel einer Ausfallkörnung mit einem Größtkorn von 32 mm, wobei die Korngruppen 2/4 und 4/8 ausfallen. Für gewisse Betonarten, z.B. für Straßenbeton, ist eine Ausfallkörnung wegen des erhöhten Abriebwiderstandes und der besseren Griffigkeit des Betons sehr vorteilhaft, auch bei Waschbetonen verwendet man Ausfallkörnungen.

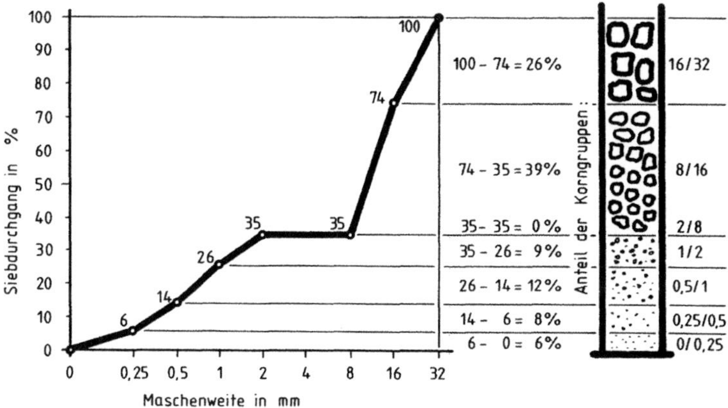

Abb. 7.6. Darstellung einer Ausfallkörnung (nach „Guter Beton")

Als *Überkorn* und *Unterkorn* bezeichnet man die Anteile, die außerhalb einer Körnungsbezeichnung liegen. Unterkorn ist der Anteil, der bei der Prüfsiebung durch das untere Prüfsieb der jeweiligen Korngruppe hindurchfällt; Überkorn der Anteil, der auf dem entsprechenden oberen Prüfsieb liegen bleibt.

Zu Abschätzung des Wasseranspruches, den ein Korngemisch benötigt, verwendet man die sogenannte *Körnungsziffer k*. Dieser Kennwert läßt sich aus der jeweiligen Sieblinie errechnen, und zwar aus der Summe der in Prozent angegebenen Rückstände auf den Sieben 0,25; 0,5; 1; 2; 4; 16; 32 und 63 mm. Diese Summe wird durch 100 geteilt.

$$k = \frac{\text{Rückstände in \% auf den einzelnen Prüfsieben}}{100}$$

Die Körnungsziffer k steigt mit zunehmendem Größtkorn und geringer werdendem Sandanteil in der Kornzusammensetzung. Zuschlaggemische mit gleicher Körnungsziffer verhalten sich betontechnologisch gleichartig, auch wenn die Sieblinien voneinander abweichen.

Vor allem bei Sanden und sandreichen Korngemischen muß man die *Eigen-* oder *Oberflächenfeuchte* der Zuschläge besonders beachten. Diese Eigenfeuchte kann besonders im Sandbereich stark schwanken. Die Bestimmung des Oberflächenwassergehaltes von Zuschlägen erfolgt durch Trocknen von Teilproben über einer Wärmequelle (Rösten). Der auf die trockene Masse bezogene Oberflächenwassergehalt errechnet sich nach der Formel

$$W_f = \frac{m_f - m_t}{m_t} \cdot 100 \qquad \text{(Massen-\%)}$$

m_f = Masse der feuchten Probe
m_t = Masse der oberflächentrockenen Probe

Bei einem Zuschlaggemisch 0/32 muß man in der Praxis mit einem Wassergehalt von etwa 3 bis 5 % rechnen. In einer Gesamtzuschlagmenge von 2 000 kg je m^3 verdichteten Betons sind daher zwischen 60 und 100 l Wasser enthalten. Diesen Wassergehalt der Zuschläge muß man beim Gesamtwasserbedarf des Betons berücksichtigen, das heißt bei der Wasserzugabe in der Mischanlage muß der Anteil des Wassers, der von der Eigenfeuchte der Zuschläge stammt, vom Gesamtwasserbedarf abgezogen werden.

7.1.3. Zugabewasser

Der Wassergehalt im Frischbeton setzt sich zusammen aus dem Zugabewasser und der Eigenfeuchte der Zuschläge. Als Zugabewasser eignen sich Trinkwasser sowie alle natürlich vorkommenden Wässer, soweit sie nicht Stoffe enthalten, die das Erhärten des Betons stören oder die Korrosion der Stahleinlagen fördern, wie z.B. gewisse Industriewässer. Bestehen bezüglich einer Wasserqualität Zweifel, so ist in jedem Fall eine chemische Wasseranalyse durchzuführen.

Maßgebend für die Beweglichkeit und Verarbeitbarkeit eines Betons ist neben der Kornzusammensetzung auch der Wassergehalt. Als Maß für die Steife und somit für die Verarbeitbarkeit verwendet man den Begriff *Konsistenz*. Entsprechend der Beschaffenheit des Frischbetons unterscheidet man nach DIN 1045 drei Konsistenzbereiche *K1* bis *K3*:

K1 – Steifer Beton: Beim Schütten ist dieser Beton lose. Die Verdichtung eines solchen Betons ist nur durch kräftiges Rütteln oder Stampfen möglich. Verdichtungsmaß v = 1,45 bis 1,26.

K2 – Plastischer Beton: Dieser Beton ist zusammenhängend und läßt sich durch Rütteln verdichten. Verdichtungsmaß ν = 1,25 bis 1,11; Ausbreitmaß = 40 cm.

K3 – Weicher Beton: Beim Schütten ist dieser Beton leicht fließend, es ist keine große Verdichtungsarbeit notwendig. Verdichtungsmaß ν = 1,10 bis 1,04; Ausbreitmaß = 41 bis 50 cm.

Die ÖNORM B 4200, 10. Teil (Entwurf 1981), verwendet 5 Konsistenzbereiche K1 bis K5:

K1 – Steifer Beton: Beim Schütten fällt der Beton noch lose und nicht zusammenhaltend. Ein steifer Beton darf nur für Bauteile mit großen Abmessungen ohne engliegende Bewehrung verwendet werden. Zu seiner Verdichtung benötigt man kräftige Rüttler. Verdichtungsmaß ν = 1,45 bis 1,26.

K2 – Steif-plastischer Beton: Beim Schütten fällt der Beton in Schollen, die Verdichtung erfolgt durch Rütteln. Verdichtungsmaß ν = 1,25 bis 1,16. Ausbreitmaß höchstens 37 cm.

K3 – Plastischer Beton: Beim Schütten fällt der Beton zusammenhaltend, dieser Beton ist durch Rütteln zu verdichten. Er ist zweckmäßig für Stahl- und Spannbetonbauteile. Verdichtungsmaß ν = 1,15 bis 1,09. Ausbreitmaß 38 bis 43 cm.

K4 – Weicher Beton: Beim Schütten ist der Beton schwach fließend, weicher Beton ist durch vorsichtiges Rütteln und/oder kräftiges Stochern zu verdichten. Verdichtungsmaß ν = 1,08 bis 1,04; Ausbreitmaß 44 bis 50 cm.

K5 – Sehr weicher Beton: Beim Schütten fließt der Beton. Dieser Beton darf nur für den Einbau unter Wasser oder als Fließbeton hergestellt werden. Fließbeton ist durch Stochern oder vorsichtiges Rütteln zu verdichten. Ausbreitmaß 51 bis 60 cm.

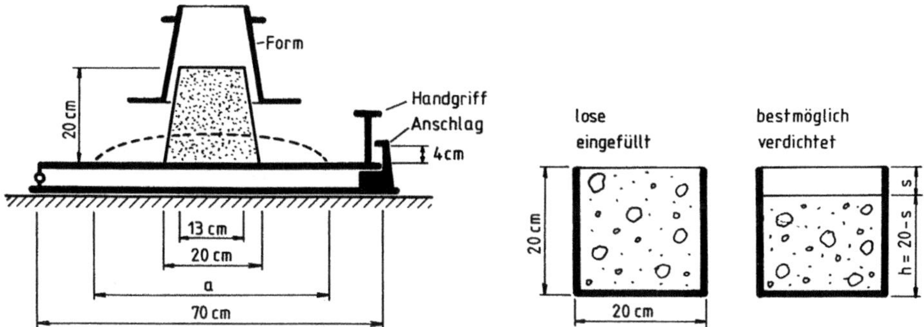

Abb. 7.7. Prüfung des Ausbreitmaßes

Abb. 7.8. Prüfung des Verdichtungsmaßes

Die Bestimmung der Konsistenz erfolgt mittels Ausbreitversuch oder Verdichtungsversuch.

Beim Ausbreitversuch verwendet man einen 70 cm x 70 cm großen Ausbreittisch (Abb. 7.7.). Das ***Ausbreitmaß a*** ergibt sich dann als mittlerer Durchmesser einer Betonprobe, die erst in einer Blechform verdichtet wurde und sich dann nach deren Wegnahme infolge von 15 Fallstößen des Ausbreittisches ausbreitet. Bei auseinanderfallenden Proben, was bei Betonen der Konsistenz K1 meist der Fall ist, darf kein Ausbreitmaß bestimmt werden.

Durch das *Verdichtungsmaß* läßt sich die Konsistenz von steifem, plastischem und weichem Beton angeben. Dabei wird in eine 20 cm Würfelschalung der Beton lose bis zum Rand eingefüllt und ohne Verdichtung bündig abgestrichen. Anschließend wird der Beton solange verdichtet, bis er nicht mehr weiter absackt (Abb. 7.8.). An den vier Seiten der Schalung wird der Abstich von oben bis zur Betonoberfläche gemessen und daraus das mittlere Abstichmaß s errechnet. Aus der mittleren Höhe der Füllung $h = 20 - s$ läßt sich das Verdichtungsmaß $v = 20/h$ bestimmen.

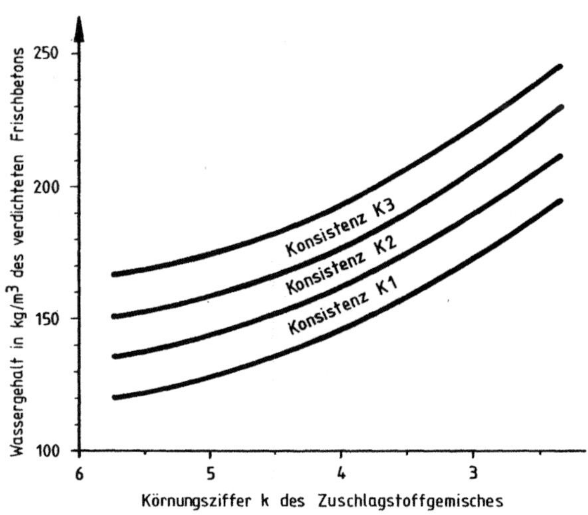

Abb. 7.9. Wasseranspruch von Zuschlaggemischen (nach Basalla)

Die für einen Kubikmeter verdichteten Frischbeton benötigte Gesamtwassermenge läßt sich in Abhängigkeit von der Sieblinie der Zuschlagstoffe bzw. von der Körnungsziffer k und der Betonkonsistenz anhand Abb. 7.9. abschätzen.

7.1.4. Betonzusätze

Durch die Beigabe von Zusätzen bei der Betonherstellung lassen sich bestimmte Betoneigenschaften erreichen. Dabei muß aber beachtet werden, daß neben den gewünschten Eigenschaften oft auch unerwünschte Nebenwirkungen auftreten können. Bei den Betonzusätzen unterscheidet man zwischen *Betonzusatzmitteln* und *Betonzusatzstoffen*.

7.1.4.1. Betonzusatzmittel

Betonzusatzmittel werden dem Beton in geringen Mengen in flüssiger oder pulverisierter Form zugegeben und bewirken durch chemische und/oder physikalische Reaktionen Änderungen im Frisch- oder Festbeton in bezug auf Verarbeitbarkeit, Erstarren, Luftporengehalt usw. Für Stahlbeton, Spannbeton und bei Betonen, in denen nicht gegen Korrosion geschützte Eisenteile (z.B. Dübel oder Rohre) enthalten sind, dürfen nur chloridfreie Zusatzmittel verwendet werden. Ein Zusatzmittel gilt dann als chloridfrei, wenn der Chlorgehalt bei der größten zulässigen Zusatzmenge nicht mehr als 0,002 % der Masse des Zements beträgt.

Die Wirkung der Betonzusatzmittel hängt unter anderem ab von der Zugabemenge, der Zementart, dem Zementgehalt, dem Gehalt an Mehlkorn, dem Wassergehalt sowie von der Verarbeitung und der Temperatur der Mischung. Deshalb dürfen nur Betonzusatzmittel mit einem gültigen Prüfzeugnis verwendet werden bzw. muß die Tauglichkeit der Zusatzmittel im Rahmen einer Eignungsprüfung nachgewiesen werden. Bei einer richtigen Anwendung der Zusatzmittel lassen sich eine Reihe von Betoneigenschaften verbessern.

Durch die Zugabe von *Betonverflüssiger* erreicht man eine Verminderung der Oberflächenspannung des Zugabewassers, was zu einer Verflüssigung des Betons führt und eine Verringerung des Wasserbedarfs mit sich bringt. Dadurch kann man unter Beibehaltung der Konsistenz einen niedrigen Wasserzementfaktor einhalten.

Luftporenbildner (LP-Mittel) bewirken beim Mischen das Entstehen von vielen kleinen, kugelförmigen Luftporen mit einem Durchmesser von unter 0,3 mm. Diese Kugelporen bleiben luftgefüllt und gleichen den Druck aus, der im Winter durch das Gefrieren des in den Kapillarporen befindlichen Wassers entsteht. Für die Herstellung eines Frost- bzw. Frost- Tausalzbeständigen Betons benötigt man Luftporenmittel, eine ausreichende Frost- bzw. Frost- Tausalzbeständigkeit erreicht man durch einen Luftporengehalt im Beton von etwa 3 bis 5 %.

Durch die Verwendung eines *Fließmittels* erwirkt man eine starke Verflüssigung des Betons. Solche Betone, die sich durch eine besonders leichte Verarbeitung auszeichnen, heißen auch *Fließbetone.*

Zur Herstellung eines wasserundurchlässigen Betons verwendet man *Betondichtungsmittel.* Aufgabe dieser Zusatzmittel ist es, das Eindringen von Wasser in den Festbeton zu verhindern.

Will man eine Verzögerung der Erstarrungszeit erreichen, verwendet man *Erstarrungsverzögerer*, dadurch erhält man längere Verarbeitungszeiten. Durch *Erstarrungsbeschleuniger* erzielt man eine erhebliche Verkürzung der Erstarrungszeit des Betons. Man verwendet diese Zusatzmittel hauptsächlich bei Spritzbetonen, zur Herstellung von Fertigteilen und für Schnellbinder. Zur Vermeidung von Einbauschwierigkeiten auf der Baustelle erfordern besonders die beiden letztgenannten Zusatzmittel eine besonders sorgfältige Eignungsprüfung.

7.1.4.2. Betonzusatzstoffe

Betonzusatzstoffe sind fein aufgeteilte Stoffe, wie Gesteinsmehl, Körperfarben, Hochofenschlacke, Traß oder Flugasche, durch die sich bestimmte Betoneigenschaften beeinflussen lassen. Da sie dem Beton bei der Herstellung in erheblich größeren Mengen beigegeben werden als die Zusatzmittel, muß man sie bei der Mischungsberechnung berücksichtigen.

Mineralische Feinststoffe wie Gesteinsmehle verwendet man z.B. zur Erreichung des erforderlichen Mehlkorngehaltes oder zur Verbesserung der Verarbeitbarkeit des Frischbetons.

Farbmittel (Pigmente) sind ebenfalls Betonzusatzstoffe und werden dem Beton zur Erzielung einer bestimmten dauerhaften Farbwirkung zugegeben. Die Farbwirkung hängt auch von der Betonzusammensetzung ab und steigt mit der Feinheit und Zugabemenge der Pigmente.

Allgemein gilt, daß durch die Verwendung von Betonzusatzstoffen die Erhärtung, die Festigkeit und die Beständigkeit des Betons sowie der Korrosionsschutz der Bewehrung in keiner Weise beeinträchtigt werden dürfen.

7.2. Wasserzementfaktor und Betonzusammensetzung

Der für die Betonherstellung notwendige Wasserbedarf ist abhängig von der Art der Zemente, von den Zuschlagstoffen und deren Zusammensetzung, von der angestrebten Verarbeitungsweise und von den geforderten Festbetoneigenschaften.

Bei der Betonherstellung entsteht beim Mischen des Zements mit Wasser der Zementleim. Aufgabe des Zementleims ist es, die Zuschlagkörner gut zu umhüllen und die Bereiche zwischen den Zuschlägen auszufüllen. Durch die Zementsteinbildung beim Erhärten des Zementleims werden die einzelnen Zuschlagkörner fest miteinander verkittet. Da im Normalbeton die Zuschläge eine wesentlich höhere Festigkeit als der Zementstein aufweisen, werden die Festigkeitseigenschaften des erhärteten Betons hauptsächlich von der Beschaffenheit des Zementsteins bestimmt. Die Festigkeit des Zementsteins ist vor allem von der Zementfestigkeitsklasse und vom Wasserzementfaktor, also vom Massenverhältnis Wasser zu Zement abhängig.

Für eine zielsichere Betonherstellung hat der Wasserzementfaktor eine hervorragende Bedeutung: Die Beziehung für den Wasserzementfaktor lautet:

$$\text{Wasserzementfaktor } W/Z = \frac{\text{Masse des Wassers}}{\text{Masse des Zements}}$$

Bei der Masse des Wassers muß man unbedingt die Eigenfeuchte der Zuschläge berücksichtigen.

Für die chemische Umsetzung des Zements beträgt der Wasserbedarf in Abhängigkeit vom Hydratationsgrad maximal 25 Massenprozent (siehe auch Abschnitt 5.4.1.). Diese Wassermenge läßt sich nach dem Erhärten durch Verdampfen nicht austreiben. Neben dem chemisch gebundenen Wasser werden vom Zement noch etwa 15 Massenprozent in physikalischer Form gebunden. Zur vollständigen Hydratation benötigt der Zement etwa 40 % der Zementmasse an Wasser; das entspricht einem Wasserzementfaktor von 0,4. Unterhalb dieses Wertes bleibt ein Teil des Zements in unhydratisierter Form zurück.

Eine Erhöhung des Wasserzementfaktors auf über 0,4 hat zur Folge, daß der ursprünglich vom Wasser ausgefüllte Raum durch das entstehende Zementgel nicht vollständig ausgefüllt wird. Nach dem Austrocknen bleiben im Zementstein neben den Gelporen die sogenannten Kapillarporen erhalten.

Eine Erhöhung der Wassermenge im Frischbeton führt im Festbeton zu einer Vergrößerung der Porosität, was in der Folge eine Abnahme der Festigkeit mit sich bringt. Den Einfluß des Porenraumes im Frischbeton auf die Betondruckfestigkeit nach 28 Tagen zeigt Abb. 7.10. Diese Abb. zeigt deutlich, daß mit zu-

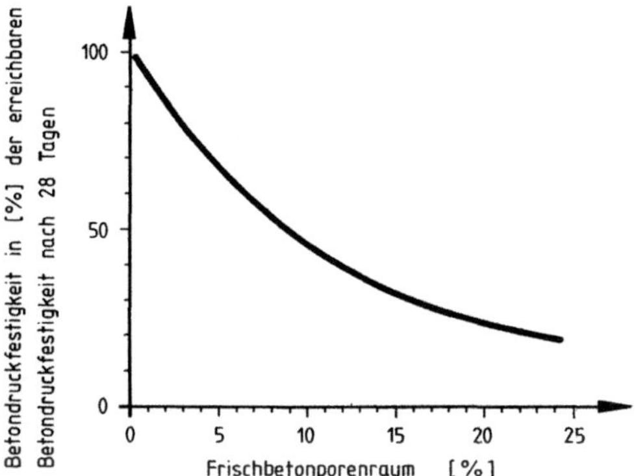

Abb. 7.10. Der Einfluß des Porenraumes im Frischbeton auf die Betondruckfestigkeit nach 28 Tagen

nehmender Porosität die Festigkeit des Betons stark abnimmt. Die Abnahme der Biegezug- und Druckfestigkeit von Beton mit steigendem Wasserzementfaktor zeigt Abb. 7.11.

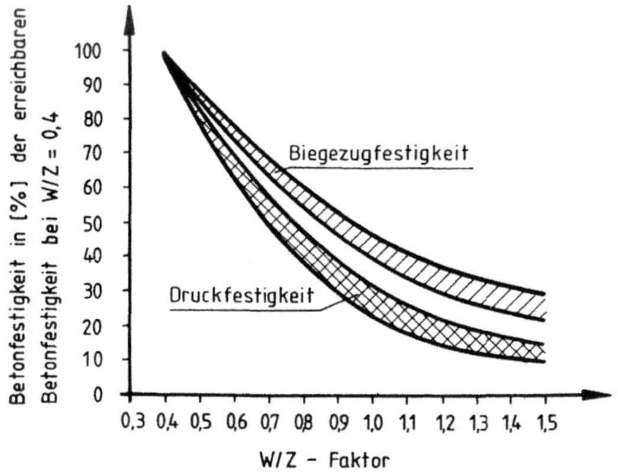

Abb. 7.11. Abnahme der Biegezug- und Druckfestigkeit mit zunehmendem Wasserzementfaktor

Durch die Änderung des Wasserzementfaktors werden einige wichtige Betoneigenschaften beeinflußt:

Eine Erhöhung des Wasserzementfaktors führt zu einer Verminderung der Betonfestigkeit. Weiters hat ein hoher *W/Z*-Wert eine Vergrößerung der Wasseraufnahmefähigkeit im Beton zur Folge. Ein solcher Beton ist wasserdurchlässiger und witterungsempfindlicher.

Ein Beton mit einem hohen Wasserzementfaktor neigt wegen des Gehaltes an wasserreichem Zementleim zum Wasserabsondern an seiner Oberfläche. Dieser Vorgang wird auch als *Bluten* bezeichnet.

Die Höhe der Betondruckfestigkeit in Abhängigkeit vom Wasserzementfaktor ist auch von der Zementnormenfestigkeit (Zementgüteklasse) abhängig. Die Abb. 7.12. zeigt unter der Voraussetzung einer vollständigen Frischbetonverdichtung für die jeweiligen Zementgüteklassen die jeweiligen Betondruckfestigkeiten nach 28 Tagen in Abhängigkeit vom Wasserzementfaktor. Wegen des Entstehens eines Zementsteins der gleichen Qualität erhält man bei vollständiger Verdichtung und gleichem W/Z-Faktor in etwa immer die gleiche Betonfestigkeit. Dabei wird natürlich nicht berücksichtigt, daß man z.B. bei der Verwendung von Splitten als Zuschlagmaterial anstatt Kiesen wegen der besseren Verzahnung zwischen Zementstein und Zuschlagkörnern oft zusätzliche Festigkeitssteigerungen bekommt. Auch Verbesserungen in der Kornzusammensetzung bewirken günstigere Festigkeitsentwicklungen. Anhand der Abb. 7.12. läßt sich je nach Zementfestigkeitsklasse sofort der für eine bestimmte Betondruckfestigkeit notwendige Wasserzementfaktor ermitteln.

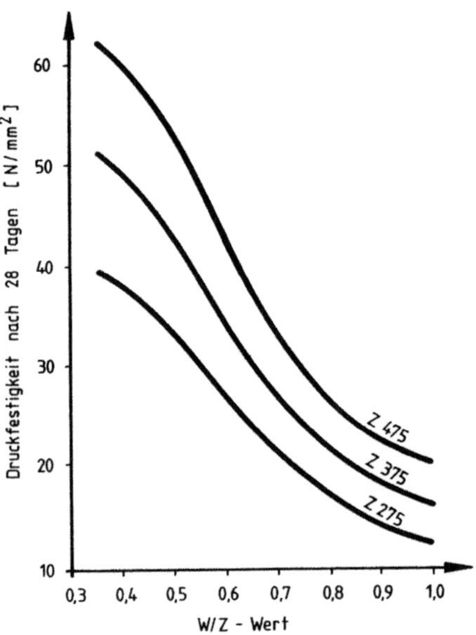

Abb. 7.12. Betondruckfestigkeit nach 28 Tagen in Abhängigkeit vom Wasserzementfaktor bei Zementen verschiedener Normenfestigkeit

Für den Zementgehalt gilt die Forderung, daß er groß genug sein muß, um die verlangten Betoneigenschaften zu gewährleisten. Für eine ausreichende Festigkeit und Dichtheit des Betons dürfen die in Tabelle 7.4. angeführten Mindestzementgehalte und höchstzulässigen W/Z-Werte nicht unterschritten werden.

Tabelle 7.4. *Mindestzementgehalt und höchstzulässiger W/Z-Wert (nach ÖNORM B 4200, 10. Teil, Entwurf 1981)*

	Festigkeitsklasse mindestens	W/Z-Wert höchstens	Zementgehalt in kg/m^3 mindestens
unbewehrter Beton	B 50	–	100 [1]
bewehrter Beton	B 160	0,80	220 [1]
Stahlbeton für massige Bauteile [2]	B 160	0,80	200
Stahlbeton, Spannbeton für massige Bauteile [2]	B 225	0,70	240 [1, 3]
Spannbeton	B 300	0,70	240 [1]

[1] Gilt für Zuschläge mit 32 mm Größtkorn. Bei Zuschlägen mit Größtkorn
8 mm + 20 %
11 mm + 15 %
16 mm + 10 %
22 mm + 5 %
63 mm und darüber –10 %.

[2] Im Tief- und Wasserbau unter Verwendung von Zuschlägen mit mindestens 63 mm Größtkorn.

[3] In trockenen Innenräumen 225 kg/m^3.

Ein Beton der Herstellungsklasse R (Rezeptbeton), für den keine Eignungsprüfung nötig ist, muß je nach Betonfestigkeitsklasse, Sieblinienbereich der Zuschläge und Konsistenz die in der ÖNORM B 4200, 10. Teil angeführten Mindestzementgehalte aufweisen. Ein Rezeptbeton darf nur für die Verwendung in den Festigkeitsklassen B 50 bis B 225 hergestellt werden. Für Rezeptbeton werden Zemente der Festigkeitsklasse 275 verwendet, nur bei kühler Witterung oder wenn eine hohe Anfangsfestigkeit verlangt wird, werden Zemente PZ 375 oder PZ 475 eingesetzt.

Falls Betone der Klasse R mit besonderen Eigenschaften (z.B. wasserundurchlässiger oder frostbeständiger Beton) hergestellt werden sollen, muß man

Tabelle 7.5. *Luftgehalte im Frischbeton (nach ÖNORM B 4200, 10. Teil)*

Beton mit Größtkorn mm	Luftgehalt im verdichteten Frischbeton %
8	6 – 8
11	5 – 7
16	4,5 – 6,5
22	4 – 6
32	3,5 – 5,5
63	3 – 4,5

ebenfalls bestimmte Mindestzementgehalte einhalten (ÖNORM B 4200, 10. Teil). Für frostbeständigen Beton muß man Luftporenmittel verwenden, wobei die Luftgehalte im verdichteten Frischbeton den Werten in Tabelle 7.5. entsprechen müssen. Diese Betone sind im Rahmen einer Güteprüfung laufend zu überwachen. Es empfiehlt sich aber, Betone mit besonderen Eigenschaften als Betone der Herstellungsklasse E auszuführen.

Bei Rezeptbeton mit Eignungsprüfung und bei Beton der Herstellungsklasse E (nach Eignungsuntersuchung) ist der notwendige Zementgehalt auf Grund einer Eignungsprüfung festzustellen. Voraussetzung für die Herstellung von Beton der Klasse E ist, daß zwischen den einzelnen Betonmischungen nur geringe Festigkeitsschwankungen auftreten. Für das Zumessen der einzelnen Betonkomponenten sind daher entsprechend genaue Meß- und Wägeeinrichtungen erforderlich. Die Festlegung der Mischungsverhältnisse ist auf Grund einer Eignungsprüfung vorzunehmen. Dabei müssen die in Tabelle 7.1. angegebenen Festigkeiten um mindestens 3 N/mm^2 überschritten werden, weiters muß die Verarbeitbarkeit des Betons gewährleistet bleiben. Für Stahlbeton darf der Wasserzementfaktor nicht größer als 0,8 sein.

Bei der Betonherstellung müssen die gleichen Zuschläge verwendet werden wie für die Eignungsprüfung. Bis zu einem Größtkorn von 16 mm müssen die Zuschläge in mindestens zwei getrennten Korngruppen und ab einem Größtkorn von 22 mm in mindestens 3 Korngruppen zugemessen werden, dabei soll eine Kornfraktion im Sandbereich liegen. Für einen Beton der Festigkeitsklasse B 400 und höher soll eine weitere Korngruppe möglichst im Bereich 0/2 oder 0/1 liegen.

Wie bereits in Abschnitt 7.1.2.3. erwähnt wurde, bezeichnet man als Mehlkornanteil denjenigen Kornanteil, dessen Korngröße unter 0,25 liegt. Dazu gehören die Anteile des Zements, der Zuschläge und der Zusatzstoffe. Der Gehalt an Mehlkorn muß ausreichend sein, um eine gute Verarbeitbarkeit des Betons und ein möglichst geschlossenes Gefüge zu erreichen. Die zweckmäßigsten Mehlkorngehalte im Beton sind in Tabelle 7.6. angeführt.

Tabelle 7.6. *Richtwerte für den Mehlkorngehalt (nach ÖNORM B 4200, Teil 10)*

Größtkorn in mm	8	11	16	22	32	63
Mehlkorngehalt in kg je m^3 Beton	525 ± 25	475 ± 25	450 ± 25	400 ± 25	375 ± 25	325 ± 25

Als Beton mit besonderen Eigenschaften bezeichnet man z.B. solche, die wasserundurchlässig sind, gegen Frosteinwirkung und gegen chemische oder mechanische Angriffe eine besonders gute Widerstandsfähigkeit aufweisen. Diese Betone müssen einen ausreichenden Mehlkorngehalt und einen niedrigen Wasserzementfaktor aufweisen, weiters müssen sie gut verdichtet werden und eine sachgemäße Nachbehandlung erfahren. Die in Tabelle 7.5. angeführten Frischbetonluftgehalte sind für einen frostbeständigen bzw. Frost- Tausalzbeständigen Beton maßgebend. Durch besondere Eignungsprüfungen (Prüfung der Wasserundurchlässigkeit, Frostprüfungen usw.) muß nachgewiesen werden, daß der Beton den gewünschten Anforderungen entspricht. Die Voraussetzungen für Betone mit besonderen Eigenschaften sind in den entsprechenden Normen (ÖNORM B 4200, 10. Teil; DIN 1045) genau angeführt.

Zur Bestimmung der notwendigen Betonzusammensetzung gibt es verschiedene Möglichkeiten. Wegen der unterschiedlichen Schüttdichten von Zement und Zuschlägen und der schwankenden Feuchtigkeitsgehalte der feinkörnigen Zuschläge ist eine Mischungsangabe nach Raumteilen sehr ungenau und für Betone der Klasse E abzulehnen.

Besonders genau und zielsicher ist eine Mischungsberechnung, bei der die verschiedenen Komponenten nach der *Stoffraumrechnung* ermittelt werden.

Ziel und Zweck einer Mischungsberechnung ist es, für eine gewünschte Betonfestigkeit und eine bestimmte Verarbeitbarkeit die für 1 m^3 verdichteten Beton notwendigen Stoffmengen an Zement, Wasser und Zuschlägen in kg zu bestimmen. Der für gewünschte Betoneigenschaften notwendige Zementgehalt Z ergibt sich aus dem Wasseranspruch W und dem Wasserzementfaktor W/Z nach der Beziehung:

$$Z = W : W/Z$$

Der Wasseranspruch W hängt ab von der Zusammensetzung der Zuschlagstoffe und läßt sich anhand von Abb. 7.9. abschätzen. Kennt man den Zementgehalt und den Wassergehalt, so kann die erforderliche Menge an Zuschlägen mittels der Stoffraumrechnung ermittelt werden.

Bei der Stoffraumrechnung wird festgestellt, welchen Raum der Zement, das Wasser, die Zuschläge und die Luft in 1 m^3 = 1 000 l Beton einnehmen. Für den Stoffraum der einzelnen Betonkomponenten gilt die Beziehung:

$$\text{Stoffraum} = \frac{\text{Masse}}{\text{Dichte}}$$

Der Gesamtstoffraum des verdichteten Frischbetons ergibt sich dann als Summe der einzelnen Stoffräume.

$$\text{Gesamtstoffraum} = \frac{\text{Masse Zement}}{\text{Dichte Zement}} + \frac{\text{Masse Wasser}}{\text{Dichte Wasser}} + \frac{\text{Masse Zuschläge}}{\text{Dichte Zuschläge}} + \text{Luft}$$

oder als Stoffraumgleichung in der Form

$$\frac{Z}{\rho_Z} + \frac{W}{\rho_W} + \frac{K}{\rho_K} + P = 1\,000 \text{ dm}^3$$

Z = Masse des Zements
W = Masse des Wassers
K = Masse der Zuschläge
ρ_Z = Dichte des Zements
ρ_W = Dichte des Wassers
ρ_K = Dichte der Zuschläge
P = Luftporengehalt im verdichteten Frischbeton

Durch Auflösen der Gleichung erhält man die Masse der trockenen Zuschläge für einen m^3 Beton.

$$K = \rho_K \, (1\,000 - Z/\rho_Z - W/\rho_W - P) \qquad \text{(kg)}$$

Ein praktisches Beispiel tür die Anwendung der Stoffraumrechnung ist im nächsten Abschnitt angeführt.

7.3. Praktisches Beispiel für die Anwendung der Stoffraumrechnung

Durch Siebversuche wurde eine Sieblinie entsprechend nachstehender Zusammenstellung ermittelt.

Sieblochweite (mm)	Durchgang (%)	Rückstand (%)
0,25	10	100 – 10 = 90
0,5	13	100 – 13 = 87
1,0	18	100 – 18 = 82
2,0	21	100 – 21 = 79
4,0	30	100 – 30 = 70
8,0	42	100 – 42 = 58
16,0	60	100 – 60 = 40
31,5	80	100 – 80 = 20
63,0	100	100 – 100 = 0

Mit dieser Sieblinie soll ein Beton der Festigkeitsklasse B 300 mit einer Konsistenz *K2* (nach DIN 1045) hergestellt werden.

Die Körnungsziffer *k* für diese Sieblinie beträgt 5, 26, daraus ergibt sich nach Abb. 7.9. ein Wasseranspruch von etwa 145 kg/m^3.

Da es sich um einen Beton der Herstellungsklasse E handelt, ist für die Druckfestigkeit die Anwendung eines Vorhaltemaßes notwendig; zweckmäßig ist ein Vorhaltemaß von 5 N/mm^2. Das bedeutet, daß der Mittelwert der Druckfestigkeit bei der Eignungsprüfung

$$\beta_{D\ 28} = 30 + 5 = 35 \text{ N/mm}^2$$

betragen muß.

Verwendet man einen Portlandzement der Festigkeitsklasse 275, so erhält man aus Abb. 7.12. für den Wasserzementfaktor einen Wert von etwa 0,48.

Es kann nun davon ausgegangen werden, daß zur Erreichung einer Betondruckfestigkeit von 35 N/mm^2 ein mittlerer Wasserzementfaktor von 0,50 ausreicht.

Den erforderlichen Zementgehalt *Z* erhält man durch die Beziehung

$$Z = W : W/Z$$

Für unser Beispiel gilt dann:

$$Z = W : W/Z = 145 \text{ kg/m}^3 : 0{,}50 = 290 \text{ kg/m}^3$$

Anhand der Stoffraumrechnung läßt sich die notwendige Menge an Zuschlägen berechnen.

Mit einem angestrebten mittleren Luftporengehalt von $P = 2\,\% = 20\,dm^3$ und $\rho_Z = 3{,}1\ kg/dm^3$ (Dichte des Zements) und $\rho_K = 2{,}6\ kg/dm^3$ (Dichte der Zuschläge) gilt nach der Stoffraumgleichung

$$\frac{K}{\rho_K} = 1\,000 - \left(\frac{290}{3{,}1} + 155 + 20\right) = 731\ dm^3$$

$$K = 731 \times 2{,}6 = 1900\ kg$$

Entsprechend der geforderten Sieblinie muß dann die Gesamtmenge K der Zuschläge in die einzelnen Korngruppen aufgeteilt werden.

Um die Stoffmengen für eine Mischerfüllung zu erhalten, sind die errechneten Stoffmengen mit der vorgesehenen Mischerfüllung zu multiplizieren. Als Mischerfüllung werden etwa 2/3 der Nenngröße des Mischers angenommen, das sind zum Beispiel bei einem 500 l Mischer $0{,}5\ m^3 \times 2/3 = 0{,}333\ m^3$.

Zur Vereinfachung des gesamten Rechenvorganges verwendet man in der Praxis zur Bestimmung der Mischungsbestandteile entsprechend hergestellte Formblätter.

7.4. Betonverarbeitung

Trotz einer richtigen Zusammensetzung erhält man einen mangelhaften Beton, wenn der Beton nicht sorgfältig verarbeitet wird. Grundbedingung für eine richtige Herstellung ist das Vorliegen einer Mischanweisung (Betonrezeptur) an der Mischstelle. Dabei muß auf die Genauigkeit der Zugabe der einzelnen Komponenten genau geachtet werden.

Die Zugabe des Zements und der Zuschläge soll immer über die Masse erfolgen, da eine Dosierung über das Raummaß sehr empfindlich ist gegenüber Schwankungen des Wassergehaltes. Eine Abmessung der Zuschläge nach dem Raummaß ist nur bei Beton R zulässig. Das Zugabewasser muß über ein Meßgefäß, eine Wasseruhr oder eine Waage zugegeben werden; bei Änderungen des Wassergehaltes der Zuschläge muß man die Wasserzugabe sofort korrigieren.

Für den Mischvorgang sind geeignete und von geschultem Personal bediente Betonmischer zu verwenden. Die Wiegeeinrichtungen und die Wasserabgabegeräte müssen hinsichtlich Verschleiß und Verschmutzung regelmäßig überprüft werden.

Nach der Zugabe aller Einzelkomponenten in den Betonmischer muß solange gemischt werden, bis sich eine gleichmäßige Betonkonsistenz einstellt. In der Regel genügt eine Mischzeit von einer Minute zur Herstellung einer gleichmäßigen Betonmischung.

Die Verarbeitung des Betons sollte möglichst rasch, am günstigsten sofort nach dem Mischen erfolgen. Baustellenbeton sollte bei warmer, trockener Witterung innerhalb etwa einer halben Stunde eingebracht und verdichtet werden. Transportbeton muß unmittelbar nach der Anlieferung verarbeitet werden. Beim Einbringen des Betons muß immer darauf geachtet werden, daß dieser sich nicht entmischt.

Damit genügend Zeit für die Verarbeitung und Verdichtung des Frischbetons zur Verfügung steht, verlangt man von den Zementen ein langsames Erstarren, also keinen zu frühen Erstarrungsbeginn. Die Verarbeitung des Betons muß vor dem Erstarrungsbeginn des Zementleims abgeschlossen sein. Der Erstarrungsbeginn des Zementleims ist von der Zementart und von der verwendeten Wassermenge abhängig. Störungen des Betons nach dem Einsetzen des Erstarrens können Schädigungen in bezug auf die Festigkeit zur Folge haben. Die Erstarrungszeiten werden neben der Zementart und der Wasserzugabemenge auch von der Lufttemperatur bestimmt, ihre Dauer ist bei höheren Temperaturen kürzer und bei niedrigen Temperaturen länger.

Voraussetzung für die Erreichung von guten Festbetoneigenschaften ist eine richtige *Verdichtung* des Frischbetons. Grundsätzlich gilt, daß der Beton an keiner Stelle unverdichtet bleiben darf. Besondere Sorgfalt ist dort notwendig, wo eine starke Häufung der Bewehrung vorhanden ist. Nach der Art der Verdichtung, die von der Konsistenz des Betons abhängt, unterscheidet man zwischen *Stampfen, Stochern* und *Rütteln.* Weicher Beton sollte nicht gerüttelt werden, hier genügt eine Verdichtung mittels Stochern. Steife und plastische Betone werden in der Regel durch Rütteln verdichtet. Bei Fundamentbeton oder untergeordneten Betonen der Konsistenz *K1* genügt auch oft eine Verdichtung durch Stampfen.

Bei der Verdichtung mittels Rütteln unterscheidet man 3 Arten von Rüttelvorgängen:

Am häufigsten verwendet wird *Innenrüttlung* durch Rüttelflaschen. Dabei muß die Rüttelflasche auf die Konsistenz und die Art des Frischbetons abgestimmt werden. Wichtig sind auch die Abmessungen des zu verdichtenden Bauteils und die Lage und Art der Bewehrung. Die Rüttelflasche soll rasch in den Beton eingeführt und langsam herausgezogen werden, dabei muß sich die Betonoberfläche wieder schließen. Die Abstände der Eintauchstellen für die Rüttelflaschen sind so zu wählen, daß sich die einzelnen, bereits verdichteten Bereiche überschneiden. Bei schichtenweiser Betonierung muß die Rüttelflasche durch die zu verdichtende Schicht noch 10 bis 20 cm tief in den bereits verdichteten Beton eintauchen, um eine gute Verbindung der Betonschichten zu erreichen.

Bei waagrechten oder schwach geneigten Betonflächen verwendet man *Oberflächenrüttler* (Rüttelbohle, Rüttelplatte). Je nach der Stärke des Rüttlers lassen sich dadurch mehr oder weniger dicke Betonschichten erfassen.

Schalungsrüttler (Außenrüttler) werden bei großflächigen, dünnwandigen Platten oder Wänden eingesetzt. Da diese Art der Verdichtung von der Außenseite der Schalung her erfolgt, wird während der Rüttelvorgänge die Schalung besonders stark beansprucht, aus diesem Grund muß die Schalung besonders stabil konstruiert sein und die Schalungsfugen müssen eine gute Dichtigkeit aufweisen.

Nach Hummel läßt sich die allgemeine Bedeutung der Verdichtungsarbeit für die Betongüte in nachstehender Regel zusammenfassen: Je steifer ein Beton verarbeitet wird, desto mehr werden Betondichtigkeit, Zementleimdichtigkeit und Betonfestigkeit durch eine erhöhte Stampfarbeit oder Rüttelarbeit verbessert. Je weicher ein Frischbeton verarbeitet wird, umso mehr tritt der Wert der Verdichtungsarbeit zurück. Bei weichen Frischbetonen kann eine Verdichtung, besonders durch Rütteln, sogar zu Nachteilen, nämlich zu Entmischungen führen. Durch Rütteln lassen sich wesentliche Festigkeitsgewinne besonders dann erzielen, wenn gleichzeitig der Zusatz von Anmachwasser gesenkt wird. Die normale Verdichtung der Frischbetone jeglicher Steife besteht darin, daß die Zuschlagstoffe satt in den Zementleim eingebettet werden und so eine Ausfüllung der Schalung erreicht wird.

7.5. Betonerhärtung

Der Erhärtungsverlauf des Betons hängt von verschiedenen Einflußgrößen ab, dazu zählen in erster Linie die Nachbehandlung, das Alter, die Temperatur und die Feuchtigkeit. Die Kenntnis über die Einflüsse dieser Faktoren ist vor allem dann von Bedeutung, wenn die Festigkeitsentwicklung eines Bauwerkbetons beurteilt werden soll.

Für die Erhärtung benötigt der Beton eine ausreichende *Feuchtigkeit*. Aufgabe der Nachbehandlung ist es, den Beton in ausreichendem Maße feucht zu halten und ihn gegen schädigende Einflüsse von außen her zu schützen. Im allgemeinen muß ein Beton mindestens 7 Tage lang feucht gehalten werden, dies geschieht besonders in der warmen Jahreszeit durch Aufsprühen von Wasser oder Abdecken mittels feuchter Tücher oder Kunststoffolien. Beim Besprühen der Betonoberfläche soll man kein allzu kaltes Wasser verwenden, da dadurch der Beton abgeschreckt wird. Durch Aufspritzen von Nachbehandlungsmitteln läßt sich die Betonoberfläche mit einem feuchtigkeitssperrenden Schutzfilm überziehen, wodurch eine Verdunstung des Wassers aus dem Betoninneren vermieden wird. Die frische Betonoberfläche muß im Sommer vor Einwirkungen direkter Sonneneinstrahlung und im Winter vor Frost geschützt werden. Eine mangelhafte oder unsachgemäße Nachbehandlung führt zu Schädigungen des Betons, wie z.B. zu Rißbildungen oder zu geringen Festigkeiten. In der ÖNORM B 4200, 10. Teil und der DIN 1045 finden sich Anhaltswerte für die Betonausschalfristen sowohl für seitliche als auch für tragende Schalungen.

Die Betonfestigkeit steigt mit zunehmendem *Alter*, dies gilt nicht nur für die ersten Wochen nach der Betonherstellung, sondern auch für ältere Betone. In erster Linie hängt die Erhärtung von Zementgehalt und Wasserzementwert ab. Ganz allgemein gilt, daß Zemente höherer Festigkeitsklassen (PZ 375, PZ 475) eine raschere Anfangserhärtung aufweisen als Zemente niedriger Festigkeitsklassen (PZ 275). In vielen Fällen möchte man bereits vor Ablauf von 28 Tagen einen Überblick über den Erhärtungsverlauf des Betons bekommen; Untersuchungen haben ergeben, daß bereits aus den 7-Tage-Druckfestigkeitswerten ein Schluß auf die Druckfestigkeit nach 28 Tagen zulässig ist. Unter normalen Lagerungsbedingungen erreicht ein Normalbeton nach 7 Tagen etwa 70 % der Druckfestigkeit nach 28 Tagen.

Einen wichtigen Faktor für die Betonerhärtung und für die Hydratation des Zementes stellt die *Temperatur* des Betons dar. Im allgemeinen erreicht man durch höhere Temperaturen eine Beschleunigung und durch niedrige Temperaturen eine Verzögerung der Betonerhärtung. Zahlenmäßig läßt sich ein bestimmter Erhärtungszustand des Betons durch die *Reife R* angeben, wobei man unter der Reife das Produkt aus Zeit und Temperatur versteht. Die allgemeine Form für die Reifeformel lautet:

$$R = t\ (T + a)$$

t = Erhärtungszeit in Tagen oder Stunden
T = Betontemperatur

Setzt man für a den Wert 10 ein, so erhält man die sogenannte Reifeformel nach Saul.

$$R = t\ (T + 10)$$

Saul ist davon ausgegangen, daß bis zu einer Temperatur von $-10°$ C noch eine Betonerhärtung stattfindet. Unterhalb von $-10°$ C findet keine Erhärtungsreaktion mehr statt. Bei einer Betontemperatur von $-10°$ C oder darunter ist die Reife immer gleich Null. Die Saulsche Reifeformel besagt, daß Betone der gleichen Zusammensetzung bei der gleichen Reife auch die gleichen Festigkeiten aufweisen. Beispielsweise hat ein Beton, der 7 Tage lang bei einer Temperatur von 20° C erhärtet, eine Reife von

$$R = 7\ (20 + 10) = 210°\,\mathrm{C} \cdot \mathrm{Tage}$$

Die gleiche Reife hat ein Beton, wenn er 14 Tage lang bei 5° C erhärtet

$$R = 14\ (5 + 10) = 210°\,\mathrm{C} \cdot \mathrm{Tage}$$

In beiden Fällen hat der Beton die gleiche Reife und damit in etwa auch die gleiche Druckfestigkeit.

Im Falle von Frosteinwirkungen auf den Beton muß man unterscheiden, ob der Frost auf den noch jungen und frischen Beton einwirkt oder auf den bereits erhärteten Beton. Ein erhärteter Beton gilt als frostbeständig, wenn er im wassergesättigten Zustand nach einer gewissen Anzahl von Frost-Tau-Wechseln noch unbeschädigt bleibt.

Problematisch ist es, wenn der Frost auf den noch frischen Beton einwirkt, dabei muß man zwischen zwei Fällen unterscheiden. Bei Frosteinwirkungen vor Erstarrungsbeginn des Zementleims ergeben sich durch das Gefrieren des Anmachwassers Verzögerungen bei den Verfestigungsvorgängen, die mit einer Verringerung der Endfestigkeit verbunden sind. Ungünstiger ist es, wenn Frosteinwirkungen nach Erstarrungsbeginn des Zementleims auftreten; der bereits erstarrte Zementleim ist nicht in der Lage, die Volumensvergrößerungen des gefrierenden Wassers aufzunehmen, wodurch sich bleibende Schäden in der Betonstruktur einstellen können.

Zur Gewährleistung einer ausreichenden Betonerhärtung auch bei Lufttemperaturen zwischen $-3°$ C und $+5°$ C darf die Betontemperatur beim Einbringen nicht unter $+5°$ C liegen. Bei Lufttemperaturen an der Einbaustelle unter $-3°$ C muß der Beton beim Einbringen eine Temperatur von mindestens $+10°$ C haben. Zur Erreichung der vorgeschriebenen Temperaturen sind das Anmachwasser und gegebenenfalls die Zuschläge vorzuwärmen. Zemente höherer Festigkeitsklassen (PZ 375, PZ 475) sind ebenfalls vorteilhaft.

Der Beton muß aber auch gegen zu große Hitzeeinwirkungen geschützt werden. Eine Erhöhung der Frischbetontemperatur über 30° C beschleunigt das Erstarren des Betons und erschwert seine Verarbeitbarkeit. Durch eine absichtliche Erhöhung der Betontemperatur erreicht man eine *Schnellerhärtung* des Betons. Diese Vorgangsweise wird vor allem bei der Erzeugung von Betonfertigteilen angewendet.

7.6. Eigenschaften des erhärteten Betons

Neben den verlangten Festigkeiten (Druck-, Biegezug- und Spaltzugfestigkeit) und dem für den Stahlbeton besonders wichtigen Korrosionsschutz sind für den erhärteten Beton noch andere Eigenschaften wie z.B. Wasserundurchlässigkeit, Verschleißwiderstand, Frostbeständigkeit, Frost- Tausalzbeständigkeit, Beständigkeit gegen chemische Angriffe usw. von Bedeutung. Zur Feststellung der Betoneigenschaften verwendet man sogenannte Eignungs- und Güteprüfungen.

Eignungsprüfungen haben die Ermittlung der zweckmäßigsten Betonzusammensetzung zum Ziele. Sie sind so rechtzeitig durchzuführen, daß die Ergebnisse noch vor Betonierungsbeginn beurteilt werden können.

Güteprüfungen geben während der Bauausführung darüber Auskunft, ob der an der Verwendungsstelle entnommene und normengemäß gelagerte Beton die für das Bauwerk geforderten Eigenschaften in zufriedenstellender Weise erreicht hat.

Weiters kommen noch sogenannte Erhärtungs- und Bauwerksprüfungen zur Anwendung.

Erhärtungsprüfungen geben Aufschluß über die Festigkeiten des Bauwerkbetons zu einem bestimmten Zeitpunkt, dabei werden die Probekörper wie bei der Güteprüfung hergestellt, lagern aber unter Bauwerksbedingungen.

Bauwerksprüfungen sind dazu da, die Eigenschaften des Betons am fertigen Bauwerk nachzuweisen.

7.6.1. Druckfestigkeit

Eine der wichtigsten Betoneigenschaften ist seine Druckfestigkeit, sie ist in erster Linie vom Wasserzementfaktor, von der Festigkeitsklasse des Zements und von der Verdichtung des Betons abhängig. Die Bestimmung der Druckfestigkeit erfolgt an Würfeln oder Kreiszylindern. Würfel sollen 100, 150, 200 oder 300 mm Seitenlänge haben, Zylinder 100, 150, 200 oder 300 mm Durchmesser, jeweils mit einer Höhe gleich dem doppelten Durchmesser (siehe Abschnitt 2.5.2.3.). Die kleinste Probekörperabmessung muß mindestens dem vierfachen nominellen Größtkorn im Beton entsprechen.

Bei der Beurteilung der Betondruckfestigkeit muß man berücksichtigen, daß bei Betonen der gleichen Zusammensetzung sowohl die Form der Probekörper als auch deren absolute Größe Änderungen der Prüfergebnisse bewirken. Verwendet man an Stelle von Würfeln der Kantenlänge 200 mm solche mit einer Kantenlänge von 150 mm, so gilt nach DIN 1045 die Beziehung
$\beta_{D\,200} = 0{,}95\;\beta_{D\,150}$.

Bei Zylindern mit 150 mm Durchmesser und 300 mm Höhe ist es bei gleichartiger Lagerung nach DIN 1045 zulässig, die Würfeldruckfestigkeit $\beta_{D\,200}$ aus der Zylinderdruckfestigkeit β_{DZ} abzuleiten.

Bei der Festigkeitsprüfung an Würfeln oder Zylindern anderer Größe muß das Druckfestigkeitsverhältnis zum 200 mm-Würfel für Beton jeder Zusammensetzung im Rahmen einer Eignungsprüfung gesondert nachgewiesen werden, und zwar an mindestens 6 Prüfkörpern je Probekörperart.

Zur Bestimmung der Druckfestigkeit können nach ÖNORM B 3303 (Entwurf 1981) auch Reststücke von Biegebalken nach deren Prüfung im Biegeversuch verwendet werden. Die Mindestlänge der Bruchstücke muß deren Breite um mindestens 50 mm übertreffen, die Balkenreststücke müssen im Bereich der vorgesehenen Druckbelastung frei von Rissen oder Beschädigungen sein.

Wichtig für die Druckfestigkeitsprüfung ist, daß die Seitenflächen der Prüfkörper eben und planparallel zueinander sind. Durch unebene Flächen erhält man bei der Prüfung unerwünschte Spannungskonzentrationen, was zu einer Verfälschung der Prüfergebnisse führt.

Bei Bauwerksprüfungen ermittelt man die Betondruckfestigkeit an Bohrkernen, die mittels einer Bohrkernmaschine aus dem Bauwerk entnommen werden. Dabei kann die Druckfestigkeit von zylindrischen Betonkernen, deren Höhe gleich dem Durchmesser ist (100, 150, 200 mm), in etwa der Druckfestigkeit von 200 mm Probewürfeln gleichgesetzt werden. Zur Bestimmung der Verteilung der Druckfestigkeit an einem bestimmten Bauteil verwendet man in Ergänzung zur Bohrkernprüfung zerstörungsfreie Prüfverfahren, wie z.B. die Prüfung mit dem *Rückprallhammer* oder die *Kugelschlagprüfung*.

7.6.2. Biegezugfestigkeit

Vor allem bei Straßenbeton und bei Betonbauteilen, die auf Biegung beansprucht werden, spielt die Biegezugfestigkeit eine wichtige Rolle. Bestimmt wird die Biegezugfestigkeit an Prismen oder Balken, bei denen das Verhältnis Höhe h : Grundkante a gleich 4 ist (siehe Abschnitt 2.5.1.4.). Die Prüfung hat nach ÖNORM B 3303 (Entwurf 1981) und DIN 1048 mit einer Drittelspunktbelastung zu erfolgen, wobei die zwei gleichen Lasten senkrecht zur Herstellungsrichtung der Probekörper wirken. Gemäß ÖNORM B 3303 (Entwurf 1981) darf während eines Übergangszeitraumes die Biegeprüfung auch an Probekörpern mit $h : a = 3$ mit Mittelpunktsbelastung durchgeführt werden.

7.6.3. Zug- und Spaltzugfestigkeit

Bei dünnwandigen Betonkonstruktionen, wie z.B. im Behälterbau ist die Kenntnis der Betonzugfestigkeit von Wichtigkeit. Wie bereits in Abschnitt 2.5.1.2. erläutert wurde, bereitet die Bestimmung der reinen Zugfestigkeit an Betonproben einige versuchstechnische Schwierigkeiten. Das Problem liegt vor allem darin, daß an den Einspannstellen der Prüfkörper Spannungskonzentrationen entstehen, so daß an diesen Stellen meistens der Bruch erfolgt. Weiters besteht die Gefahr einer exzentrischen Einleitung der Kraft, so daß die Versuchsergebnisse oft mit großen Streuungen behaftet sind. Meistens bestimmt man die

Zugfestigkeit an sich verjüngenden Betonprismen oder zylinderförmigen Proben, die an entsprechenden Halterungen in die Zugprüfmaschine eingespannt werden (Abb. 2.10.). Wegen der versuchstechnischen Schwierigkeiten bei der Bestimmung der Zugfestigkeit auf direktem Wege wählt man zur Abschätzung der Zugfestigkeit oft indirekte Prüfmethoden, wie z.B. die Bestimmung der *Spaltzugfestigkeit* (siehe Abschnitt 2.5.1.3.).

Die Bestimmung der Spaltzugfestigkeit erfolgt an Würfeln, Prismen oder Zylindern. In der Regel verwendet man Zylinder mit 150 mm Durchmesser und 300 mm Länge. Zur Prüfung legt man den Zylinder in eine Druckprüfmaschine und belastet ihn längs zweier gegenüberliegender Mantellinien, dabei befinden sich zwischen den Druckplatten der Prüfmaschine und dem Probekörper 10 mm breite und 5 mm dicke Streifen aus Hartfilz oder Hartplatten.

7.6.4. Statischer Elastizitätsmodul

Nach DIN 1048 gilt als statischer Druck-Elastizitätsmodul ein als Sehnenmodul ermittelter Verhältniswert zwischen einer Druckspannungsdifferenz und der ihr entsprechenden elastischen Verformung. Die obere Prüfspannung σ_o sollte etwa ein Drittel der zu erwartenden Druckfestigkeit des Probekörpers betragen. Vor Beginn der E-Modulbestimmung muß daher die Betondruckfestigkeit als Mittelwert an drei Parallelproben mit gleichen Abmessungen, Herstellungs- und Nachbehandlungsbedingungen ermittelt werden. Als Probekörper dienen Zylinder oder Prismen mit einem Verhältnis *h/d* bzw. *h/a* zwischen 2 und 4.

Für das Aufbringen der Kraft muß eine Druckprüfmaschine nach DIN 51223 verwendet werden. Die für die Dehnungsmessung verwendeten Geräte (Tensometer, induktive Geber, Dehnmeßstreifen) müssen eine Meßlänge von mindestens 2/3 der kleinsten Probenabmessung und ein entsprechendes Auflösungsvermögen aufweisen. Bei Versuchsbeginn wird auf den Probekörper eine Druckspannung σ_u von etwa 0,5 N/mm^2 aufgebracht. Die Prüfung beginnt mit einer zehnmaligen pausenlosen, zwischen σ_o und σ_u wechselnden Belastung und Entlastung des Probekörpers. Nach der zehnten Entlastung wird die Dehnung ϵ_u bestimmt und der Probekörper zum 11. Mal bis zu σ_o belastet. Bei dieser Belastung wird die zugehörige Dehnung ϵ_o abgelesen. Der Druck-Elastizitätsmodul E_D errechnet sich dann zu

$$E_D = \frac{\triangle \sigma}{\triangle \epsilon} = \frac{\sigma_o - \sigma_u}{\epsilon_o - \epsilon_u} \qquad (\mathrm{N/mm^2})$$

σ_o = die obere Prüfspannung in N/mm^2 bei der 11. Belastung
σ_u = die untere Prüfspannung in N/mm^2 vor der 11. Belastung
$\epsilon_o - \epsilon_u$ = die aus beiden Ablesungen bei σ_u und σ_o errechnete, auf die Meßstrecke bezogene Änderung der Länge der Meßstrecke.

7.6.5. Verschleißwiderstand

Wenn der Beton einer starken mechanischen Oberflächenbeanspruchung ausgesetzt ist, muß die Betonoberfläche eine besonders hochwertige Beschaffenheit aufweisen. Dies erreicht man unter anderem durch eine besondere Auswahl der

Zuschlagstoffe. Die Zuschläge müssen möglichst hart und grobkörnig sein und eine gute Verankerung im Beton aufweisen. In manchen Fällen eignet sich für die Kornzusammensetzung auch die Wahl einer Ausfallkörnung. Man muß vermeiden, daß an der Betonoberfläche eine weniger harte Feinmörtelschicht vorliegt, aus diesem Grund muß der Gehalt an Mehlkorn begrenzt werden. Bei besonders starker Verschleißbeanspruchung kann man dem Beton auch künstliche Hartstoffe wie z.B. Korund oder Siliziumcarbid beigeben.

Zur Prüfung des Verhaltens von Beton bei schleifender Beanspruchung verwendet man das Schleifscheibenverfahren nach Böhme nach DIN 52108 bzw. ÖNORM B 3126, Teil 2.

7.6.6. *Wasserundurchlässigkeit*

Nach ÖNORM B 4200, 10. Teil (Entwurf 1981) gilt ein Beton mit Prüfung am Frischbeton dann als wasserundurchlässig, wenn Zuschläge der Verwendungsklasse I oder II nach ÖNORM B 3304 verwendet werden, wobei der Kornanteil bis 4 mm in der oberen Hälfte des jeweils günstigen Sieblinienbereichs liegen soll. Der Wasserzementfaktor darf nicht über 0,55 (Beton E) liegen, der Zementgehalt soll über 350 kg/m^3 (Beton R) betragen.

Die Prüfung der Wasserundurchlässigkeit am erhärteten Beton erfolgt mittels einer Wasserdruckprüfung an plattenförmigen Probekörpern (nach ÖNORM B 3303). Die Prüfung der Probekörper erfolgt in der Regel im Alter von 28 Tagen nach ständiger Wasserlagerung. Proben aus einem Bauwerk müssen vor Beginn der Prüfung mindestens 7 Tage unter Wasser gelagert werden. Der auf die Prüffläche der Probekörper auszuübende Wasserdruck beträgt das 1,5-fache des auf das Bauwerk wirkenden Höchstdruckes, mindestens jedoch 7 bar. Für die Druckprüfung gelten folgende Druckstufen:

1. bis 3. Tag . . . . 25 % des Höchstdruckes
4. bis 14. Tag . . . . Höchstdruck

Unmittelbar nach Ende des Versuches werden die Probekörper gespalten. Als Wassereindringtiefe gilt der Mittelwert der mittleren Eindringtiefen von drei Probekörpern. Ein Beton wird dann als wasserundurchlässig bezeichnet, wenn die Eindringtiefe des Wassers im Beton im Mittel nicht größer als 5 cm ist.

7.6.7. *Beständigkeit*

Grundsätzlich verlangt man von einem normalen Konstruktionsbeton eine ausreichende *Raumbeständigkeit*. Voraussetzung hiefür ist die Verwendung von raumbeständigen Bindemitteln und Zuschlägen, sowie bei Stahlbeton eine nicht rostende Bewehrung.

Ein *witterungsbeständiger Beton* ist dann erforderlich, wenn ein Bauteil im durchfeuchteten Zustand häufigen Frost-Tau-Wechseln ausgesetzt ist. Nach ÖNORM B 4200, 10. Teil (Entwurf 1981) gilt ein Beton dann als witterungsbeständig, wenn:

a) Bei seiner Herstellung Zuschläge der Verwendungsklasse I (ÖNORM B 3304) mit einer solchen Sieblinie verwendet werden, bei der der Anteil bis 4 mm in der oberen Hälfte des jeweils günstigen Bereiches liegt. Dabei darf der W/Z-Wert nicht höher als 0,55 sein.

b) Die gleiche Kornzusammensetzung, wie unter a) verwendet, bei der Betonherstellung aber ein Luftporenzusatzmittel beigegeben wird, wobei der Luftgehalt im verdichteten Frischbeton den in Tabelle 7.5. angeführten Werten entsprechen muß. In einem solchen Fall darf der *W/Z*-Wert maximal 0,70 betragen.

Ein *frostbeständiger Beton* wird dann verlangt, wenn der Beton im durchnäßten Zustand häufig durchfriert. Nach ÖNORM B 4200, 10. Teil (Entwurf 1981) wird ein Beton dann als frostbeständig angesehen, wenn die Luftgehalte im verdichteten Frischbeton den Werten in Tabelle 7.5. entsprechen und Zuschläge der Verwendungsklasse I (ÖNORM B 3304) verwendet werden, mit einer Sieblinie, bei der der Anteil bis 4 mm in der oberen Hälfte des jeweils günstigen Bereiches liegt. Der *W/Z*-Wert darf 0,55 nicht überschreiten. Nachteilig auf die Frostbeständigkeit wirkt sich ein zu hoher Mehlkorngehalt aus. Ein erhärteter Beton gilt dann als frostbeständig, wenn im Rahmen einer Frostprüfung nach ÖNORM B 3303 (Entwurf 1981) nachgewiesen wird, daß bei 3 Betonprismen nach 50 Frost-Tau-Wechseln der Mittelwert des statischen E-Moduls um nicht mehr als 25 % bzw. der Mittelwert des dynamischen E-Moduls um nicht mehr als 15 % abgesunken ist.

Ein *Frost- Tausalzbeständiger Beton* ist dann erforderlich, wenn der Beton durch Frost und Tausalz beansprucht wird. Für Frost- Tausalzbeständigen Beton gelten die gleichen Bedingungen wie für frostbeständigen Beton, nur darf der *W/Z*-Wert 0,50 nicht überschreiten. Beim Bau von Betonstraßendecken muß der Luftgehalt des Frischbetons täglich mindestens dreimal mit einem Luftporentopf gemessen werden. Die Prüfung der Frost- Tausalzbeständigkeit am erhärteten Beton erfolgt nach ÖNORM B 3306.

Wenn ein Bauteil chemischen Angriffen ausgesetzt ist, die den Beton oder die Stahleinlagen angreifen können, ist ein *Beton mit hohem Widerstand gegen chemische Angriffe* notwendig. In einem solchen Fall ist es empfehlenswert eine Untersuchung der angreifenden Stoffe durchzuführen, nach deren Ergebnis die erforderlichen Schutzmaßnahmen festzulegen sind. Chemische Angriffe werden verstärkt, wenn sie in Zusammenhang mit Frostwechsel oder mechanischen Einwirkungen erfolgen. Bei chemischen Angriffen muß der Beton besonders dicht und wasserundurchlässig sein, damit die angreifenden Stoffe nicht zu tief eindringen können. Die Überdeckung der Stahleinlagen muß erhöht werden, besonders bei Stoffen, die Stahl angreifen (z.B. Chloride). Bei Sulfatangriff ist ein Zement mit erhöhtem Sulfatwiderstand zu verwenden. Bei lösenden Angriffen muß man säurebeständige Zuschläge einsetzen. Durch konstruktive Maßnahmen soll die Bildung von schädlichen Rissen im Beton vermieden werden. Bei schwachen Angriffen genügt in der Regel ein wasserundurchlässiger Beton, bei starken Angriffen soll der *W/Z*-Faktor des Betons unter 0,45 liegen und bei sehr starken Angriffen sind zusätzliche Maßnahmen wie Beschichtungen oder Verkleidungen der Betonoberfläche notwendig (ÖNORM B 3305).

7.6.8. Längen- und Formänderungen

Neben den Formänderungen durch Lasteinwirkungen ergeben sich bei Beton auch Längen- und Formänderungen infolge Temperaturänderungen oder durch Einwirkungen von Feuchtigkeit. Da die einzelnen Formänderungen zum

Teil in überlagerter Form auftreten, ist eine getrennte Darstellung oft schwierig.

Wie man durch Belastungsversuche festgestellt hat, gilt bei Beton nur zum Teil das Hookesche Gesetz. Der Zusammenhang zwischen Spannung und Verformung ist nicht linear, sondern stellt eine mehr oder weniger gekrümmte Linie dar. Das heißt, nach Wegnahme der Kraft gehen die Formänderungen nur teilweise zurück, ein kleiner Teil bleibt als plastische Formänderung erhalten.

Streng genommen bedeutet dies, daß man die Elastizitätstheorie bei Beton nicht zur Anwendung bringen kann. Um dennoch einen *Elastizitätsmodul* zu erhalten, definiert man bestimmte Größen im Spannungs- Verformungsdiagramm als Elastizitätsmodul. Nach DIN 1045 gelten für Betone der Festigkeitsklassen B 10 bis B 55 durchschnittlicher Zusammensetzung Werte für den E-Modul zwischen 22 000 und 39 000 N/mm^2. Der E-Modul des Betons wächst mit zunehmender Betondruckfestigkeit. Bei gleicher Druckfestigkeit ist der E-Modul von der Betonzusammensetzung und vor allem vom E-Modul des Zementsteins und vom E-Modul des verwendeten Gesteins abhängig. Außerdem beeinflußt der Feuchtigkeitsgehalt des Betons die Größe des E-Moduls insofern, als ein feuchter Beton einen höheren E-Modul aufweist. Ein für eine Betonprobe charakteristisches Spannungs-Verformungsdiagramm zeigt Abb. 2:19.

Als *Schwinden* und *Quellen* des Betons bezeichnet man die Längen- und Raumänderungen, die sich beim Austrocknen und bei Feuchtbehandlung des erhärteten Betons ergeben, wobei der Beton keinen äußeren Belastungen ausgesetzt ist. Bei Feuchtigkeitsabgabe schwindet der Beton, bei Feuchtigkeitsaufnahme quillt er. Das Schwinden hat seine Ursache in der Volumsverminderung des Zementsteins beim Austrocknen und hängt vor allem mit dem Wassergehalt des Frischbetons zusammen. Da am Beton zunächst die Außenflächen abtrocknen, bildet sich hier eine trockene Außenschicht, während der Beton im Kern noch feucht ist. Auf diese Weise können Schwindspannungen entstehen, die die Zugfestigkeit des Betons übersteigen und sogenannte Schwindrisse mit sich bringen. Aus diesem Grund kommt auch der Betonnachbehandlung besondere Bedeutung zu. Das Quellen des Betons infolge Wasseraufnahme wirkt sich praktisch wenig aus und kann im allgemeinen vernachlässigt werden.

Unter *Kriechen* versteht man Formänderungen von Betonteilen, wenn sie einer ständigen Dauerbelastung ausgesetzt sind. Maßgebend für das Kriechen sind folgende Faktoren: der Gehalt an Zementstein im Beton, die Art der Zuschläge, der Wasserzementfaktor, die Nachbehandlung, das Betonalter und die Größe des Betonbauteils. Zur Bestimmung des Kriechmaßes ist die Kenntnis der Belastung und der Zeitpunkt der Lastaufbringung erforderlich. Die Verformungen des Betons infolge Kriechens bewegen sich in Größenordnungen von 0,1 bis 1,0 mm/m. Besondere Bedeutung hat das Kriechen bei Spannbeton.

Wie alle anderen Baustoffe dehnt sich der Beton bei Temperaturzunahme aus und zieht sich bei Temperaturabnahme zusammen. Die Formänderungen infolge Temperaturänderungen erfolgen verhältnismäßig schnell und führen bei Behinderung zu beträchtlichen Spannungen. Als mittleren thermischen Ausdehnungskoeffizienten hat man für Beton einen Wert von 10×10^{-6} mm/mm K ± 30 % festgestellt. Die Wärmedehnung hängt ab von den thermischen Ausdehnungskoeffizienten des Zementsteins und der Zuschläge. Weiters beeinflussen der

Feuchtigkeitsgehalt des Betons und sein Alter das Wärmedehnverhalten. Besonders im Verbund mit Materialien, die einen zum Beton unterschiedlichen thermischen Ausdehnungskoeffizienten aufweisen, müssen die Formänderungen infolge Temperatur besonders berücksichtigt werden, da sonst unzulässige Zug- und Ablösespannungen auftreten können, die zu bleibenden Schäden im Verbundsystem führen. Dies ist z.B. bei Kunstharzbeschichtungen an Betonoberflächen der Fall, da die thermischen Ausdehnungskoeffizienten der Kunstharze jene des Betons um ein Vielfaches übersteigen.

7.7. Spezielle Betone

Wenn von der Betonoberfläche ein bestimmtes Aussehen verlangt wird und sie zugleich als architektonisch gestaltendes Element wirken soll, dann spricht man von *Sichtbeton*. Zur Erreichung eines guten Sichtbetons muß der Frischbeton eine gleichmäßige Zusammensetzung aufweisen und gut verarbeitet sein, er darf nicht zum Entmischen oder Bluten neigen. Der erhärtete Beton soll ein homogenes dichtes und gleichmäßiges Gefüge aufweisen, seine Oberfläche muß eine geschlossene und einheitliche Struktur zeigen und beständig gegen Witterung und andere Einflüsse sein. Zu diesem Zweck muß die verwendete Kornzusammensetzung im jeweils günstigen Sieblinienbereich liegen, vor allem der Kornanteil bis 4 mm soll sich in der oberen Hälfte des jeweils günstigen Bereichs befinden. Die Zuschläge müssen sauber sein und in getrennten Korngruppen verwendet werden. Der Mehlkorngehalt muß den Werten der Tabelle 7.6. entsprechen. Zur Gewährleistung einer gleichmäßigen Betoneinbringung und einer möglichst vollständigen Verdichtung empfiehlt sich ein weicher oder plastischer Beton. Wichtig ist, daß an allen Stellen die Stahleinlagen im Beton mit einer ausreichenden Bedeckung versehen werden. Da der Sichtbeton ein Spiegelbild der Schalung darstellt, muß man diese besonders sorgfältig herstellen.

Werden bei einem Beton dessen Einzelkomponenten außerhalb der Baustelle in einem Betonwerk zugemessen, im Werk selbst oder in einem Mischfahrzeug gemischt, in speziellen Fahrzeugen zur Baustelle befördert und einbaufertig übergeben, dann handelt es sich um *Transportbeton*. Für die Zusammensetzung von Transportbeton gelten die gleichen betontechnischen Grundsätze wie für den auf der Baustelle hergestellten Beton. Bei Transportbeton unterscheidet man zwischen werksgemischtem Beton und fahrzeuggemischtem Beton. Die Herstellung von Transportbeton darf nur in güteüberwachten Betonwerken erfolgen. Werksgemischter Transportbeton mit weicher oder plastischer Konsistenz darf nur in Mischfahrzeugen zur Baustelle befördert werden. Steifen werksgemischten Beton der Konsistenz K1 darf man auch auf Lastwagen ohne Rührwerk zur Baustelle transportieren. Beim Transport des Betons zur Baustelle und beim Einbau auf der Baustelle darf sich der Beton nicht entmischen, weiters muß man schädliche Witterungseinwirkungen verhindern. Nach Abschluß des Mischvorganges dürfen dem Beton weder Wasser noch ein Zusatzmittel beigegeben werden. Die Frischbetontemperatur muß je nach Außentemperatur zwischen +5 und +30° C liegen.

Ein Beton, der auf der Baustelle vom Ort der Herstellung zur Einbaustelle über Rohrleitungen gepumpt wird, muß als *Pumpbeton* eine gute Gleitfähigkeit aufweisen. Der Beton darf sich beim Pumpen keinesfalls entmischen, da dies zu Verstopfungserscheinungen in der Rohrleitung führt. Die gute Pumpfähigkeit erreicht man durch die Verwendung von Zementen mittlerer Mahlfeinheit, von Zuschlägen mit möglichst runder Kornform und günstiger Kornzusammensetzung. Der Mehlkorngehalt muß den Werten der Tabelle 7.6. entsprechen und die Konsistenz soll plastisch sein. Während des Pumpvorganges muß die Konsistenz des Betons möglichst konstant bleiben, da Änderungen in der Betonkonsistenz zu Verstopfungen in den Rohrleitungen führen.

Im Stollen- oder Tunnelbau, zum Ausbessern von Betonoberflächen oder zum Bau von Behältern und Schalen verwendet man *Spritzbeton*. Man unterscheidet zwischen Naßspritzbeton und Trockenspritzbeton. Zur Trockenspritzbetonherstellung wird die Betonmasse trocken durch Schlauchleitungen der Dicke von 25 bis 35 mm gefördert und mittels Druckluft gegen die Schalung oder Wand geschleudert. Die Zugabe des Wassers erfolgt an der Spritzdüse. Die Förderweite liegt zwischen 60 und 250 m und die Förderhöhe bis zu 100 m, dabei lassen sich Leistungen zwischen 0,3 bis 0,8 m^3/h erreichen. Zur Erzielung rascher Erhärtungsvorgänge werden Beschleuniger als Zusatzmittel beigegeben.

Wird der Beton unter Wasser eingebaut, so handelt es sich um *Unterwasserbeton*. Zum Einbringen des Betons bei Wassertiefen von über 1 m muß durch Trichter oder Rohre geschüttet werden. Dabei ist es wichtig, daß die Rohre ausreichend tief in den noch nicht erstarrten Beton hineinragen. Der Beton darf keinesfalls frei durch das Wasser fallen. Die Verteilung des Betons erfolgt durch vorsichtiges Herausziehen des Einbringrohres oder des Trichters. Bei der Herstellung von Unterwasserbeton darf der W/Z-Faktor maximal 0,6 betragen, die Sieblinie der Betonzuschläge soll in der oberen Hälfte des günstigen Bereiches liegen. Der Zementgehalt bei 32 mm Größtkorn muß mindestens 350 kg/m^3 betragen. Damit der Beton beim Schütten unter Wasser zusammenhängend bleibt, ist ein ausreichender Mehlkorngehalt erforderlich. Das Ausbreitmaß darf 50 cm nur unterschreiten, wenn zusätzlich verdichtet wird, darf aber nicht über 60 cm liegen.

7.8. Literatur und Normen

Basalla, A.: Baupraktische Betontechnologie, 4. Aufl. Wiesbaden–Berlin: Bauverlag. 1980.
Beton-Handbuch. Deutscher Betonverein. Wiesbaden–Berlin: Bauverlag. 1972.
Hummel, A.. Das Beton-ABC, 12. Aufl. Berlin: W. Ernst. 1959.
Neville, A. M.: Properties of Concrete, 2. Aufl. London: Pitman Publishing. 1973/75.
Walz, K.: Herstellung von Beton nach DIN 1045, 2. Aufl. Düsseldorf: Betonverlag. 1972.
Weber, R., Schwara, H., Soller, R.: Guter Beton. Düsseldorf: Betonverlag. 1972. Österr. Ausgabe, bearbeitet von R. Springenschmid.

Normen

DIN 459 Betonmischer, Begriffe, Größen, Anforderungen
DIN 1045 Beton und Stahlbeton, Bemessung und Ausführung
DIN 1048 Prüfverfahren für Beton
DIN 1056 Freistehende Schornsteine in Massivbauart
DIN 1075 Massive Brücken

DIN 1084	Überwachung im Beton und Stahlbetonbau
DIN 1164	Portland-, Eisenportland-, Hochofen- und Traßzement
DIN 4226	Zuschlag für Beton
DIN 4227	Spannbeton
DIN 4235	Verdichten von Beton durch Rütteln
DIN 18217	Betonoberflächen und Schalungshaut; Begriffe und Anforderungen
DIN 18551	Spritzbeton, Herstellung und Prüfung
DIN 51229	Formen für würfelförmige und zylindrische Probekörper aus Beton, Vornorm
DIN 52170	Bestimmung der Zusammensetzung von erhärtetem Beton
DIN 53237	Pigmente, Pigmente zum Einfärben von zement- und kalkgebundenen Baustoffen

ÖNORM B 2301	Beton und Eisenbeton, Bezeichnungen
ÖNORM B 3126	Prüfung von Naturstein und von anorganischen Baustoffen; Verschleißprüfung, Schleifscheibenverfahren nach Bauschinger (Teil 1), nach Böhme (Teil 2)
ÖNORM B 3254	Vorgefertigte Betonerzeugnisse, Gütesicherung
ÖNORM B 3256	Randsteine aus Beton
ÖNORM B 3257	Betonwerkstein (Kunststein)
ÖNORM B 3258	Vorgefertigte Betonerzeugnisse zur Befestigung von Verkehrsflächen
ÖNORM B 3303	Betonprüfung
ÖNORM B 3304	Betonzuschläge aus natürlichem Gestein
ÖNORM B 3305	Betonangreifende Wässer, Böden und Gase; Beurteilung und chemische Analyse
ÖNORM B 3306	Prüfung der Frost-Tausalz-Beständigkeit von Betonoberflächen, Vornorm
ÖNORM B 3307	Transportbeton
ÖNORM B 3308	Güteüberwachung der werksmäßigen Herstellung von Fertigteilen aus Beton, Stahlbeton und Spannbeton
ÖNORM B 3310	Portlandzement, Eisenportlandzement und Hochofenzement
ÖNORM B 3317	Zuschlagstoffe aus Hochofenschlacke für die Bereitung von Beton
ÖNORM B 3331	Betonrundstahl, Abmessungen
ÖNORM B 3332	Zusatzmittel für Mörtel und Beton, Frostschutzmittel
ÖNORM B 3352	Mantelbetonwände
ÖNORM B 3353	Schüttbetonwände, Leichtbeton mit haufwerksporigem oder geschlossenem Gefüge für tragende Wände
ÖNORM B 4200	Teil 3: Betonbauwerke, Berechnung und Ausführung
	Teil 4: Stahlbetontragwerke, Grundlagen der Berechnung und Ausführung
	Teil 5: Fertigteile aus Beton, Stahlbeton und Spannbeton und daraus hergestellte Tragwerke für vorwiegend ruhende Belastung
	Teil 6: Richtlinien für die Instandsetzung und Verstärkung von Stahlbetontragwerken
	Teil 7: Massivbau, Stahleinlagen
	Teil 8, 9: Stahlbetontragwerke, Berechnung und Ausführung I, II
	Teil 10: Beton, Herstellung und Überwachung
ÖNORM B 4202	Massivbau, Straßenbrücken
ÖNORM B 4205	Stahlbetonmaste, Berechnung und Ausführung

ÖNORM B 4250	Spannbetontragwerke, Berechnung und Ausführung
ÖNORM B 4252	Spannbeton-Straßenbrücken, Berechnung und Ausführung
ÖNORM B 4258	Spannstähle
ÖNORM B 4259	Spannbeton, Spannsysteme mit nachträglichem Verbund

8. Leichtbeton

Als Leichtbeton bezeichnet man alle Betone, die leichter sind als Normalbeton, wobei die Grenze zum Normalbeton bei Trockenrohdichten zwischen 1 600 kg/m³ und 1 900 kg/m³ angenommen wird. Die entscheidende Eigenschaft des Leichtbetons ist seine Trockenrohdichte, was sich im Vergleich zu Normalbeton durch eine bessere Wärmedämmung und durch ein günstigeres Brandverhalten ausdrückt. Gegenüber Normalbetonen zeigen Leichtbetone auch veränderte Festbetoneigenschaften, zum Beispiel haben Leichtbetone bei gleicher Druckfestigkeit niedrigere E-Moduln und oft auch geringere Zugfestigkeiten als Normalbeton.

Eine Einteilung der verschiedenen Leichtbetonarten zeigt Tabelle 8.1.

Eine Verringerung der Rohdichte des Betons läßt sich auf verschiedene Arten erreichen:

a) Durch Verwendung von Zuschlagstoffen aus porigem Gestein (Naturbims, Hüttenbims, Blähton, Ziegelsplitt usw.) beliebiger Kornzusammensetzung. Bei dieser Leichtbetonart werden die Zuschlagstoffe vom Zementleim vollständig umhüllt, so daß zwischen den Körnern keine Haufwerksporigkeit entsteht – *Leichtbeton mit Kornporen* (Abb. 8.1a.). Analog zum Normalbeton bleibt das dichte Gefüge erhalten, die dichten Normalzuschläge werden nur durch porige Leichtzuschläge ersetzt.

b) Durch Verwendung von Zuschlagstoffen aus dichtem Gestein (Natursand, Kies, Splitt), aber mit einem solchen Kornaufbau bei gleichzeitiger Beschränkung des Zusatzes an Zementleim, daß zwischen den Körnern möglichst viele Hohlräume erhalten bleiben – *Leichtbeton mit Haufwerksporen* (Abb. 8.1b.). Dabei ist wichtig, daß jedes einzelne Korn gleichmäßig mit Zementleim umhüllt ist, um eine gute Verkittung der Zuschläge untereinander zu gewährleisten. Leichtbetone mit reiner Haufwerksporigkeit werden eher selten hergestellt, da eine Senkung der Rohdichte unter 1,5 kg/dm³ nur schwer möglich ist.

c) Durch Einführen von feinen Gas- oder Luftporen in die Frischbetonmasse wird die Betonstruktur so aufgelockert, daß ein Zellengefüge entsteht. Diese Leichtbetone gehören zur Gruppe der *Gasbetone* und *Schaumbetone* (Abb. 8.1c.).

d) Durch kombinierte Anwendung der drei angeführten Möglichkeiten, wie z.B. Leichtbeton mit Haufwerksporen und Kornporen (Abb. 8.1d.).

8.1. Leichtbeton mit Kornporen

Die Herstellung von gefügedichtem, konstruktivem Leichtbeton mit Kornporen, der auch als Leichtzuschlagbeton bezeichnet wird, erfolgt mit porigen Zu-

Tabelle 8.1. *Einteilung der verschiedenen Leichtbetonarten*

Bezeichnung	Trockenrohdichte kg/m^3	Gefügestrukturen	übliche Leichtzuschläge	Druckfestigkeit N/mm^2	Wärmeleitzahl W/m K	Hauptverwendungsgebiet
Leichte Leichtbetone (Isolierbetone)	300 – 800	schaumstoffhaltig, korn- und haufwerksporig	Polystyrol Blähperlit Schaumglas Blähton	1 – 8	0,12 – 0,47	Hochbau Isolierung vorwiegend wärmedämmend
Mittelschwere Leichtbetone	800 – 1400	schaumstoffhaltig kornporig, haufwerksporig	Naturbims Blähton Lava	8 – 16	0,3 – 0,6	wärmedämmender Konstruktionsbeton
Dichte (konstruktive) Leichtbetone	1000 – 2000	kornporig	Blähton, Blähschiefer, Hüttenbims Ziegelsplitt	10 – 60	0,35 – 1,2	Konstruktionsbeton

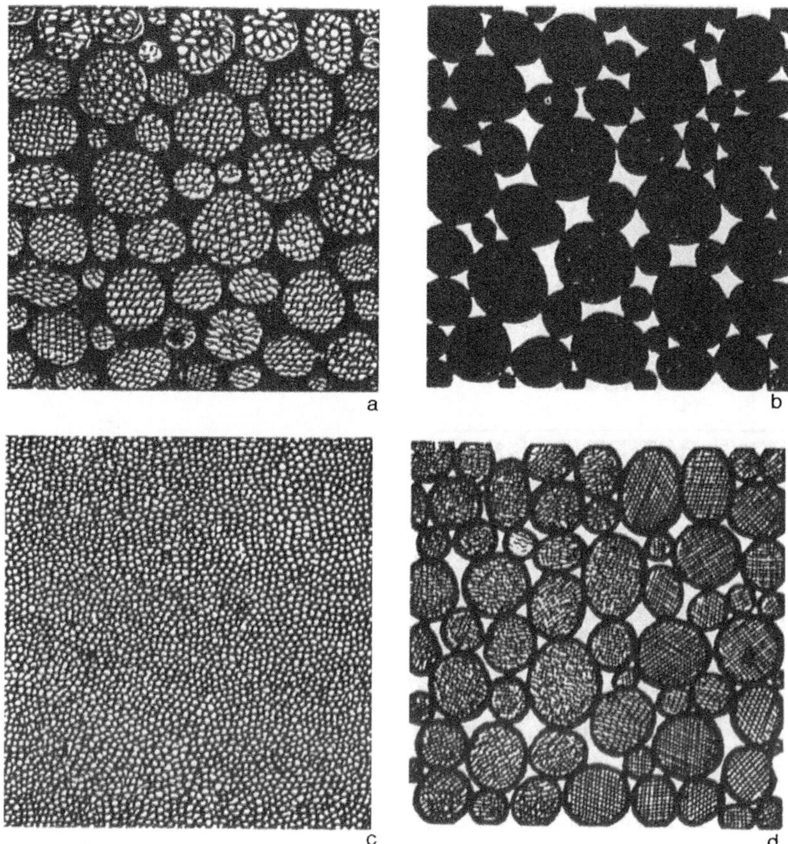

Abb. 8.1. a) Leichtbeton mit Kornporen, b) Leichtbeton mit Haufwerksporen, c) Leichtbeton mit Blähporen (Gas- oder Schaumbeton), d) Leichtbeton mit Haufwerksporen und Kornporen

schlagstoffen. Da dieser Beton ein geschlossenes Gefüge aufweist, gelten die Vorschriften für Normalbeton zum Teil auch für Leichtzuschlagbeton. Entsprechend den Richtlinien für Leichtbeton teilt man die gefügedichten und kornporigen Leichtbetone entsprechend ihrer Trockenrohdichte, ihrer Würfeldruckfestigkeit und ihrer Wärmeleitzahl in fünf Rohdichteklassen R 1,2 bis R 2,0, in sieben Festigkeitsklassen LB 120 bis LB 600 und in elf Wärmedämmklassen WD 0,30 bis WD 1,00 (siehe Tabelle 8.2.).

Technologische Schwierigkeiten bereitet es, die dichten Zuschläge gegen stark kornporige Zuschläge wie Blähton, Hüttenbims, Schaumglas usw. zu ersetzen. So kann z.B. Hüttenbims bis zu 20 Massenprozent Wasser aufnehmen, das Wasseraufnahmevermögen anderer Leichtzuschläge ist zum Teil noch höher. Aus diesem Grund haben wechselnde Zuschlagfeuchten in viel stärkerem Maße als in der Normalbetontechnologie das Auftreten von Fehlmischungen zur Folge. Der Wasserzementfaktor läßt sich aber nur dann konstant halten, wenn die in den Zuschlägen vorhandene Feuchtigkeit konstant ist. Ein gleichbleibender Wassergehalt in den Zuschlägen ließe sich aber nur durch die Verwendung entweder

Tabelle 8.2. *Festigkeits-, Rohdichte- und Wärmedämmklassen von Leichtzuschlagbeton*

Festigkeitsklasse LB	Druckfestigkeit n. 28 Tg. mindestens N/mm^2
LB 120	12
LB 160	16
LB 225	22,5
LB 300	30
LB 400	40
LB 500	50
LB 600	60

Rohdichteklasse R	Mittelwert der Trockenrohdichte kg/dm^3
R 1,2	1,01 – 1,20
R 1,4	1,21 – 1,40
R 1,6	1,41 – 1,60
R 1,8	1,61 – 1,80
R 2,0	1,81 – 2,00

Wärmedämmklasse WD	Wärmeleitzahl λ_{10tr} W/m K
WD 0,30	– 0,378
WD 0,35	0,379 – 0,436
WD 0,40	0,437 – 0,494
WD 0,45	0,495 – 0,552
WD 0,50	0,554 – 0,611
WD 0,55	0,612 – 0,669
WD 0,60	0,670 – 0,756
WD 0,70	0,757 – 0,872
WD 0,80	0,873 – 0,989
WD 0,90	0,990 – 1,105
WD 1,00	1,106 – 1,221

ofengetrockneter oder wassersatter Zuschlagkörner erzielen. Neben den zusätzlichen Kosten für Trocknen oder Wasserlagern ergeben sich dadurch aber auch technologische Probleme. So kann das von den trockenen Körnern aufgesaugte Mischwasser auch nach dem Mischen die Konsistenz des Betons verändern, andererseits besteht bei der Verwendung von wassersatten Zuschlägen die Möglichkeit, daß mehr Wasser in die Mischung gelangt, als unbedingt benötigt wird. Als günstig hat sich die Verwendung trockener Zuschläge erwiesen, die vor der Zementzugabe mit einem Teil des Anmachwassers vorgenäßt werden. Durch die hohe Wasseraufnahmefähigkeit der Leichtzuschläge ist es nicht nur schwierig, Angaben über das benötigte Anmachwasser zu machen, im weiteren ist es nahezu unmöglich, die für eine bestimmte Zementsteinqualität maßgebende Wassermenge genau abzuschätzen. Aus diesem Grund lassen sich über einen wirksamen W/Z-Faktor kaum genaue Aussagen machen.

Eine weitere Schwierigkeit ergibt sich durch die Abnahme der Korndichte mit zunehmender Korngröße der Leichtzuschläge. Dadurch kann das Volumen einer bestimmten Zuschlagmenge auch bei gleichbleibendem Wassergehalt Schwankungen unterliegen. Deshalb und zusätzlich wegen der starken Wasseraufnahmefähigkeit der Zuschläge empfiehlt es sich, beim Leichtzuschlagbeton zumindest bei den gröberen Fraktionen eine Dosierung der Zuschläge nach dem Volumen vorzunehmen. Zuschläge wie z.B. Polystyrol, die fast kein Gewicht aufweisen, lassen sich in der Praxis überhaupt nur volumetrisch dosieren. Bei einer gewichtsmäßigen Zugabe der Leichtzuschläge müssen die Schüttdichte bzw. die Zuschlagfeuchten und die Kornrohdichten ständig kontrolliert und die Dosierung falls notwendig korrigiert werden.

Die Zusammenhänge zwischen Kornrohdichte und Korngröße bringen es auch mit sich, daß sich die aus der Normalbetontechnologie bekannten Regelsieblinien wegen ihrer Bezugnahme auf Massenprozente nicht verwenden lassen. Wegen dieser angeführten Probleme, wie stark unterschiedliche Kornformen, Änderungen in der Oberflächenbeschaffenheit, Schwankungen hinsichtlich der Kornrohdichte, empfiehlt es sich, bei der Erstellung von Kornzusammensetzungen stets auf Eignungsprüfungen zurückzugreifen.

Bezüglich des Mehlkorngehaltes gilt, daß dieser wegen der schlechten Verdichtbarkeit etwas höher gewählt werden soll als beim Normalbeton. Die Zugabe des Sandes soll in jedem Fall getrennt erfolgen, bei über 16 mm Größtkorn soll man mindestens 3 Korngruppen einsetzen. Das Größtkorn sollte mit 25 mm beschränkt bleiben.

Beim Leichtzuschlagbeton ist die Güte der Zementsteinmatrix zwar ebenfalls von der Zementsteinfestigkeitsklasse, vom Wasserzementfaktor und vom Hydratationsgrad abhängig, doch der wirksame Wasserzementfaktor ist unbekannt und außerdem existiert kein eindeutiger Zusammenhang zwischen Zementstein- und Betonfestigkeit, da die Art und die mengenmäßigen Anteile der Zuschläge stark ins Gewicht fallen. Maßgebend für die Festigkeit des Normalbetons ist neben der Form, Größe und Verteilung der Zuschläge vor allem die Festigkeit der Zementmatrix. Vereinfacht gilt, daß die Festigkeit des Normalbetons in etwa der Zementsteinfestigkeit entspricht. Das wird auch aus einer in Abb. 8.2a. dargestellten Spannungsverteilung an einem gleichmäßig auf Druck beanspruchten Normalbetonmodell deutlich. In dieser Darstellung zeigt es sich, daß sich die Hauptspannungslinien an den Zuschlagkörnern konzentrieren und von einem Zuschlag zum anderen laufen.

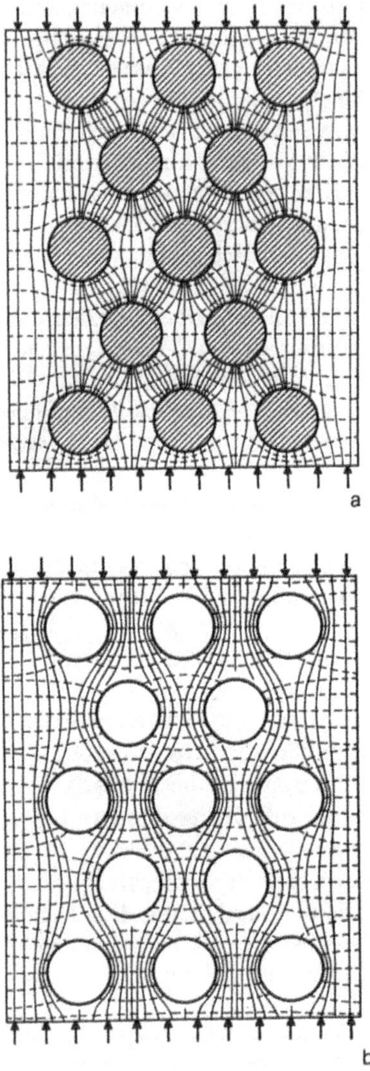

Abb. 8.2. a) Spannungsverteilung im Normalbetonmodell, b) Spannungsverteilung im Leichtbetonmodell (nach Lusche)

Beim Leichtbeton ist die Situation gerade umgekehrt wie beim Normalbeton, hier übersteigt die Zementsteinfestigkeit die Festigkeit der Zuschläge. Aus diesem Grund liegt die Betonfestigkeit unterhalb der Matrixfestigkeit und wird in der Hauptsache vom Volumsanteil und der Festigkeit der Leichtbetonzuschläge bestimmt. Dies wird auch aus Abb. 8.2b. ersichtlich, wo die Leichtbetonzuschlagkörner im Bereich der verminderten Spannungen liegen und die Hauptspannungslinien nur im Gebiet der Zementsteinmatrix verlaufen.

Die Güte des Leichtbetons wird im allgemeinen durch die Festigkeitsklasse, Rohdichte und Wärmedämmklasse gekennzeichnet. Darüber hinaus können besondere Anforderungen hinsichtlich Wasserundurchlässigkeit, Frostwiderstand, chemischer Widerstandsfähigkeit, Wasserdampfdurchlässigkeit, Brandwiderstand usw. gestellt werden. Unter Berücksichtigung des Wasseranspruches der Zuschläge muß der Zementgehalt so bemessen werden, daß die geforderten Eigenschaften mit genügender Sicherheit erreicht werden, er darf die in Tabelle 8.3. angegebenen Werte nicht unterschreiten.

Tabelle 8.3. *Mindestfestigkeitsklasse und Mindestzementgehalt von Leichtbeton*

Anwendung	Festigkeits-klasse mindestens	Zementgehalt kg/m^3 mindestens
Nicht bewehrter Leichtbeton	LB 120	180
Leichtbeton mit Stahleinlagen ohne dauernd tragende Funktion (z.B. Transportbewehrung)	LB 120	240*
Stahlleichtbeton für vorwiegend ruhende Lasten	LB 160	300
Stahlleichtbeton für nicht vorwiegend ruhende Lasten	LB 225	300
Spannleichtbeton	LB 300	300

* Gilt für ein Größtkorn von mindestens 12 mm.

Wegen der geringeren Betonrohdichte des Leichtbetons ist bei der Beurteilung der Konsistenz das Verdichtungsmaß gegenüber dem Ausbreitmaß vorzuziehen. Unmittelbar vor dem Einbau soll der Leichtbeton ein Verdichtungsmaß zwischen 1,25 und 1,10 aufweisen. Bei einem längeren Zeitraum zwischen Mischen und Einbau kann der Leichtbeton durch Wasseraufnahme der Zuschläge ansteifen. In einem solchen Fall ist es zweckmäßig, die Zuschläge vorzuwärmen oder die Konsistenz am Mischer durch Wasserzugabe weicher einzustellen. Die Konsistenzvorgabe darf aber nicht zu einer Entmischung führen.

Der Leichtbeton muß grundsätzlich nach der Herstellungsklasse E, also mit Eignungsprüfung hergestellt werden. Im Zuge der Eignungsprüfung ist nachzuweisen, daß der Leichtbeton mit der vorgesehenen Zusammensetzung alle an ihn gestellten Forderungen erfüllt. Ebenso muß die Zusammensetzung der Körnungen auf Grund von Eignungsprüfungen festgelegt werden. Wie bereits erwähnt, ist es dabei wichtig, daß bei Zuschlaggemischen aus Korngruppen mit verschiedener Rohdichte die Sieblinie auf die Raumteile und nicht auf die Massenanteile der Zuschläge bezogen wird. Dabei muß das Größtkorn kleiner sein als ein Viertel der kleinsten Abmessungen des herzustellenden Bauteils. Die Zuschläge sind ab einem Größtkorn über 4 mm in mindestens zwei und ab einem Größtkorn über 16 mm in mindestens drei getrennten Korngruppen zuzumessen. Die Verwendung von Ausfallkörnungen ist zulässig.

8.2. Leichtbeton mit Haufwerksporen

Verwendet man für die Betonherstellung Zuschläge einer einzigen Kornfraktion, z.B. die Körnung 8/16, so erhält man den sogenannten *Einkornbeton*. Der Anteil an Zementleim bzw. Feinmörtel im Einkornbeton darf nur so groß sein, daß die einzelnen Zuschlagkörner gleichmäßig umhüllt werden und man dadurch eine weitgehende Haufwerksporigkeit (Abb. 8.1b.). erhält. Bezüglich des W/Z-Faktors des Zementleims ist kein großer Spielraum möglich, da ein zu nasser Zementleim die Haufwerksporen verstopft und ein zu trockener Zementleim die Zuschläge nicht ausreichend umhüllt. Durch eine gleichmäßige Umhüllung der Zuschlagkörner werden diese untereinander verkittet und man erhält eine entsprechende Druckfestigkeit. Ein Leichtbeton mit Haufwerksporen unter Beiziehung von dichten Zuschlägen wird relativ selten verwendet, da solche Betone bei relativ hoher Rohdichte (etwa 1,5 kg/dm^3) nur geringe Druckfestigkeiten aufweisen.

Eine Erhöhung der Druckfestigkeit bei Leichtbeton mit Haufwerksporen erreicht man durch Zugabe von Natursand zum Zementleim. Der Zusatz von Natursand bewirkt eine größere Rohdichte, was eine Erhöhung der Wärmeleitfähigkeit und somit eine Verschlechterung des Wärmedämmvermögens zur Folge hat.

Ersetzt man die dichten Zuschläge durch Leichtzuschläge, dann erhält man einen gemischtporigen *Leichtbeton mit Haufwerksporen und Kornporen*. Bei dieser Betonart erzielt man bei Zementgehalten um 100 kg/m^3 sehr niedrige Rohdichten in der Größenordnung bis zu 0,3 kg/dm^3, aber auch sehr geringe Druckfestigkeiten (2 bis 5 N/mm^2).

8.3. Gas- und Schaumbeton

Die Gas- und Schaumbetone zählen zu den leichtesten Betonarten. Ein Gasbeton entsteht durch Zumischen eines Treibmittels in den weich angemachten Frischbeton. Als Treibmittel verwendet man heute fast ausschließlich Aluminiumpulver, wodurch im Mörtel Wasserstoffgasporen entstehen. Derzeit sind Gasbetone unter der Bezeichnung Ytong, Siporex usw. im Handel.

Damit das entstehende Gas in der frischen Masse voll zum Wirken kommt, sind gewisse Voraussetzungen notwendig. Erstens muß der Sand einen hohen Anteil an Feinststoffen enthalten, der Durchgang durch das Sieb 0,2 muß mindestens 20 bis 30 Massenprozent betragen und zweitens muß die frische Leichtbetonmasse eine zähflüssige Konsistenz aufweisen. Beides ist notwendig, damit das

Treibgas nicht zuviel Widerstand findet. Die erreichbare Auflockerung ist von der Menge des Treibmittels, von seiner gleichmäßigen Verteilung und von der Gasentwicklung abhängig. An sich läßt sich der Gasbeton über größere Grenzen der Rohdichten und Druckfestigkeiten zielsicher herstellen. Praktisch wird der Gasbeton im Rohdichtebereich zwischen 0,50 und 0,80 kg/dm^3 und mit Druckfestigkeiten zwischen 2 und 5 N/mm^2 verwendet.

Ein besonderes Problem der Gasbetone stellt ihr Schwindverhalten dar. Naturgemäß schwinden Gasbetone sehr stark (Endschwindmaß bis zu 2 mm/m). Aus diesem Grund verwendet man Gasbeton nur zur Herstellung von Steinen, die erst nach weitgehender Trocknung und nach Beendigung des Hauptschwindens am Bau eingesetzt werden dürfen.

Die Herstellung von Schaumbeton ist ähnlich der von Gasbeton. Beim Schaumbeton entstehen die zellenförmigen Poren nicht durch ein Gas entwikkelndes Zusatzmittel, sondern durch schaumbildende Stoffe. Zur Herstellung werden die Betonbestandteile im Mischer zunächst vorgemischt und dann nach Zugabe der schaumbildenden Stoffe fertiggestellt. Die frische Schaumbetonmasse wird ohne Verdichten zum Erhärten in die Schalung eingebracht. Schaumbetone werden in den Festigkeiten zwischen 2 und 6 N/mm^2 hergestellt, ihre Rohdichten bewegen sich zwischen 0,50–0,80 kg/dm^3. Ähnlich wie Gasbeton besitzen die Schaumbetone ein ausgeprägtes Schwindverhalten.

8.4. Eigenschaften des erhärteten Leichtbetons

Besonders wichtige Leichtbetoneigenschaften sind die Rohdichte und die Wärmeleitfähigkeit, wobei die Wärmeleitfähigkeit aber nicht nur von der Rohdichte, sondern auch von der stofflichen Zusammensetzung des Leichtbetons abhängt.

Bei nichttragenden Bauteilen aus Leichtbeton ist üblicherweise eine Druckfestigkeit von 2 N/mm^2 ausreichend, bei tragenden Bauteilen sind Druckfestigkeiten bis zu 15 N/mm^2 erforderlich.

Wie bereits erwähnt, fehlt beim Leichtbeton ein eindeutiger Zusammenhang zwischen Zementsteinfestigkeit und Betonfestigkeit, da sich beim Leichtbeton Art und Mengenanteile der verwendeten Zuschläge entscheidend auswirken. Der E-Modul und die Festigkeit der Leichtzuschläge liegen zum Teil in derselben Größenordnung, sind aber großteils erheblich niedriger als die entsprechenden Werte der Zementsteinmatrix. Solange die Matrixfestigkeit deutlich unter der Zuschlagfestigkeit bleibt, gelten dieselben Zusammenhänge wie bei Normalbeton. Das heißt, bei einer einachsigen Druckbeanspruchung werden die Hauptnormalspannungslinien von den festeren Zuschlägen angezogen (Abb. 8.2a.). Liegt die Zuschlagsfestigkeit aber unterhalb der Matrixfestigkeit, so laufen die Hauptspannungslinien um die Zuschläge herum (Abb. 8.2b.), die Lastübertragung erfolgt fast ausschließlich durch die Matrix, sodaß die Betonfestigkeit ganz erheblich unter der der Matrixfestigkeit zu liegen kommt. Praktisch bedeutet dies, daß es für jeden Leichtbetonzuschlag eine bestimmte Grenzfestigkeit gibt, unterhalb welcher die Betonfestigkeit etwa der Matrixfestigkeit entspricht. Dies ist auch der Grund für die Tatsache, daß Leichtbetone meist eine im Verhältnis zur 28-Tage-Festigkeit höhere Anfangsfestigkeit aufweisen als Normalbetone. Eine Darstellung von Leichtbetonfestigkeiten in Abhängigkeit der zulässigen Matrixfestigkeiten zeigt Abb. 8.3.

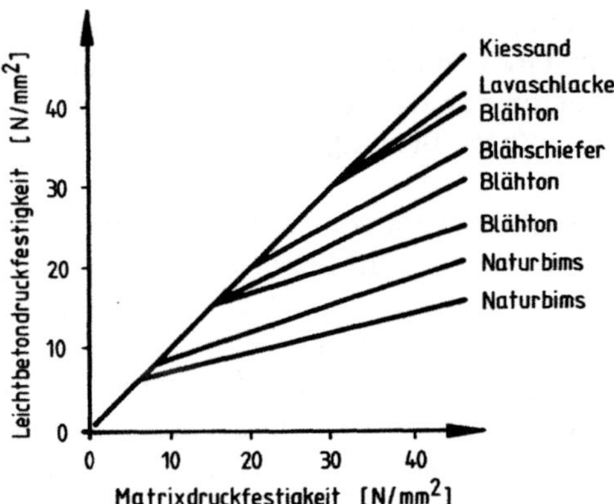

Abb. 8.3. Zusammenhang zwischen Leichtbetondruckfestigkeit in Abhängigkeit von der zugehörigen Matrixdruckfestigkeit bei verschiedenen Zuschlagarten (nach Schütz)

Der *Elastizitätsmodul* von Leichtbeton ist bei gleicher Festigkeit deutlich geringer als von Normalbeton. Ausschlaggebend für diese Tatsache ist der wesentlich geringere E-Modul der Zuschläge. Je weicher bzw. poröser die Zuschläge sind und je größer ihr Volumsanteil ist, also bei geringerer Rohdichte des Leichtbetons, desto niedriger ist auch sein E-Modul.

Wegen des geringeren Verformungswiderstandes der Leichtzuschläge und durch den unter Umständen großen Wassergehalt in den Kornporen zeigen Leichtbetone oft auch ein wesentlich anderes *Schwind-* und *Kriechverhalten* als Normalbetone. Die sehr unterschiedlichen Gefüge- und Porenstrukturen der verschiedenen Leichtbetonarten machen es schwierig, in Analogie zum Normalbeton allgemeingültige Berechnungsannahmen festzulegen. Eine Angabe einer all-

Tabelle 8.4. *Eigenschaften von kornporigen Leichtbetonen*

Zuschlag	Rohdichte kg/dm³	Druckfestigkeit N/mm²	Wärmedämmung	E-Modul 10^2 N/mm²
Naturbims	0,6 – 1,4	bis 5	gut	15 bis 70
Holz	0,4 – 1,0	bis 2	gut	niedrig
Blähschiefer	0,8 – 1,9	bis 2	mittel	50 bis 280
Blähton	0,5 – 1,9	bis 60	mittel bis gut	80 bis 280
Ziegelsplitt	1,0 – 2,0	bis 30	gering bis gut	40 bis 180
Hüttenbims	0,9 – 1,6	bis 25	mittel bis gut	50 bis 100

gemein geltenden Zeitfunktion für das Schwinden ist nicht möglich. Generell kann man eigentlich nur sagen, daß Leichtbetone wegen des geringeren Verformungswiderstandes der Zuschläge oft mehr schwinden als Normalbetone.

Ähnliches gilt auch für das Kriechen, infolge der meist größeren Kriechverformungen muß dem Kriechen des Leichtbetons mehr Aufmerksamkeit zukommen als dem des Normalbetons.

Einige wichtige Eigenschaften von kornporigen Leichtbetonen sind in Tabelle 8.4. enthalten.

8.5. Literatur und Normen

Hummel. A.: Das Beton-ABC, 12. Aufl. Berlin: W. Ernst. 1959.

Lusche, M.: Beitrag zum Bruchmechanismus von auf Druck beanspruchtem Normal- und Leichtbeton mit geschlossenem Gefüge. Schriftenreihe der Zementindustrie, H. 39. Düsseldorf: Betonverlag. 1972.

Schütz, F. R.: Der Einfluß der Zuschlagelastizität auf die Betondruckfestigkeit; Dissertation RWTH Aachen, 1970.

Weigler, H., Karl, S.: Stahlleichtbeton. Wiesbaden: Bauverlag. 1972.

Normen, Richtlinien

DIN 1045	Beton- und Stahlbetonbau, Bemessung und Ausführung
DIN 4164	Gas- und Schaumbeton, Herstellung, Verwendung und Prüfung, Richtlinien
DIN 4165	Gasbeton – Blocksteine
DIN 4166	Gasbeton – Bauplatten, unbewehrt
DIN 4219	Leichtbeton und Stahlleichtbeton mit geschlossenem Gefüge
DIN 4223	Gasbeton, bewehrte Bauteile
DIN 4232	Wände aus Leichtbeton mit haufwerksporigem Gefüge, Ausführung und Bemessung
DIN 18148	Hohlwandplatten aus Leichtbeton
DIN 18149	Lochsteine aus Leichtbeton
DIN 18150	Baustoffe und Bauteile für Hausschornsteine, Formstücke aus Leichtbeton,
DIN 18151	Hohlblocksteine aus Leichtbeton
DIN 18152	Vollsteine aus Leichtbeton
DIN 18162	Wandbauplatten aus Leichtbeton, unbewehrt

Richtlinien für Leichtbeton und Stahlleichtbeton mit geschlossenem Gefüge, Fassung Juni 1973, Beton 23 (1973) H. 9. S. 410–414

Vorl. Merkblatt I für Stahlleichtbeton; Betonprüfung zur Überwachung der Leichtzuschläge, Ausg. 7.68, Beton 18 (1968) H. 8, S. 309–311

Vorl. Merkblatt II für Stahlleichtbeton; Zusammensetzung und Eignungsprüfung, Ausg. 10.69, Beton 19 (1969) H. 12, S. 541–544

Vorl. Merkblatt III für Stahlleichtbeton, Herstellen und Verarbeiten Ausg. 5.72, Beton 22 (1972) H. 5, S. 205–208

Forschungsgesellschaft für das Straßenwesen e.V., Köln: Merkblatt für die Ausführung von Fahrbahnbefestigungen mit wärmedämmenden Tragschichten, Teil 1: Schaumpolystyrolbeton, 1979

ÖNORM B 3314	Hüttenbims und Hüttensplitt porös
ÖNORM B 3353	Schüttbetonwände, Leichtbeton mit haufwerksporigem oder geschlossenem Gefüge für tragende Wände

Österr. Betonverein, Richtlinien für Leichtbeton, Teil 1 bis 4

9. Holz

Holz ist ein natürlicher organischer Baustoff, der wegen seiner leichten Bearbeitbarkeit, seiner leichten Masse und hohen Festigkeit zu den ältesten Werkstoffen zählt. Nachteile des Holzes sind seine geringe Beständigkeit gegen Feuchtigkeit, gegen Feuer und gegen Schädlinge sowie seine beträchtlichen Form- und Längenänderungen. Holz wird entweder als Bauholz in großen Abmessungen verwendet, so wie es in der Natur anfällt, oder als Holzwerkstoff, welcher sich aus einzelnen Holzteilen zusammensetzt. Wird das Holz verwendet, so wie es in der Natur vorkommt, dann müssen die Vor- und Nachteile des natürlichen Wachstums mit einbezogen werden. Wegen des inhomogenen Aufbaues weist Holz in den verschiedenen Richtungen sehr unterschiedliche Eigenschaften auf, physikalisch wird dies als Anisotropie bezeichnet. Weiters ist Naturholz nur in seltenen Fällen vollkommen fehlerfrei. Gerade in letzter Zeit ist die Holzwirtschaft in starkem Maße bemüht, hinsichtlich Holzbehandlung und Holzverarbeitung eine möglichst gleichmäßige und hohe Qualität zu gewährleisten.

9.1. Aufbau und Struktur des Holzes

Hauptbestandteile des Holzes sind Zellulose, Hemizellulose, Lignin, sowie Harze, Fette, Eiweiß, Gerb- und Farbstoffe. Die Einzelkomponenten sind prozentuell wie folgt vertreten:

Zellulose	40 – 58 %
Hemizellulose	15 – 30 %
Lignin	20 – 25 %
Harze, Fette, Eiweiß, Gerb- und Farbstoffe	2 – 7 %

Die *Zellulose* ist ein hochmolekulares Kohlehydrat, welches zur Gruppe der Polysaccharide gezählt wird. Der weitaus größte Teil des im Holz enthaltenen Kohlenstoffes ist in der Zellulose fixiert. Man bezeichnet die Zellulose auch als Gerüstsubstanz.

Bei der *Hemizellulose* handelt es sich um zelluloseähnliche Stoffe (Halbzellulose) mit einem geringeren Molekulargewicht, die einen wichtigen Bestandteil des Holzes darstellen. Sie üben eine wichtige Doppelfunktion aus, einerseits dienen sie als Gerüststoff, andererseits wirken sie als Reservesubstanz für den Stoffwechsel.

Das *Lignin* ist eine sehr kompliziert gebaute aromatische Verbindung, deren Isolierung sehr schwierig ist. Das Lignin ist sowohl durch chemische als auch physikalische Bindungen stark im Zellulosegerüst verankert, es kommt immer gemeinsam mit der Zellulose vor und gehört zu den wichtigsten Bestandteilen der verholzten Zellwand.

Chemisch gesehen besteht Holz aus Kohlenstoff (etwa 50 %), Sauerstoff (etwa 40 %), Wasserstoff (etwa 6 %), Stickstoff und Mineralstoffen.

Aufbaumäßig besteht das Holz aus einzelnen Zellen, wobei die Anordnung der Zellen bei Nadel- und Laubhölzern unterschiedlich ist. Zur Ermittlung der Holzart und zur Beurteilung der Eigenschaften untersucht man das Holz in verschiedenen Schnittrichtungen. Dabei unterscheidet man zwischen

Querschnitt oder Hirnschnitt (Abb. 9.1a.)
Radialschnitt oder Spiegelschnitt (Abb. 9.1b.)
Tangential- oder Sehnenschnitt (Abb. 9.1c.).

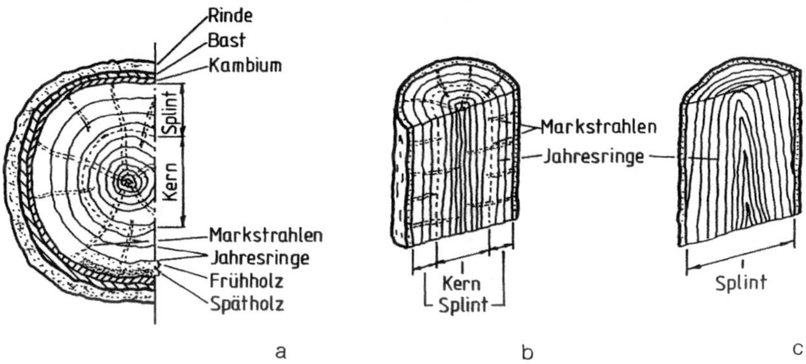

Abb. 9.1. Schnittflächen durch einen Holzstamm. a) Querschnitt, b) Radialschnitt, c) Tangentialschnitt

Bei einem senkrecht zur Stammachse durchgeführten Hirnschnitt erkennt man die Schichtung des Holzstammes. Die einzelnen Schichten setzen sich zusammen aus der Rinde (Borke und Bast), dem Kambium (Wachstumsschichte), dem Splintholz (junges, helles Holz), dem Kernholz (altes, dunkles Holz) und dem Markstrang. Der Hirnschnitt zeigt auch die jährlich hinzuwachsenden Jahresringe. Ein Jahresring setzt sich zusammen aus einem im Frühjahr entstandenen Frühholz (hell und porös) und einem im Herbst gebildeten Spätholz (dunkel und fest). Weiters werden bei einem Hirnschnitt die von der Rinde zum Mark verlaufenden Markstrahlen sichtbar. Die Markstrahlen dienen zum horizontalen Austausch der Nährstoffe und deren Speicherung.

9.2. Holzeigenschaften

Im Gegensatz zu den künstlich hergestellten Baustoffen wie Beton, Stahl usw. bewegen sich die Holzeigenschaften zwischen bestimmten Grenzwerten, wobei innerhalb eines einzelnen Holzstammes starke Unterschiede auftreten können.

9.2.1. Rohdichte und Holzfeuchtigkeit

Zur Bestimmung der Holzrohdichte muß man die verschiedenen Feuchtigkeitszustände des Holzes kennen, die durch entsprechende Indizes charakterisiert werden.

ρ_f = Rohdichte bei einem bestimmten Feuchtigkeitsgehalt

ρ_{dtr} = Rohdichte einer Holzfeuchte u von 0 % (Darrdichte)

Die Holzfeuchte u wird in Prozent angegeben und bezieht sich auf die trokkene Holzmasse

$$\text{Holzfeuchte } u = \frac{m_f - m_{tr}}{m_{tr}} \cdot 100 \qquad [\%]$$

Die Bestimmung der trockenen Holzmasse erfolgt durch natürliche oder technische Trocknung. Bei der natürlichen Trocknung wird das Holz im Freien getrocknet (Weichholz 1 bis 2 Jahre, Hartholz 3 bis 4 Jahre). Die technische Trocknung wird in Trockenkammern bei einer Temperatur von 105° C vorgenommen. Bei der technischen Trocknung lassen sich Holzfeuchten bis zu 10 % erreichen.

Im allgemeinen besitzt frisches Holz einen Feuchtigkeitsgehalt von 30 % bis 35 %. Halbtrockenes Holz weist eine Holzfeuchte von maximal 30 % auf und bei einem Feuchtigkeitsgehalt von höchstens 20 % spricht man von einem trockenen Holz. Bei einem Feuchtigkeitsgehalt von über 30 % ist das Wasser nicht allein in den Zellwänden gebunden, sondern auch in freier Form in den Zellen selbst enthalten.

Zur Bestimmung der Rohdichte ist die Kenntnis der Masse und des Volumens einer Holzprobe mit bekanntem Feuchtigkeitsgehalt notwendig. Charakteristisch für alle Holzeigenschaften ist, daß sie innerhalb eines Streubereiches verschiedene Werte annehmen können. Die Tabelle 9.1. zeigt am Beispiel von Kiefer und Eiche die möglichen Streubreiten für die Rohdichte.

Tabelle 9.1. *Streubreite der Rohdichte von Kiefer und Eiche (kg/m³)*

	Minimum	Mittel	Maximum
Kiefer	300	490	850
Eiche	410	650	830

Die Werte der Rohdichte schwanken in der Regel auch über den Stammquerschnitt und über die Stammlänge.

Angaben über die Rohdichte und die Fasersättigungsfeuchte einiger wichtiger mitteleuropäischer Holzarten bringt Tabelle 9.2., bei den dort angeführten Zahlen handelt es sich um Mittelwerte.

Als Grenze zwischen Weichholz und Hartholz wird im allgemeinen eine Rohdichte von 550 kg/m³ angesehen.

9.2.2. Holzfestigkeit

Eine Zusammenstellung der Festigkeiten von verschiedenen wichtigen Bauhölzern findet sich in Tabelle 9.3. Diese Werte gelten für fehlerfreie Hölzer bei einer Holzfeuchtigkeit von 12 %; bei diesem Feuchtigkeitsgehalt werden üblicherweise Holzprüfungen durchgeführt. Bei den Festigkeitswerten handelt es sich um parallel zur Faser bestimmte Festigkeiten.

Tabelle 9.2. *Rohdichten und Fasersättigungsfeuchten einiger wichtiger Holzarten*

Holzart	ρ_{dtr} (kg/m³)	u (%)
Tanne	410	35
Fichte	430	35
Kiefer	490	31
Lärche	550	26
Birke	610	29
Eiche	650	25
Rotbuche	680	36

Tabelle 9.3. *Festigkeiten verschiedener Bauhölzer*

Holzart	Rohdichte bei u = 12% kg/m³	Druck-festigkeit N/mm²	Zug-festigkeit N/mm²	Biege-festigkeit N/mm²	Scher-festigkeit N/mm²
Tanne	450	47	84	73	5
Fichte	470	50	90	78	7
Kiefer	520	55	104	100	10
Lärche	590	55	107	99	9
Eiche	690	65	90	110	11
Rotbuche	720	62	135	123	8

Die wichtigsten Einflußfaktoren auf die Holzfestigkeit sind

die *Rohdichte*
der *Feuchtigkeitsgehalt* und
der *Winkel zwischen Kraft- und Faserrichtung.*

Infolge der röhren- bzw. zellenförmigen Struktur des Holzes sind niedrige Rohdichten mit dünnen Zellwänden und hohe Rohdichten mit dicken Zellwänden verbunden. Demzufolge steigt die Festigkeit des Holzes mit zunehmender Rohdichte. Wie die Abb. 9.2. zeigt, besteht zwischen der Druckfestigkeit und der Rohdichte ein fast linearer Zusammenhang, wobei diese Beziehung in annähernd gleicher Form für Nadel- und Laubhölzer gilt. Aus demselben Diagramm geht auch der Einfluß der Feuchtigkeit hervor.

Den direkten Zusammenhang zwischen der Holzfeuchtigkeit und der Druckfestigkeit zeigt die Abb. 9.3. Die Festigkeiten vermindern sich mit zunehmendem Feuchtigkeitsgehalt. Das Diagramm macht deutlich, daß nach Erreichen der Fasersättigung die Druckfestigkeit in etwa nur mehr halb so groß ist wie im lufttrockneten Zustand (etwa 12 % Feuchtigkeitsgehalt). Bei Holzfeuchten über 30 % bleiben die Druckfestigkeiten konstant.

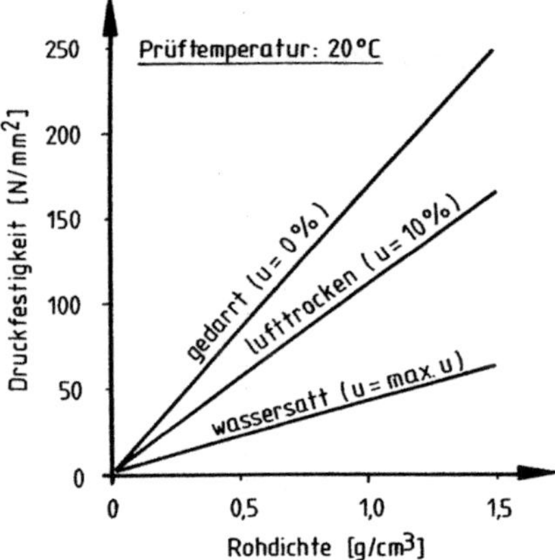

Abb. 9.2. Zusammenhang zwischen Rohdichte und Druckfestigkeit für Nadel- und Laubhölzer

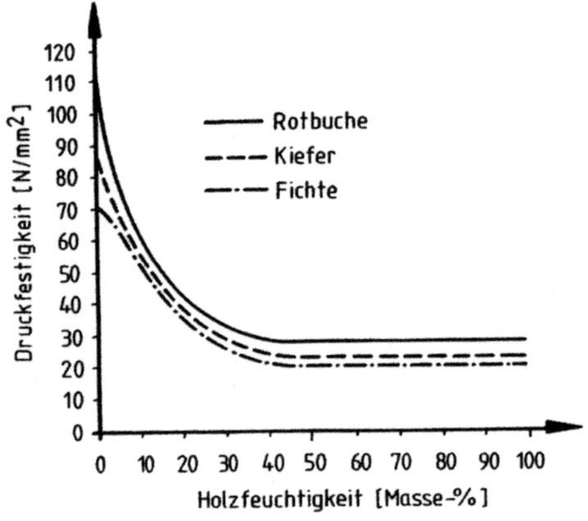

Abb. 9.3. Zusammenhang zwischen Holzfeuchtigkeit und Druckfestigkeit für drei Holzarten (nach Wesche)

Von maßgebendem Einfluß ist, ob die Kräfte längs der Holzfasern, schräg oder senkrecht wirken. Die Zug-, Druck- und Biegefestigkeiten sind dann am größten, wenn die Beanspruchungen parallel zur Faser laufen. Abb. 9.4. zeigt, daß die jeweiligen Festigkeiten bis zu einem Winkel von 45° stark abfallen und bei größeren Winkeln nur noch schwach abnehmen. Die stärkste Festigkeitsreduktion wurde bei der Zugfestigkeit festgestellt und die geringste Abnahme bei der Druckfestigkeit. Der niedrige Wert der Holzdruckfestigkeit bei einem Winkel von 0° erklärt sich dadurch, daß bei dieser Beanspruchung die Knickfestigkeit der einzelnen Röhren der Holzstruktur überschritten wird. Das heißt also, daß in diesem Fall aus strukturellen Gründen die tatsächliche Holzdruckfestigkeit nicht erreicht wird. Zur vollen Ausnutzung der Holzfestigkeit in der Praxis wird man

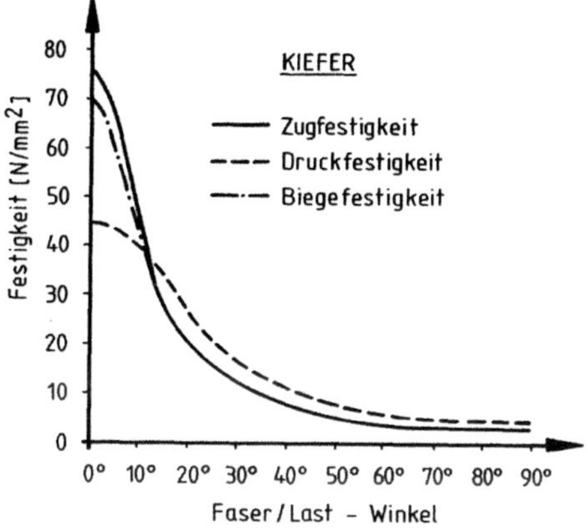

Abb. 9.4. Zusammenhang zwischen Holzfestigkeiten und Faser/Last-Winkel (nach Wesche)

bestrebt sein, die Kraft in einem Bauteil immer parallel zur Faser wirken zu lassen. Falls dies aus konstruktiven Gründen nicht immer möglich ist, muß man die verminderte Tragfähigkeit berücksichtigen.

9.2.3. Elastische Eigenschaften des Holzes

Da Holz ein anisotroper Werkstoff ist, erhält man bei Beanspruchung parallel bzw. senkrecht zur Faserrichtung ein unterschiedlich elastisches Verhalten und somit verschiedene E-Moduln. In Tabelle 9.4. sind für „Gutes Bauholz" nach ÖNORM B 4100, Teil 2 und nach DIN 1052 die Werte für den Elastizitätsmodul und den Schubmodul angeführt.

Tabelle 9.4. *E-Modul und Schubmodul in N/mm²; „Gutes Bauholz"*

		Fichte, Tanne Kiefer	Lärche	Buche, Eiche
Elastizitäts-modul E	in der Faser-richtung	10000	11000	12000
	senkrecht zur Faserrichtung	300	350	600
Schubmodul G		500	–	–

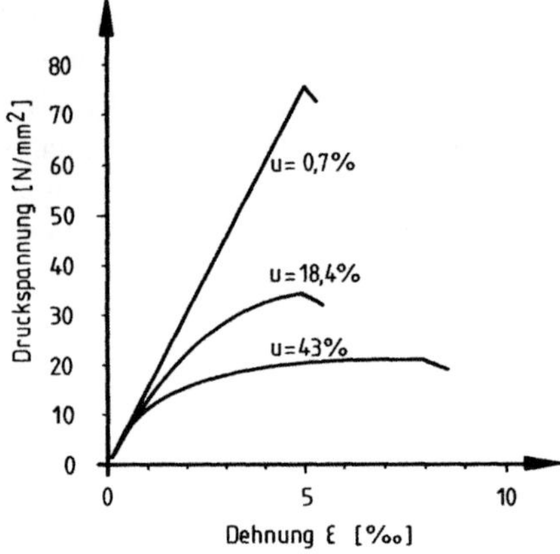

Abb. 9.5. Spannungs-Dehnungslinien für verschieden feuchtes Fichtenholz

In Abb. 9.5. sind für verschieden feuchtes Fichtenholz die im Druckversuch erhaltenen Spannungs- Dehnungslinien dargestellt. Nach diesem Diagramm verhält sich trockenes Holz (u = 0,7 %) vollkommen elastisch. Hingegen zeigen lufttrockenes Holz (u = 18,4 %) und nasses Holz (u = 43 %) nur bis zu einer gewissen Spannung ein lineares Verhalten, darüber hinaus verformt sich dieses Holz bis zum Bruch plastisch.

9.2.4. Hygroskopische Eigenschaften des Holzes

Holz ist ein kapillarporöser Werkstoff mit einer großen inneren Oberfläche. Aus diesem Grund verhält es sich stark hygroskopisch. Die Einwirkung von Feuchtigkeit hat beim Holz andauernde und ständig wechselnde Volumenände-

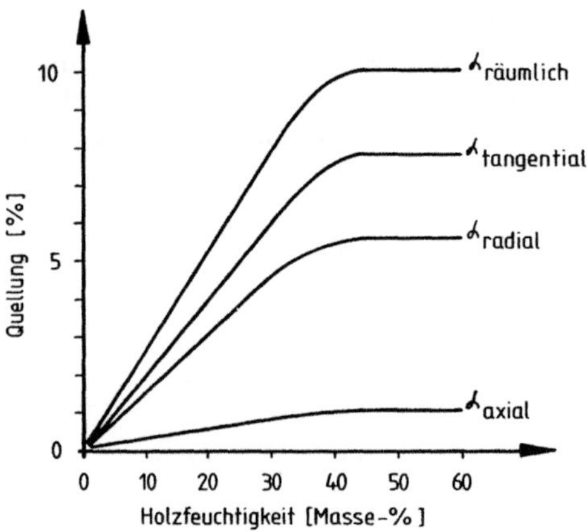

Abb. 9.6. Quellvermögen von Fichtenholz in Abhängigkeit von der Holzfeuchte (nach Langendorf)

rungen zur Folge, eine Erscheinung, die man auch als „Arbeiten" des Holzes bezeichnet. *Quellen* wird durch Wasseraufnahme, *Schwinden* durch Wasserabgabe hervorgerufen.

Der beim Quellen entstehende Druck kann beachtliche Werte erreichen. Befeuchtet man trockenes Holz und hindert es gleichzeitig am Quellen, so entstehen je nach Holzart Quelldrücke bis zu 500 N/mm².

Die Quell- und Schwindmaße sind je nach Holzart und nach Faserrichtung sehr unterschiedlich. In axialer Richtung liegen die Quell- und Schwindmaße meist unter 0,5 % und sind somit vernachlässigbar. Längenänderungen in Tangential- und in Radialrichtung liegen in wesentlich höheren Größenordnungen. In Abb. 9.6. ist das Quellvermögen von Fichtenholz in Abhängigkeit von der Holzfeuchte dargestellt; dabei wird deutlich, daß ab einem Feuchtigkeitsgehalt von 50 % das Quellen nicht mehr zunimmt. Die Schwindmaße für einige wichtige Holzarten sind in Tabelle 9.5. angeführt.

Tabelle 9.5. *Schwindmaße (in %) einiger Holzarten*

Holzart	Radial	Tangential	Räumlich
Fichte	3,6	7,8	11,9
Kiefer	4,0	7,7	12,1
Tanne	3,8	7,6	11,5
Lärche	3,3	7,8	11,4
Eiche	4,0	7,8	12,2
Rotbuche	5,8	11,8	17,8

Abb. 9.7. zeigt einige typische Schwindbilder von Holzquerschnitten, die frisch aus einem Stamm herausgesägt wurden.

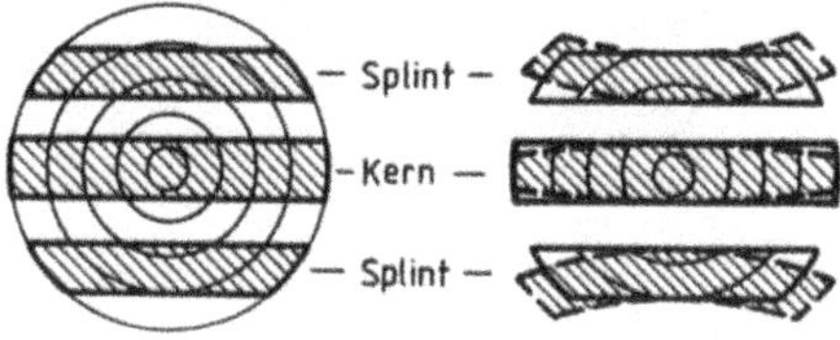

Abb. 9.7. Typische Schwindbilder von Holzquerschnitten

9.3. Holzfehler und Schädigungen des Holzes

Als Holzfehler bezeichnet man Abweichungen vom normalen Wuchs und von der Struktur des gesunden Holzes. Im allgemeinen gibt es drei Ursachen für Holzfehler:

Wuchsfehler
Klimatische Schädigungen
Schädigungen durch Organismen.

Die Folgen von Wachstumsfehlern sind meist technologischer bzw. ökonomischer Art, wie z.B. erschwerte Bearbeitbarkeit, geminderte Holzausnutzung, Einschränkung des Verwendungszweckes.

Durch äußere Einflüsse wie Wind, Wetter, Blitzschlag, Hitze, Kälte usw. entstehen Holzfehler, die ebenfalls zu einer Minderung der Holzeigenschaften führen können.

Bei den Schädigungen durch Organismen unterscheidet man zwischen Holzschädigung durch pflanzliche oder tierische Schädlinge.

9.3.1. Pflanzliche Holzschädlinge

Pflanzliche Holzschädlinge sind vor allem die verschiedenen *Pilzarten* (Schwämme). Notwendig für die Entwicklung der Holzpilze sind eine hohe Holz- und Luftfeuchtigkeit sowie eine möglichst dunkle Umgebung. Der gefährlichste pflanzliche Holzschädling ist der echte *Hausschwamm*, welcher in geschlossenen und feuchten Räumen entsteht und das Holz vollkommen zerstört. Der Hausschwamm befällt auch trockenes Holz, indem er aus feuchten Holzteilen Feuchtigkeit auf das trockene Holz überträgt. Auf diese Weise können ganze Holzbauteile zerstört werden. Bei Vorhandensein von Hausschwamm besteht eine große Ansteckungsgefahr, da der Hausschwamm in Form kleiner Sporen durch die Luft weitergetragen wird.

Im Gegensatz zum Hausschwamm brauchen die sogenannten Naßfäulepilze ständig Feuchtigkeit. Zu den Naßfäulepilzen zählen der *Kellerschwamm* und der *Porenschwamm.*

9.3.2. Tierische Holzschädlinge

Die eigentlichen Holzschädlinge sind die Larven verschiedener Insekten. Von den Insekten werden in Holzspalten oder in alte Bohrgänge Eier abgelegt, aus diesen schlüpfen nach wenigen Wochen die Larven, die monate- oder jahrelang im Holz Nahrung aufnehmen und dabei durch Anlegen von Fraßgängen (vor allem im Splintholz) das Holz zerstören. Die verbreitetsten tierischen Holzschädlinge sind der *Hausbock,* der *Pochkäfer* und der *Splintholzkäfer.*

9.4. Holzschutz

9.4.1. Holzschutz gegen pflanzliche und tierische Holzschädlinge

Zur Erhaltung der Güteeigenschaften des Holzes sind Schutzmaßnahmen von außerordentlicher Bedeutung. Die hiefür notwendigen Vorkehrungen sind in ÖNORM B 3801 und B 3802 bzw. in der DIN 68800 ausführlich beschrieben.

Wichtigste Grundvoraussetzung für einen zielführenden Holzschutz sind Maßnahmen zur Vermeidung von zu großen Holzfeuchtigkeiten. Holzbauteile müssen gegen Durchfeuchtung geschützt werden und die Luft sollte zum Holz möglichst freien Zutritt haben. Weiters sind alle tragenden Holzbauteile mit einem vorbeugenden chemischen Holzschutz gegen pflanzliche und tierische Schädlinge zu versehen. Die *Holzschutzmittel* sind meist chemische Stoffe, die gegenüber Pilzen und Insekten eine giftige und zerstörende Wirkung zeigen. In der Regel handelt es sich dabei um wasserlösliche (salzige) oder um ölige Schutzmittel.

Wasserlösliche Mittel sind für frisches oder durch Regen naßgewordenes Holz, das vorher mit wasserlöslichen Mitteln imprägniert worden ist, ferner für halbtrockenes (30 % Feuchtigkeit) oder trockenes Holz (max. 20 % Feuchtigkeit) verwendbar.

Ölige Mittel sind für trockenes oder halbtrockenes, jedoch nicht für frisches Holz geeignet. Verwendet dürfen nur solche Holzschutzmittel werden, die amtlich zugelassen und geprüft wurden.

Zur Erreichung eines wirksamen und dauerhaften Holzschutzes muß das Holzschutzmittel möglichst gleichmäßig und tief eindringen. Bei verschiedenen Holzarten ist die Aufnahmefähigkeit der Schutzmittel je nach Oberflächenbeschaffenheit und Feuchtigkeitsgehalt stark unterschiedlich. Bei Fichten- und Tannenholz und allgemein bei Kernholz ist die Aufnahmefähigkeit gering. Auch das Kernholz von Kiefer und Lärche ist wenig aufnahmefähig.

Man unterscheidet verschiedene Verfahren zur Einbringung des Holzschutzes:

a) Kesseldurchtränkung: Dadurch kann ein tiefes und gleichmäßiges Eindringen des Schutzmittels erreicht werden. Bei kernbildenden Hölzern (z.B. Kiefer, Lärche, Eiche) soll der gesamte Splint durchtränkt werden. Bei Fichte und Tanne soll die Eindringtiefe mindestens 1 cm betragen (Tiefschutz). Für Bauteile, die im Erdreich stehen, ist diese Behandlung erforderlich.

b) Trog- und Einstelltränkung: Durch diese Methode läßt sich ebenfalls ein tiefes und gleichmäßiges Eindringen des Schutzmittels erreichen.

c) Tauchen: Durch Tauchen kann im allgemeinen nur ein Randschutz und nur in Sonderfällen ein Tiefschutz erreicht werden.

d) Kurztauchen, Streichen oder Sprühen: Durch dieses Verfahren läßt sich nur ein Randschutz erzielen.

Entsprechend der Bedeutung des Holzschutzes müssen diese Holzschutzmaßnahmen von einem erfahrenen Fachmann durchgeführt werden.

9.4.2. Holzschutz gegen Feuereinwirkung

Eine thermische Beständigkeit des Holzes besteht bis etwa 150° C, bei etwa 200° C kann sich Holz selbst entzünden. Besonders feuerempfindlich ist trokkenes und harzreiches Holz, weniger empfindlich feuchtes oder schweres Holz. Bei etwa 250° C bildet sich an der Holzoberfläche eine Holzkohlenschicht, die eine weitere Temperaturerhöhung im Holzinneren verzögert; bei längerer Branddauer wird jedoch der gesamte Holzquerschnitt zerstört.

Durch eine chemische Schutzbehandlung kann das Holz schwer entflammbar gemacht werden. Eine solche Behandlung darf aber nur durchgeführt werden, wenn das behandelte Holz gegen Nässe geschützt ist, da sonst die Gefahr einer Auslaugung durch die zutretende Feuchtigkeit gegeben ist. Als Schutz können schaumschichtbildende Mittel in Form eines Anstriches aufgebracht werden.

9.5. Holzlieferformen

Nach dem Fällen wird der Stamm von Ästen befreit und der Wipfel abgeschnitten. Dabei bezeichnet man das obere Ende des Stammes als *Zopf.* Ein langsames Verjüngen des Stammes gegen den Zopf hin wird *vollholzig* genannt, ein rasches Verjüngen als *abholzig* bezeichnet. Entsprechend der Länge, in die ein Stamm zerlegt wird, unterscheidet man zwischen *Langholz* (über 10 m lang), *Doppelblochen* (6,5 bis 10 m) und *Blochen* (3 bis 6 m). Der Durchmesser des *Rundholzes* wird ohne Rinde in der Mitte des Stammes gemessen, er darf auf je 1 m Länge nicht um mehr als 1 cm abfallen.

Im allgemeinen wird Bauholz als *Schnittholz* verarbeitet und in verschiedenen Dimensionen geliefert. Entsprechend den Abmessungen gibt es folgende Lieferformen: *Spaltware, Bretter, Pfosten, Latten, Staffel* und *Kanthölzer.* Die jeweiligen Holzabmessungen sind in der ÖNORM B 3001 bzw. in der DIN 4071 zusammengestellt.

Je nach dem Holzzuschnitt gewinnt man aus einem Stamm ein Vollholz, zwei Halbhölzer, vier Viertelhölzer usw. Bei vierseitig und parallel geschnittenem Bauholz unterscheidet man vier Holzschnittklassen (siehe Abb. 9.8.).

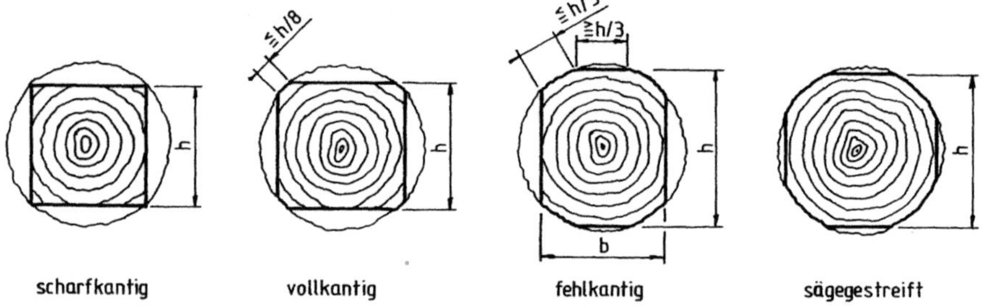

Abb. 9.8. Schnittklassen des Holzes

9.6. Holzwerkstoffe

Das Bestreben, jeden Werkstoff so weit wie möglich auszunutzen, führt zu einer Weiterverarbeitung des Holzes zu sogenannten Holzwerkstoffen. Durch eine solche Weiterverarbeitung lassen sich bestimmte Eigenschaften wie z.B. Formbeständigkeit, Festigkeit und Aussehen wesentlich verbessern. Für die Holzwerkstoffe kann man auch Holz minderer Qualität verwenden. Für die Weiterverarbeitung bestehen folgende Möglichkeiten:

Bearbeiten des Vollholzes durch Pressen, Dämpfen oder chemische Behandlung: *Vergütetes Vollholz.*

Aufspalten des Holzes in Lamellen oder Furniere und Wiederverleimung unter Druck: *Lagenholz.*

Zerspanen des Holzes zu Holzwolle oder Holzspänen, Wiederverbindung durch Bindemittel: *Holzspanwerkstoffe.*

Zerkleinern des Holzes zu Holzfasern, Wiederverbindung unter Druck mit oder ohne Bindemittel: *Holzfaserwerkstoffe.*

Als Bindemittel bei den Holzwerkstoffen werden Kunstharze, Naturleime oder Bitumen verwendet. Je nach der Menge und Art der verwendeten Bindemittel und je nach der Größe des aufgebrachten Druckes erhält man poröse Holzwerkstoffe geringer Festigkeit oder dichte Holzwerkstoffe mit hoher Festigkeit. Die Eigenschaften der Holzwerkstoffe schwanken stark je nach der Anordnung bzw. Orientierung der Holzteile und entsprechend dem Gehalt an Bindemitteln. Das am meisten verbreitete Lagenholz ist das sogenannte *Sperrholz*, welches aus mindestens 3 kreuzweise verleimten Furnieren hergestellt wird. Sperrholz hat den Vorteil, daß es sich nicht wirft. Holz zeigt quer zur Faserrichtung ein größeres Quell- und Schwindvermögen als längs zur Faserrichtung. Durch die sich kreuzenden Faserrichtungen beim Sperrholz verhindern die Längsfasern der einen Schicht das Quellen und Schwinden der anderen Schicht. Zur Aufrechterhaltung des Spannungsgleichgewichtes muß daher die Sperrholzplatte aus einer ungeraden Anzahl von Schichten zusammengesetzt sein.

Tischlerplatten bestehen aus einer Mittellage aus minderwertigem Blindholz und zwei beidseitig darauf geleimten Deckfurnieren.

Holzspanplatten und *Holzfaserplatten* werden in verschiedenen Rohdichten hergestellt (leichte Platten bis 450 kg/m^3, mittelschwere Platten 450 bis 750 kg/m^3 und schwere Platten mit über 750 kg/m^3).

9.7. Literatur und Normen

Bosshard, H. H.: Holzkunde, Band 1 bis 3. Basel: Birkhäuser. 1974.

v. Halasz, R.: Holzbau-Taschenbuch, 7. Aufl. Berlin: W. Ernst und Sohn. 1974.

Langendorf, G., Schuster, E., Wagenführ, R.: Rohholz. Leipzig: VEB Fachbuchverlag. 1976.

Lohmann, V.: Handbuch Holz, Stuttgart: DRW Verlag. 1980.

Wesche, K.: Baustoffe für tragende Bauteile, Bd. 4. Wiesbaden – Berlin: Bauverlag. 1973.

Normen

DIN 1052	Holzbauwerke
DIN 1074	Holzbrücken, Berechnung und Ausführung
DIN 4070	Nadelholz
DIN 4071	Ungehobelte Bretter und Bohlen aus Nadelholz
DIN 4072	Gespundete Bretter aus Nadelholz
DIN 4073	Gehobelte Bretter und Bohlen aus Nadelholz
DIN 4074	Bauholz für Holzbauteile
DIN 4078	Sperrholz, Vorzugsmaße
DIN 4079	Furniere
DIN 52175	Holzschutz, Begriff, Grundlagen
DIN 52180	Prüfungen von Holz, Probennahme, Grundlagen
DIN 52181	Bestimmung der Wuchseigenschaften von Nadelschnittholz
DIN 52182 – 89	Prüfung von Holz
DIN 52350 – 52	Prüfung von Holzfaserplatten
DIN 52360 – 65	Prüfung von Holzspanplatten
DIN 52371 – 77	Prüfung von Sperrholz

DIN 68252	Begriffe für Schnittholz, Form und Maße
DIN 68365	Bauholz für Zimmerarbeiten
DIN 68705	Sperrholz
DIN 68750	Holzfaserplatten
DIN 68760	Spanplatten, Nenndicken
DIN 68800	Holzschutz im Hochbau

ÖNORM B 2218	Verlegung von Holzfußböden, Werkvertragsnorm
ÖNORM B 2320	Wohnhäuser aus Holz, Technische Anforderungen
ÖNORM B 3000	Holzfußböden, Teil 1 bis 11
ÖNORM B 3001	Holzabmessungen, Nadelholz
ÖNORM B 3002	Holzspanplatten, Arten und Anforderungen
ÖNORM B 3008	Sperrholz, Arten und Anforderungen
ÖNORM B 3020	Teil 1 bis 8: Gehobelte Profile aus Holz
ÖNORM B 3801	Holzschutz, Grundlagen und Begriffe
ÖNORM B 3802	Holzschutz im Hochbau
ÖNORM B 4100	Teil 1: Holzbau, Formelzeichen; Teil 2: Holzbau, Holztragwerke
ÖNORM B 4101	Holzbau, Tragwerke des Hochbaues und verwandte Bauten
ÖNORM B 4102	Holzbau, Holzbrücken

10. Kunststoffe

Obwohl der Anteil der Kunststoffe, gemessen am Gesamtvolumen der im Bauwesen verwendeten Baustoffe, noch verhältnismäßig gering ist, hat ihr kostenmäßiger Anteil in den letzten Jahren zugenommen. Ursprüngliche Aufgabe der Kunststoffe war es, die herkömmlichen, konventionellen Baustoffe zumindest teilweise zu ersetzen. Das war auch ein Grund, warum beim Einsatz der Kunststoffe im Bauwesen zunächst Schäden auftraten, was gewisse Rückschläge bei ihrer Verwendung zur Folge hatte. Um die Kunststoffe richtig einsetzen zu können, ist es wichtig, deren technologische Eigenschaften und Gesetzmäßigkeiten zu kennen, aber man muß auch wissen, welche Parameter beim praktischen Gebrauch einen Einfluß ausüben. Faktoren wie Temperatur, Klima, Umwelt, Dauer und Art der Beanspruchungen usw. wirken sich auf das Verhalten der Kunststoffe im praktischen Gebrauch wesentlich anders aus als bei konventionellen Baustoffen.

10.1. Chemischer Aufbau

Kunststoffe sind makromolekulare, organische Verbindungen, die synthetisch unter Verwendung von einfachen Rohstoffen hergestellt werden. Die Makromoleküle setzen sich aus einer außerordentlich großen Anzahl von Einzelmolekülen zusammen, die auf bestimmte Weise chemisch miteinander verknüpft sind. Das allgemeine Materialverhalten der Kunststoffe wird durch ihren makromolekularen Aufbau bestimmt und diesbezügliche Unterschiede ergeben eine Vielfalt von Eigenschaften.

Die Synthese der Makromoleküle erfolgt durch die Verknüpfung einzelner Grundbausteine. Diese Grundbausteine, auch *Monomere* genannt, sind Kohlenwasserstoffverbindungen, die neben dem Kohlenstoff und dem Wasserstoff nur wenige andere Elemente, vor allem Sauerstoff, Stickstoff, Chlor, Fluor und Schwefel enthalten. Sie stellen reaktionsfähige Moleküle dar, die an zwei oder mehreren Stellen durch eine chemische Reaktion miteinander verknüpft werden können. Dabei unterscheidet man 3 Arten von Reaktionen.

Als *Polymerisation* bezeichnet man ganz allgemein die Bildung von Makromolekülen aus Einzelmolekülen, wobei die entstehenden Polymerisationsprodukte die gleiche chemische Zusammensetzung wie die Ausgangsstoffe aufweisen, jedoch mit einem Vielfachen des Molekulargewichtes. Sie hat besonders Bedeutung bei den ungesättigten Kohlenwasserstoffverbindungen, die Doppelbindungen zwischen zwei Kohlenstoffatomen besitzen. Zum Beispiel sind beim Äthylen die beiden Kohlenstoffatome durch eine Doppelbindung miteinander verknüpft. Diese Doppelbindung kann durch einen entsprechenden Initiator aufgebrochen werden, wodurch sich die Möglichkeit ergibt, weitere Moleküle anzulagern.

Äthylen (C_2H_4) hat die Strukturformel

$$\begin{array}{ccc} H & & H \\ | & & | \\ C & = & C \\ | & & | \\ H & & H \end{array}$$

Durch Auflösen der Doppelbindung erhält jedes C-Atom eine freie Valenz und durch Absättigung dieser freien Valenzen entsteht eine polymere Verbindung, das sogenannte Polyäthylen mit nachstehender Strukturformel

$$\begin{array}{ccccccccccccc} & H & & H & & H & & H & & H & & H & \\ & | & & | & & | & & | & & | & & | & \\ - & C & - & C & - & C & - & C & - & C & - & C & - \\ & | & & | & & | & & | & & | & & | & \\ & H & & H & & H & & H & & H & & H & \end{array}$$

Wenn an der Polymerisation ein einziger Monomer beteiligt ist, spricht man von *Homopolymerisation*, sind verschiedene Monomere beteiligt, dann liegt eine sogenannte *Copolymerisation* vor.

Unter *Polykondensation* versteht man die Verknüpfung gleicher oder verschiedenartiger Moleküle unter Abspaltung niedermolekularer Verbindungen wie Wasser oder Alkohol. Je nach Art der beteiligten Monomere entstehen dabei kettenförmige oder räumlich vernetzte makromolekulare Verbindungen. Zum Unterschied zur Polymerisation ist die Polykondensation eine Stufenreaktion, bei der Zwischenprodukte möglich sind. Diese Stufenreaktion ist dann beendet, wenn das chemische Gleichgewicht der Reaktionspartner erreicht ist, wobei der Reaktionsverlauf durch äußere Umstände wie Temperatur oder Druckänderung beeinflußt werden kann.

Die *Polyaddition* ist ebenfalls eine Stufenreaktion, bei der aus monomeren Verbindungen sowohl lineare als auch vernetzte polymere Moleküle gebildet werden. Bei dieser Bildungsreaktion werden jedoch keine Nebenprodukte abgespalten, sondern einzelne Atome ändern ihren Platz, während ein Ausgangsmolekül an die Kette angelagert wird.

Die Größe oder die Kettenlänge der Makromoleküle wird durch den *Polymerisationsgrad* ausgedrückt. Der Polymerisationsgrad entspricht der Gesamtzahl der Monomere, aus denen die Makromoleküle gebildet werden, das heißt er gibt an, wieviel Monomermoleküle im Makromolekül enthalten sind. Der Polymerisationsgrad technisch wichtiger Kunststoffe bewegt sich etwa zwischen 1 000 und 3 000.

10.2. Struktur der Kunststoffe

Das physikalische Verhalten der Kunststoffe, besonders in Abhängigkeit von der Temperatur, wird weitgehend durch ihre Struktur bestimmt. Diese bildet auch die Grundlage für die Einteilung der Kunststoffe in drei Hauptgruppen:

Thermoplaste (oder Plastomere) mit linearen oder verzweigten Fadenmolekülen

Elastomere mit lose vernetzten Fadenmolekülen

Duroplaste (oder Duromere) mit eng vernetzten Fadenmolekülen

Die Thermoplaste sind dadurch gekennzeichnet, daß sie aus einzelnen, linearen, zum Teil verzweigten Molekülketten aufgebaut sind. Derartige Kunststoffe mit linearen oder verzweigten Makromolekülen sind plastisch verformbar.

Bei den Thermoplasten unterscheidet man zwischen einer amorphen und einer teilkristallinen Struktur. Merkmal der amorphen Thermoplaste ist, daß sich die Kettenmoleküle in einem völlig ungeordneten Zustand befinden (Abb. 10.1a.). Bei normaler Temperatur (Gebrauchstemperaturbereich) zeigen sie ein glasiges, meist sprödes Verhalten.

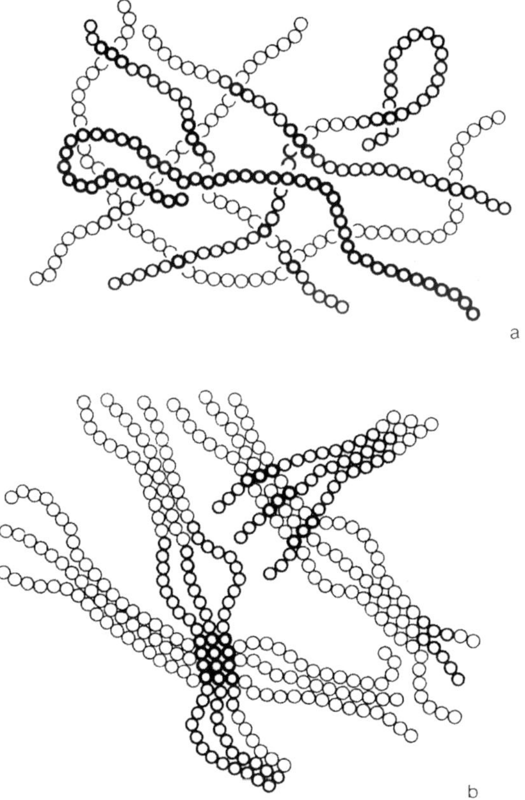

Abb. 10.1. Schematische Darstellung des Molekülaufbaues von Thermoplasten. a) Amorphe Struktur, b) teilkristalline Struktur

Kommt es bei der Herstellung der Kunststoffe zu einer teilweisen Ausbildung von geordneten, kristallinen Bereichen, die in der amorphen Struktur eingebettet sind, so spricht man von teilkristallinen Thermoplasten (Abb. 10.1b.). Solche

Stoffe sind zähelastisch, schmiegsam und formsteif. Besonderes Kennzeichen der Thermoplaste ist, daß sie mit steigender Temperatur immer weicher werden und sogar in einen plastisch fließenden Zustand übergehen können. Bei einem Temperaturrückgang ergibt sich eine Umkehr dieses Vorganges, das Material erstarrt und wird wieder hart. Man bezeichnet solche Vorgänge als reversibel, das heißt theoretisch könnte man Thermoplaste durch Erwärmen sehr oft erweichen und durch Abkühlen wieder verfestigen. Praktisch sind solchen Vorgängen allerdings Grenzen gesetzt, da die Thermoplaste bei oftmaligem Erwärmen Schädigungen erfahren, die schließlich zu ihrer Zerstörung führen.

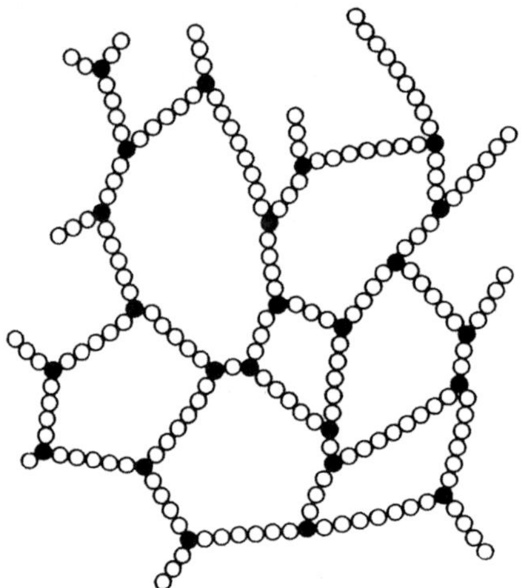

Abb. 10.2. Schematische Darstellung des Molekülaufbaues von Elastomeren

Die Elastomere besitzen einen schwach vernetzten Molekülaufbau (Abb. 10.2.). Solange das Netz noch sehr weitmaschig ist, zeigt das Material eine relativ gute Beweglichkeit und deshalb können die Elastomere mit steigender Temperatur bis zu einem gewissen Grad erweichen. Wesentliches Kennzeichen der Elastomere ist, daß sie bei allen Gebrauchstemperaturen bis zur Zersetzungstemperatur stets ein gleichbleibendes gummielastisches Verhalten zeigen.

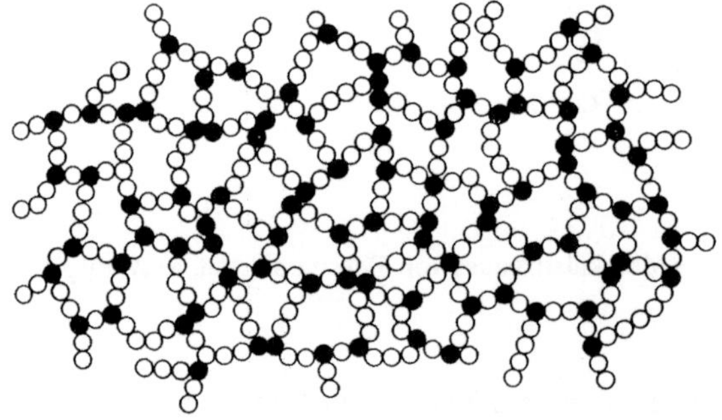

Abb. 10.3. Schematische Darstellung des Molekülaufbaues von Duroplasten

Erhöht sich der Vernetzungsgrad der Molekülketten, so erhält man ein nunmehr engmaschiges Netz, das in sich immer steifer und unbeweglicher wird. Derartige Stoffe werden als Duroplaste oder Duromere bezeichnet (Abb. 10.3.). Sie sind im gesamten Gebrauchstemperaturbereich glasig hart und erweichen auch bei höheren Temperaturen kaum. Der Vorgang der räumlichen Vernetzung wird oft auch als Aushärten bezeichnet. Die Aushärtung eines duroplastischen Kunststoffes läßt sich nicht wieder rückgängig machen, das heißt Duroplaste befinden sich in einem irreversiblen Zustand.

Das charakteristische Materialverhalten der drei Kunststoffgruppen kann man anschaulich durch das Diagramm in Abb. 10.4. darstellen. Darin sind die dynamischen E-Moduln der einzelnen Kunststoffarten jeweils in Abhängigkeit von der Temperatur aufgetragen. Beginnend bei tiefen Temperaturen können dadurch die verschiedenen Aggregatzustände, wie sie sich bei Temperaturerhöhung einstellen, beschrieben werden. Bei entsprechend tiefen Temperaturen ist der Zustand der Ketten eingefroren und man spricht, da dieses Verhalten ähnlich dem anorganischer Gläser ist, von einem *Glaszustand*. In diesem Zustand ist bei allen Kunststoffen, gleichgültig ob vernetzt oder unvernetzt, die Bruchdehnung klein und das Bruchverhalten spröde.

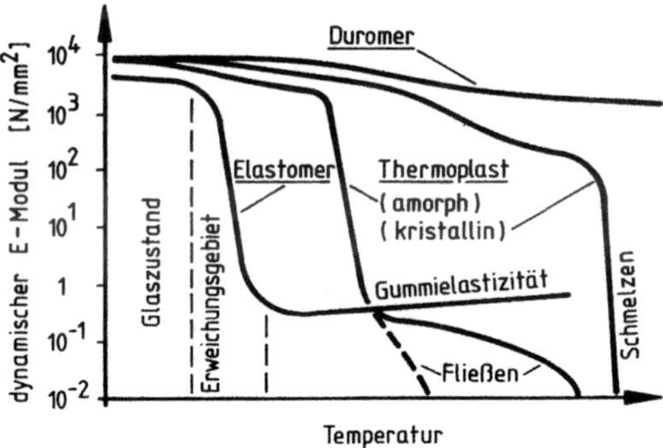

Abb. 10.4. Änderungen des dynamischen E-Moduls mit der Temperatur (nach VDI – Richtlinie 2021)

Bei einer Temperaturerhöhung beginnen die Ketten zunächst nur in kleinen Abschnitten, dann über größere Bereiche hinweg mit einer Wärmebewegung. Das Material erweicht, das Übergangsgebiet vom Glaszustand in den nächsten Aggregatzustand wird als *Erweichungsgebiet* bezeichnet. Jene Temperatur, die den Glaszustand beschließt, heißt Einfrier- oder Glastemperatur. Die Höhe der Glastemperatur hängt von der Struktur der Kunststoffe ab. Im allgemeinen besitzen Materialien mit starkem Vernetzungsgrad eine hohe und solche mit geringem Vernetzungsgrad eine niedrige Glastemperatur.

Sowohl bei den amorphen als auch bei den kristallinen Thermoplasten fällt der dynamische E-Modul oberhalb der Glastemperatur mehr oder weniger rasch gegen Null ab. Dabei zeigen die Stoffe unter mechanischer Beanspruchung vorwiegend ein plastisches Verhalten. Solange man unterhalb der Zersetzungstemperatur bleibt, kann ein solcher Zustand zur Formgebung verwendet werden.

Bei den Elastomeren fällt der dynamische E-Modul nach dem Überschreiten der Glastemperatur stark ab; unter dem Einfluß von mechanischen Beanspruchungen verhalten sich die Elastomere unterhalb der Zersetzungstemperatur hauptsächlich elastisch. Die Merkmale dieser Elastizität sind Dehnbarkeit bis zu einigen hundert Prozent; obwohl die Elastomere auch ein elastisches Verhalten zeigen, erfüllen sie jedoch nicht das Hookesche Gesetz, was durch einen S-förmigen Verlauf der Spannungs- Dehnungs-Linie zum Ausdruck kommt. Der Einfrierbereich der Elastomere liegt in der Regel zwischen –30 und –70° C.

Infolge der starken Vernetzung bei den duroplastischen Materialien ändert sich der dynamische E-Modul mit steigender Temperatur nur wenig. Diese Kunststoffe bleiben hart und spröde und besitzen keinen Erweichungszustand. Bei einer bestimmten Temperatur erfolgt ein direkter Übergang vom harten Zustand in den Zersetzungsbereich, der bei etwa 200° C liegt.

Um den praktischen Anforderungen entsprechen zu können, bedürfen die meisten Kunststoffe gewisser Zusätze bzw. Modifikationen. Durch Zugabe von Füllstoffen lassen sich die physikalischen Eigenschaften in gewissen Grenzen modifizieren. Durch anorganische Zusätze, meist in Pulverform wie Gesteinsmehle, Quarzsand usw., kann z.B. eine bessere Wärmeformbeständigkeit, höhere Abriebfestigkeit und größere Härte erreicht werden. Der Anteil der Füllstoffe kann bis zu 80 Volumsprozent, unter Umständen auch mehr betragen.

Durch die Zugabe von Glas- oder Naturfasern läßt sich eine Steigerung der Zug- und Biegezugfestigkeit der Kunststoffe erreichen. Man spricht in solchen Fällen auch von bewehrten Kunststoffen. Derartige Materialien finden bei selbsttragenden Konstruktionen Verwendung. Zum Einfärben der Kunststoffe können auch Pigmente zugesetzt werden.

Die Beigabe von *Weichmachern* kann den Zweck verfolgen, die Glastemperatur und den Erweichungsbereich zu niedrigeren Temperaturen hin zu verschieben. Dadurch läßt sich die Härte bestimmter Kunststoffe vermindern und ihre Verarbeitbarkeit verbessern.

10.3. Lieferformen und Verarbeitung der Kunststoffe

10.3.1. Lieferformen für die Verarbeitung

Als Kunstharze werden makromolekulare Rohstoffe bezeichnet, die flüssig, löslich oder schmelzbar sind und erst nach der Verarbeitung ihre Gebrauchsfestigkeit erreichen. Beispiele hiefür sind: Grundstoffe für Lacke, Anstrichmittel, Klebstoffe, Bindemittel für Holzwerkstoffe, Vorprodukte für eigentliche Kunststofferzeugnisse.

Formmassen sind Rohmaterialien für die Herstellung von Kunststoffprodukten durch spanlose, plastische Formgebung unter Hitze und Druck. Die aus Formmassen hergestellten Erzeugnisse nennt man Formteile und Halbzeug.

10.3.2. Lieferformen der verarbeiteten Kunststoffe

Als *Halbzeug* werden Materialien bezeichnet, die erst durch weitere Arbeitsvorgänge ihre Endform erreichen. Sie werden in Form von Blöcken, Folien, Profilen, Rohren, Schläuchen, Schichtpreßstoffen usw. gehandelt.

Tabelle 10.1. *Bezeichnung, Lieferformen und Eigenschaften einiger wichtiger Kunststoffe*

	Bezeichnung	Kurzzeichen	Lieferformen	Eigenschaften und Verwendung
Thermoplaste	Polymethyl-methacrylat	PMMA	flüssig, Granulat, Halbzeug	witterungsbeständig organisches Glas
	Polyamide	PA	Granulat, Halbzeug	hohe Festigkeit; Folien, Rohre
	Polycarbonat	PC	Granulat, Folien, Halbzeug	transparent, stoß- und schlagfest; elektrische Isolierung
	Polyäthylen	PE-weich	Granulat, Pulver, Folien	transparent, formbeständig Rohre, Siloanlagen
		PE-hart	Granulat, Halbzeug	hart, kältebeständig; verstärkte Kunststoffe, Verbundwerkstoffe
	Polytetra-fluoräthylen	PTFE	Pulver, Halbzeug	gut beständig; Folien, verstärkte Kunststoffe
	Polypropylen	PP	Granulat, Halbzeug	steif, oberflächenhart; homogene Kunststoffe, verstärkte Kunststoffe
	Polystyrol	PS	flüssig, Granulat, Halbzeug	spröde; Folien, Hartschaumstoffe
	Polyvinyl-chlorid	PVC	Pulver, Halbzeug	witterungsbeständig; Rohre, Fassadenelemente, Fenster
Elastomere	Polybutadien	BR	Ballen, Pulver	verschleiß- und kältestandfest verstärkte Kunststoffe, Verbundwerkstoffe
	Polybutadien-styrol	SBR	Ballen, Pulver	kostengünstig; verstärkte Kunststoffe, Schaumkunststoff
	Polyiso-butylenisopren	IIR	Stücke, Platten	gasdicht, luftundurchlässig Schaumkunststoff, verstärkte Kunststoffe
	Polyurethane	PUR	Brocken, flüssig	verschleißfest, gießbar; verstärkte Kunststoffe, Verbundwerkstoffe
	Polyvinyl-chlorid-weich	PVC-weich	Pulver, Granulat	hohe Bruchdehnung Folien, Fußbodenbeläge
Duroplaste	Harnstoff-harze	UF	flüssig, zäh, Pulver	durchsichtig gefüllte und verstärkte Kunststoffe
	Epoxidharze	EP	flüssig, Pulver, Halbzeug	wärmefest; homogene, gefüllte und verstärkte Kunststoffe
	Phenolform-aldehyd	PF	flüssig, Pulver,	schwer entflammbar; homogene, gefüllte und verstärkte Kunststoffe
	Ungesättigtc Polyesterharze	UP	Lösung, Halb-Körner	hochverstärkbar; homogene, gefüllte und verstärkte Kunststoffe

Unter *Formteilen* versteht man die für eine bestimmte Anwendung durch entsprechende Formgebung hergestellten Produkte von spezieller Gestalt.

10.3.3. Verarbeitung

Thermoplaste: Die Verarbeitung der thermoplastischen Werkstoffe erfolgt über den plastischen bzw. weichplastischen Zustand. Thermoplastische Formteile oder Halbzeug lassen sich spanabhebend bearbeiten, warmformen und schweißen.

Elastomere: Die Elastomere werden im allgemeinen vor der Vernetzung im plastischen Zustand formgebend verarbeitet. Nach der Vernetzung sind sie nicht mehr plastisch verformbar und nicht schweißbar.

Duroplaste: Die Duroplaste werden im unvernetzten Zustand aus dem flüssigen oder plastischen Zustand geformt und danach gehärtet. Nach der Härtung lassen sich die Materialien nur noch spanabhebend bearbeiten. Sie besitzen keine Wärmeverformbarkeit mehr und sind nicht schweißbar. Duroplastische Reaktionsharze, wie z.B. Epoxidharze oder Polyester härten im kalten Zustand ohne oder unter geringem Druck.

Eine Zusammenstellung über die Bezeichnung, Lieferformen, Eigenschaften und Verwendung wichtiger Bau-Kunststoffe zeigt Tabelle 10.1.

10.4. Eigenschaften der Kunststoffe

Die Tabelle 10.2. gibt einen allgemeinen Überblick über die mechanischen und thermischen Eigenschaften der Kunststoffe. Die Rohdichte der Kunststoffe ist im Vergleich zu den anorganischen Baustoffen relativ niedrig und bewegt sich im allgemeinen zwischen 0,8 und 2,0 kg/dm^3 (Schaumstoffe 0,02 bis 0,1 kg/dm^3). Der Grund hiefür ist, daß am Aufbau der Kunststoffe nur leichte Elemente beteiligt sind, weiters ist die Packungsdichte der Atome bei weitem nicht so groß wie z.B. bei den metallischen Werkstoffen.

Tabelle 10.2. *Eigenschaften von Kunststoffen*

Kunststoff-art	Roh-dichte kg/dm^3	Druck-festigkeit N/mm^2	Zug-festigkeit N/mm^2	Elastizitäts-modul N/mm^2	Wärmeaus-dehnungs-koeffizient 10^{-6}/K
Thermoplaste auch gefüllt und verstärkt	0,8 – 1,4	20 – 150	20 – 150	100 – 8 000	30 – 220
Elastomere	0,9 – 1,4	0 – 30	0 – 20	5 – 3 000	140 – 300
Duroplaste auch gefüllt und verstärkt	1,1 – 2,0	100 – 500	30 – 800	3 000 – 100 000	10 – 80

10.4.1. Mechanisches Verhalten der Kunststoffe

Für die Prüfung der mechanischen Eigenschaften der Kunststoffe sind in den letzten zwei Jahrzehnten eine beträchtliche Zahl von Normen aufgestellt worden, die sich in den meisten Fällen an die Prüfung von metallischen Werkstoffen anlehnen, aber hinsichtlich der Abmessungen der Probekörper, der Art der Prüfmaschinen, der Höhe der Prüfspannungen usw. dem besonderen Verhalten der Kunststoffe Rechnung tragen. Entsprechend den verschiedenen Kunststoffarten wie Thermoplaste, Elastomere, Duroplaste, Gießharze, Schaumstoffe usw. existieren verschiedene Prüfvorschriften. Der Grund für eine solche Vielzahl verschiedenartiger Prüfungen liegt darin, daß das Verhalten der verschiedenen Kunststoffarten unterschiedlich ist und oft nicht mit derselben Prüfeinrichtung untersucht werden kann.

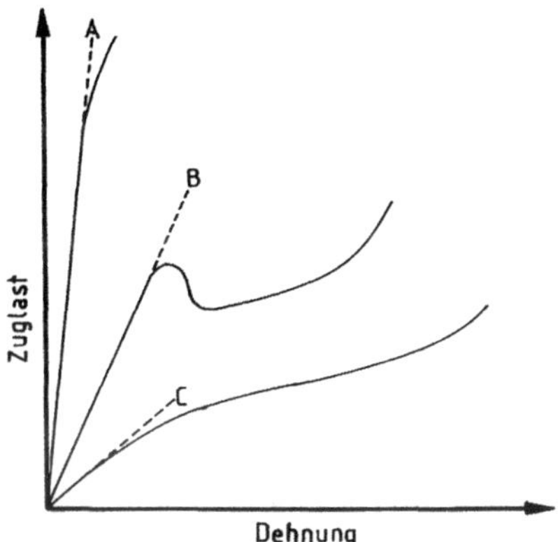

Abb. 10.5. Charakteristische Spannungs-Dehnungs-Diagramme bei Kunststoffen (nach Laeis) *A* sprödes Material, *B* zähelastisches Material, *C* weichelastisches Material

Bei der Beurteilung des mechanischen Verhaltens muß man zwischen kurzzeitigen und langzeitigen Beanspruchungen unterscheiden. Abb. 10.5. zeigt 3 verschiedene, charakteristische Spannungs-Dehnungsdiagramme, wie man sie bei Zugprüfungen im Kurzzeitversuch bei verschiedenen Kunststoffarten erhält.

Allgemein nimmt die Festigkeit der Kunststoffe mit zunehmender Dauer der Lasteinwirkung ab. Wird bei der Aufnahme des Spannungs-Dehnungsverhaltens die Laststeigerungsgeschwindigkeit verringert, so werden die Spannungs-Dehnungs-Kurven zunehmend flacher. Abb. 10.6. zeigt den Einfluß der Beanspruchungsgeschwindigkeit auf das Spannungs- Verformungsverhalten von thermoplastischen Kunststoffen.

Die Reduktion der Festigkeit infolge einer längeren Belastungszeit ist bei den Duroplasten geringer als bei thermoplastischen Stoffen. Durch Weichmacher oder auch durch Quellung infolge Wasseraufnahme wird die Festigkeit der Thermoplaste noch weiter herabgesetzt.

Im Gegensatz zu den konventionellen Baustoffen ist bei den Kunststoffen der E-Modul im Verhältnis zu den hohen Festigkeiten oft relativ niedrig, was zur

Folge hat, daß die Verformungen entsprechend größer sind. Dieser Tatsache muß bei der Verwendung von Kunststoffen als Bauteile durch entsprechende Versteifungen begegnet werden.

Bei der Einwirkung von dauernden Wechselbeanspruchungen sinken die Festigkeiten der Kunststoffe oft beträchtlich unter die bei einer Kurzzeitprüfung erhaltenen Werte. In Abb. 10.7. ist die Biegewechselfestigkeit einiger Thermoplaste dargestellt.

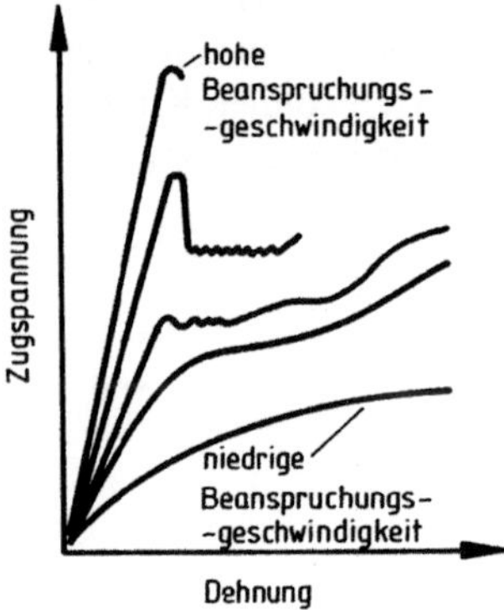

Abb. 10.6. Einfluß der Beanspruchungsgeschwindigkeit auf das Spannungs-Dehnungsverhalten von Thermoplasten (nach Laeis)

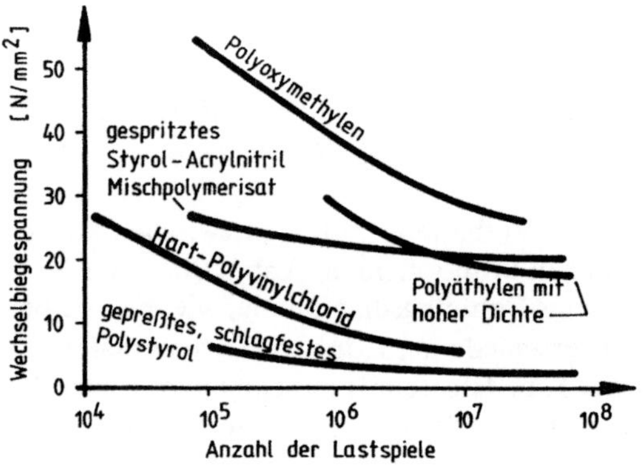

Abb. 10.7. Biegewechselfestigkeit einiger Thermoplaste (nach Hachmann)

10.4.2. Thermisches Verhalten der Kunststoffe

Allgemein gilt für die Kunststoffe, daß sie mit abnehmender Temperatur an Festigkeit, Härte und Sprödigkeit zunehmen, mit steigender Temperatur hingegen erweichen, also an Festigkeit und Härte verlieren. Selbstverständlich ist der Temperatureinfluß bei den einzelnen Kunststoffen stark unterschiedlich geartet.

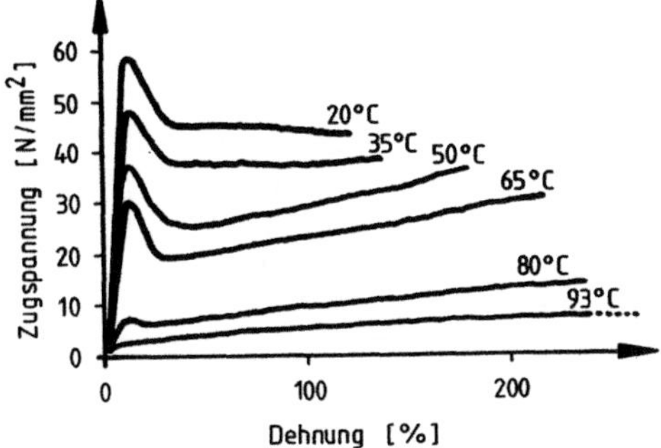

Abb. 10.8. Spannungs-Dehnungsverhalten von PVC-hart bei verschiedenen Temperaturen (nach Taprogge)

Abb. 10.8. zeigt das Spannungs-Dehnungs-Verhalten von PVC-hart bei verschiedenen Temperaturen.

Das mechanisch-thermische Verhalten der Kunststoffe steht in einer engen Verbindung mit ihrem molekularen Aufbau und kann nur in diesem Zusammenhang verstanden werden. Die Abb. 10.9. bis 10.12. zeigen anhand von Zustandsdiagrammen das stark unterschiedliche Festigkeits- und Verformungsverhalten der verschiedenen Kunststoffarten in Abhängigkeit von der Temperatur.

Bei den amorphen Thermoplasten (Abb. 10.9.) ist die Zugfestigkeit unterhalb des Einfrierbereiches (EB) relativ hoch und die Bruchdehnung niedrig. Steigt die Temperatur, so nimmt die Festigkeit allmählich ab und das Dehnungsvermögen wird größer. Bei Erreichen des Einfrierbereiches, der bei den amorphen Thermoplasten eine Breite von etwa 50° C aufweist, ändern sich die mechanischen Eigenschaften sehr stark; die Zugfestigkeit fällt steil ab, die Dehnung steigt an. Bei Temperaturen oberhalb des Einfrierbereiches befinden sich die amorphen Thermoplaste in einer Art gummielastischem Zustand, der durch einen niedrigen Elastizitätsmodul und eine hohe reversible Dehnung charakterisiert ist. In diesem Zustand erhöhter Temperatur können derartige Werkstoffe nachgeformt werden. In der Nähe des Fließbereiches wird die hochviskose Schmelze immer dünnflüssiger und in Abhängigkeit von der Dauer der Temperatureinwirkung können bereits unterhalb der Zersetzungstemperatur Schädigungen auftreten.

Bei den kristallinen Thermoplasten (Abb. 10.10.) sind bestimmte steife Kristallbereiche durch weniger steife, amorphe Gebiete in der Art von Gelenken miteinander verbunden. Aus der Struktur dieser Materialien läßt sich ihr thermisch-mechanisches Verhalten leichter verstehen. Bei tiefen Temperaturen, unterhalb des Einfrierbereiches, befinden sich die kristallinen Thermoplaste in einem eingefrorenen Zustand, ähnlich den amorphen Thermoplasten. Steigt die Temperatur, so ergibt sich noch unterhalb des Gebrauchstemperaturbereiches (meist unter 0° C) ein Übergangsbereich, in dem die amorphen Teile eine gewisse Beweglichkeit erhalten. Die Temperatur reicht aber nicht aus, um die kristallinen Bereiche zu erweichen. In diesem Zustand ist das Material zäh und formsteif. Im

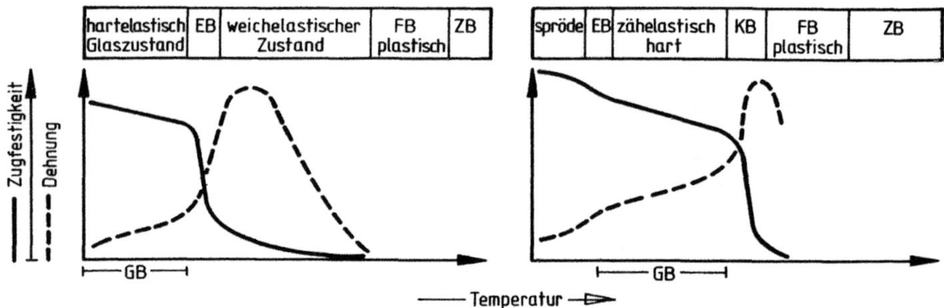

Abb. 10.9. Zustandsdiagramm, amorphe Thermoplaste

Abb. 10.10. Zustandsdiagramm, kristalline Thermoplaste

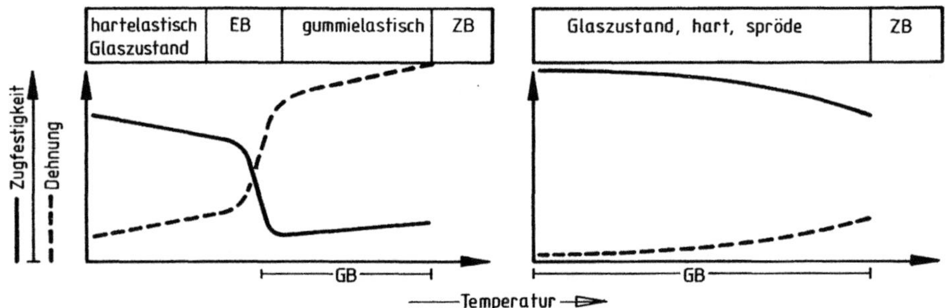

Abb. 10.11. Zustandsdiagramm, Elastomere

Abb. 10.12. Zustandsdiagramm, Duroplaste

GB Gebrauchsbereich, *EB* Einfrierbereich,
KB Kristallitschmelzbereich, *FB* Fließbereich, *ZB* Zersetzungsbereich

Gegensatz zu den amorphen Thermoplasten, deren Anwendung unterhalb des Einfrierbereiches liegt, ist der Gebrauchsbereich der kristallinen Thermoplaste oberhalb des Einfrierbereiches. Bei weiterer Temperaturzunahme nimmt nach Erreichen des Kristallitschmelzbereiches die Festigkeit sprunghaft ab und es erfolgt der Übergang in den viskosen Zustand.

Im Glaszustand unterscheiden sich die Elastomere nicht wesentlich von den amorphen Thermoplasten (Abb. 10.11.). Im Anschluß an den Einfrierbereich befinden sich diese Kunststoffe in einem gummielastischen Zustand, in dem sie eine hohe reversible Dehnbarkeit aufweisen. Trotz weiter ansteigender Temperatur bleibt eine gewisse Zugfestigkeit erhalten, die bis zum Erreichen der Zersetzungstemperatur sogar leicht ansteigt.

Die Duroplaste (Abb. 10.12.) stellen im räumlich vernetzten Endzustand praktisch ein einziges Molekül dar, eine gegenseitige Bewegung der Moleküle, das heißt ein Schmelzen oder Fließen ist selbst bei steigender Temperatur kaum möglich. Zwar zeigen die Duroplaste auch einen an den Glaszustand anschließenden Übergangsbereich, aber dieser ist nur wenig ausgeprägt vorhanden und durch Messungen der Zugfestigkeit oder Dehnung kaum feststellbar. Sowohl die Zugfestigkeit als auch die Dehnung bleiben im tiefen und mittleren Temperaturbereich nahezu konstant und ändern sich erst in der Nähe der Zersetzungstemperatur. Zur Zersetzung kommt es ohne Ausbildung eines Übergangsbereiches.

10.4.3. Beständigkeit der Kunststoffe

Das Verhalten der Kunststoffe gegenüber Chemikalien kann in den meisten Fällen als gut bezeichnet werden. Zum Unterschied zu den physikalisch-mechanischen Eigenschaften der Kunststoffe, die im wesentlichen durch die Struktur der Makromoleküle bestimmt werden, hängt das chemische Verhalten hauptsächlich vom chemischen Aufbau ab.

Zur labormäßigen Beurteilung der Chemikalienbeständigkeit eines Materials werden entsprechende Proben über längere Zeit hinweg dem jeweils angreifenden Medium ausgesetzt. Eine allfällige Unbeständigkeit steigt mit zunehmender Temperatur und mit der Dauer der Einwirkung. Sie wird angezeigt durch eine Volumen- und Gewichtsvergrößerung und/oder einen Abfall der mechanischen Eigenschaften. Die chemische Beständigkeit kann durch Weichmacher, Füllstoffe oder niedermolekulare Bestandteile negativ beeinflußt werden.

Bei der Verwendung von Kunststoffen für den Bautenschutz muß man besonders deren unterschiedliche Beständigkeit gegen alkalische Verseifung berücksichtigen. Thermoplaste weisen mit wenigen Ausnahmen eine hohe Beständigkeit gegen Säuren und Laugen auf. Duroplaste zeigen eine besonders gute Widerstandsfähigkeit gegen organische Lösungsmittel. Für eingehende Aussagen über die Chemikalienbeständigkeit bestimmter Kunststoffe muß man die Angaben der Rohstoffhersteller bzw. entsprechende Prüfzeugnisse beachten.

Beim Lagern von Kunststoffprodukten in Wasser kann es, je nach Dauer und Temperatur der Lagerung, zu Diffusionsvorgängen kommen. Wenn auch die Struktur der Kunststoffe in der Regel durch eindiffundiertes Wasser nicht geschädigt wird, muß man mit *Quellungen*, verbunden mit Festigkeitsminderungen und Erweichungen, rechnen. Bei unter Eigen- und Fremdspannung stehenden Kunststofferzeugnissen kann es unter Einwirkung von Chemikalien oder Lösungsmitteln zu einer Rißbildung kommen. Diese Erscheinung wird *Spannungsrißkorrosion* genannt. Eine solche Spannungsrißkorrosion wird durch höhere Temperaturen wesentlich beschleunigt.

Unter *Alterungsbeständigkeit* versteht man die Gesamtheit aller im Laufe der Zeit in einem Material unter bestimmten Beanspruchungsbedingungen wie Witterung, Temperatur, Feuchtigkeit, UV-Strahlung, Frost usw. ablaufenden chemischen und physikalischen Vorgänge. Da über das Langzeitverhalten der Kunststoffe unter verschiedenen klimatischen Bedingungen zum Teil nur geringe Erfahrungswerte vorliegen, werden im allgemeinen die unter verschärften Kurzzeitbeanspruchungen erhaltenen Erkenntnisse auf das Langzeitverhalten übertragen. Schwierigkeiten bereitet es aber oft, die diesbezüglich richtigen Relationen zu finden. Zur Verbesserung der Alterungsbeständigkeit verwendet man sogenannte Stabilisatoren.

Durch Lichtstabilisatoren zum Beispiel will man eine gute Absorption im ultravioletten Bereich erreichen; besonders geeignet hiefür ist Ruß. Schon geringe Mengen genügen für einen anhaltenden Schutz gegen UV-Strahlen. Durch die Verwendung von weißem Titanoxid, welches das infrarote Licht reflektiert, die UV-Strahlung absorbiert, bleiben die Kunststoffe hellfarben und erwärmen sich durch Sonneneinwirkung weniger.

Bezüglich der *Brennbarkeit* ist festzustellen, daß die Kunststoffe in die Klasse der brennbaren Baustoffe eingeordnet werden, wobei für den Einsatz im Bauwesen der Nachweis der Schwerentflammbarkeit verlangt wird. Zu beachten ist, daß sich einige Kunststoffe im Brandfall unter Entwicklung von Kohlenoxid oder toxischen Gasen zersetzen. Diese Brandgase können neben der gesundheitsgefährdenden Wirkung auch in Verbindung mit dem Wasserdampf des Löschwassers korrodierende Wirkung zur Folge haben.

Ungefüllte Kunststoffe besitzen einen relativ hohen Wärmeausdehnungskoeffizienten. Dieser läßt sich durch Füllstoffe reduzieren. Der im Vergleich zu konventionellen Baustoffen oft wesentlich höhere Wärmeausdehnungskoeffizient muß besonders bei Kombination mit anderen Materialien beachtet werden.

10.5. Glasfaserverstärkte Kunststoffe (GFK)

Durch die Zugabe faserartiger Füllstoffe ist es möglich, die mechanischen Eigenschaften hochpolymerer Stoffe, insbesondere deren Elastizitätsmodul wesentlich zu verbessern. Der beste Verstärkungseffekt ergibt sich unter der Voraussetzung, daß eine einwandfreie Haftung zwischen Fasern und Matrix vorliegt und die Festigkeit der Faserstoffe größer, bzw. die Bruchdehnung kleiner ist als die der Matrix im ausgehärteten Zustand.

Vorzugsweise werden Glasfasern der Dicke von 5 bis 10 μm verwendet, obwohl auch Fasern aus Asbest, Bor, Graphit, Titan und einige Metalle ebenfalls Verwendung finden. Die Abb. 10.13. zeigt z.B. den großen Unterschied im Spannungs-Dehnungs-Verhalten zwischen dem Kunstharz und einer Glasseidenmatte.

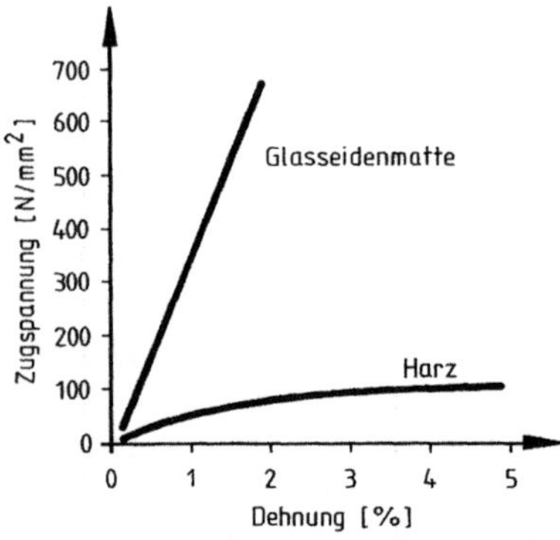

Abb. 10.13. Spannungs-Dehnungs-Diagramm von Kunstharz und Glasseidenmatte

Als Kunstharze für die Herstellung von GFK werden vorwiegend ungesättigte Polyester- und Epoxidharze verwendet. Für spezielle Anforderungen kommen auch Silikon-, Acrylath-, Phenol- und Melaminharze zum Einsatz. Die Verarbeitung der Glasfasern erfolgt in Form von *Rovings, Geweben* oder *Matten*. Rovings sind Glasseidenspinnfäden, die in größerer Zahl annähernd parallel zu einem Strang zusammengefaßt sind. Die Zahl der Spinnfäden schwankt zwischen 20 und 120. Gewebe sind Bahnen, die aus mindestens zwei Fadensystemen (Kette und Schuß) bestehen und deren einzelne Fäden im rechten Winkel miteinander verknüpft sind. Matten sind nicht gewebte, stoffartige Flächengebilde, mit einer regellosen Verteilung der Glasfasern.

In Richtung der Fasern erreichen die mit Rovings bewehrten Kunststoffe die höchste Festigkeit, und zwar mit steigendem Glasgehalt (Abb. 10.14.). Nachteil dieser Materialien ist, daß sie ein anisotropes, also von der Belastungsrichtung abhängiges mechanisches Verhalten aufweisen. Gewebeverstärkte Kunststoffe sind in zwei Richtungen verstärkt, das heißt, sie zeigen bei gleicher Fadenzahl in Ketten und Schußrichtung gleiche Festigkeiten. Die Richtungsabhängigkeit der Festigkeiten bei den einzelnen Verstärkungsarten läßt sich durch Polardiagramme beschreiben (Abb. 10.15.).

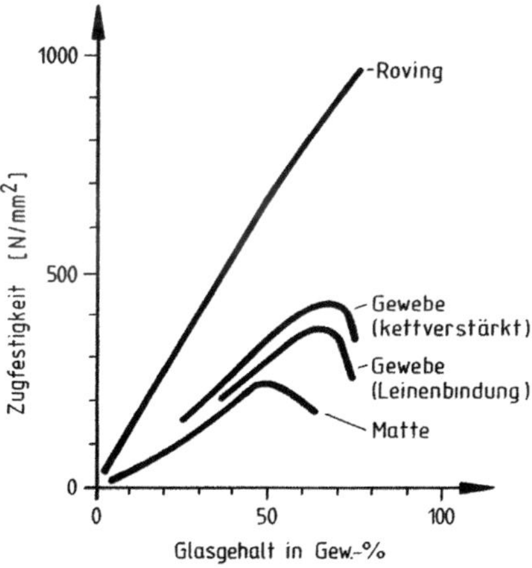

Abb. 10.14. Zugfestigkeit bei verschiedenen Verstärkungsarten in Abhängigkeit vom Glasgehalt (nach Haferkamp)

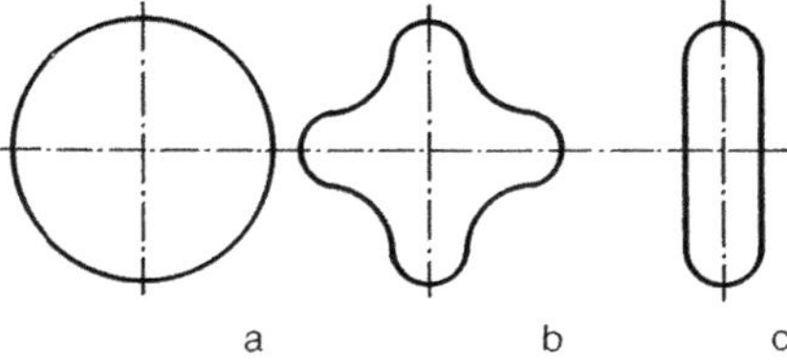

Abb. 10.15. Polardiagramme für verschiedene Verstärkungsarten. a) Matte, b) Gewebe, c) Rovings (nach Haferkamp)

Um die Eigenschaften der Glasfasern optimal nutzen zu können, muß einerseits eine vollständige Haftung zwischen Harz und Glasfasern vorliegen, andererseits darf die Bruchdehnung des Harzes keinesfalls geringer sein als die der Glasfasern. In Abb. 10.16a. zeigen Harz und Glasfasern gleiche Bruchdehnung, es ergibt sich also eine volle Nutzung der Zugfestigkeit beider Materialien. In Abb. 10.16b. wird die Zugfestigkeit des Harzes nicht voll ausgenutzt (Bruchdehnung des Harzes größer als die der Glasfasern). Wegen der wesentlich höheren Festigkeiten der Fasern wird die optimale Zugfestigkeit aber nur wenig gemindert. Ist die Bruchdehnung des Harzes geringer als die der Glasfasern, kann deren hohe Zugfestigkeit nicht ausgenutzt werden, da der Verbundbaustoff durch Versagen des Harzes vorher zerstört wird (Abb. 10.16c.). Einen solchen Fall muß man durch die Wahl eines entsprechenden Harzes vermeiden.

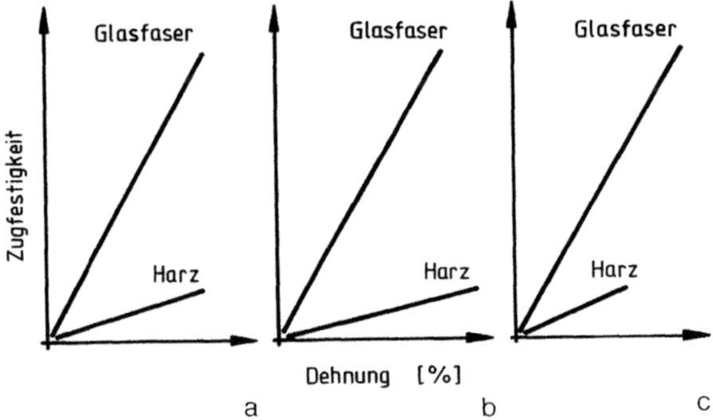

Abb. 10.16. Verbundwirkung zwischen Glas und Harz. a) Harz und Glasfasern zeigen die gleiche Bruchdehnung, b) Bruchdehnung des Harzes größer als die der Glasfasern, b) Bruchdehnung des Harzes geringer als die der Glasfasern (nach Haferkamp)

Glasfaserverstärkte Kunststoffe zeigen wie alle hochpolymeren Stoffe ein von der Temperatur abhängiges mechanisches Verhalten. Praktisch interessant ist nur der hart-elastische Bereich, in dem die Festigkeit und der E-Modul mit der Temperatur nur wenig abfallen.

Tabelle 10.3. *Eigenschaften einiger glasfaserverstärkter EP- und UP-Harze*

Materialart	Glasanteil M.–%	Dichte kg/dm^3	Zugfestigkeit N/mm^2	Biegefestigkeit N/mm^2	E-Modul N/mm^2
EP-Glasseiden-matten	35	1,5	120	200	8 000
EP-Glasseiden-	45	1,6	250	270	12 000
gewebe	55	1,7	280	310	16 000
UP-Glasseiden-	25	1,4	75	130	6 000
matten	35	1,5	100	160	8 000
UP-Glasseiden-	45	1,6	220	240	12 000
gewebe	55	1,7	150	280	16 000

In der Tabelle 10.3. sind für einige Arten von glasfaserverstärkten Kunststoffen deren mechanische Kennwerte zusammengestellt. Da die Zugfestigkeit der GFK die der herkömmlichen Baustoffe zum Teil um ein Vielfaches übersteigt, kommen diese Materialien hauptsächlich dort zur Anwendung, wo große Zugkräfte aufzunehmen sind. Praktisch eingesetzt werden GFK in Form von räumlich gekrümmten Schalen, Flächentragwerken, Lichtkuppeln, Dachplatten, Badezimmerzellen usw.

10.6. Literatur und Normen

Haferkamp, H.: Glasfaserverstärkte Kunststoffe. Düsseldorf: VDI-Verlag, T 17. 1970.

Himmler, K.: Kunststoffe im Bauwesen. Düsseldorf: Werner Verlag. 1981.

Käufer, H.: Arbeiten mit Kunststoffen, Band 1: Aufbau und Eigenschaften. Berlin—Heidelberg—New York: Springer. 1978.

Laeis, W.: Einführung in die Werkstoffkunde der Kunststoffe. München: Carl Hanser. 1972.

Saechtling, H.: Baustofflehre Kunststoffe. München—Wien: Carl Hanser. 1975.

Taprogge, R.: Konstruieren mit Kunststoffen. Düsseldorf: VDI-Verlag, T 21. 1971.

VDI-Richtlinie 2021, Temperatur-Zeitverhalten von Kunststoffen, Grundlagen. Düsseldorf 1970.

Normen

DIN 7724	Gruppierung hochpolymerer Werkstoffe auf Grund der Temperaturabhängigkeit ihres mechanischen Verhaltens
DIN 7726	Schaumstoffe, Begriffe und Einteilung
DIN 7728	Teil 1: Kunststoffe, Kurzzeichen für Hochpolymere, Copolymere und Polymergemische Teil 2: Kunststoffe, Kurzzeichen für verstärkte Kunststoffe
DIN 7732	Genormte Begriffe des Kunststoffgebietes, Übersicht
DIN 16920	Klebstoffe
DIN 16921	Klebstoffe, Klebstoff-Verarbeitung
DIN 16945	Reaktionsharze, Reaktionsmittel und Reaktionsharzmassen, Prüfverfahren
DIN 18159	Teil 1: Schaumkunststoffe als Ortschäume im Bauwesen, PUR-Ortschaum für die Wärme- und Kältedämmung Teil 2: Schaumkunststoffe als Ortschäume im Bauwesen, Formaldehyd-Ortschaum für die Wärmedämmung
DIN 18164	Teil 1: Schaumkunststoffe als Dämmstoffe für das Bauwesen, Dämmstoffe für die Wärmedämmung Teil 2: Schaumkunststoffe als Dämmstoffe für das Bauwesen, Dämmstoffe für die Trittschalldämmung
DIN 18540	Abdichten von Außenwandfugen zwischen Beton- und Stahlbetonfertigteilen im Hochbau mit Fugendichtungsmassen (Teil 1 bis 3)
DIN 50005	Prüfung von Kunststoffen und elektrischen Isolierstoffen
DIN 53420—33 DIN 53570—79	Prüfung von Schaumstoffen
DIN 53435	Prüfung von Kunststoffen, Biegeversuch und Schlagbiegeversuch an Dynstat-Probekörpern
DIN 53442	Prüfung von Kunststoffen, Dauerschwingversuch im Biegebereich an flachen Probekörpern

DIN 53444	Prüfung von Kunststoffen, Zeitstand-Zugversuch
DIN 53445	Prüfung von Kunststoffen, Torsionsschwingversuch
DIN 53452	Prüfung von Kunststoffen, Biegeversuch
DIN 53453	Prüfung von Kunststoffen, Schlagbiegeversuch
DIN 53454	Prüfung von Kunststoffen, Druckversuch
DIN 53455	Prüfung von Kunststoffen, Zugversuch
DIN 53456	Prüfung von Kunststoffen, Härteprüfung durch Eindruckversuch
DIN 53457	Prüfung von Kunststoffen, Bestimmung des E-Moduls im Zug-, Druck- und Biegeversuch
DIN 53487	Prüfung von Kunststoffen, Bestimmung der Durchbiegung in Abhängigkeit von der Temperatur
DIN 53504	Prüfung von Elastomeren, Bestimmung der Reißfestigkeit, Zugfestigkeit, Reißdehnung und Spannungswerten im Zugversuch

ÖNORM B 3500	Polystyrolschaumstoff für das Bauwesen
ÖNORM B 3670	Kunststoff-Dachbahnen; Dachbahnen aus PVC-weich
ÖNORM B 5160	Teil 1: Rohre aus glasfaserverstärkten Kunststoffen (GFK-Rohre), Werkstoff, Herstellungsverfahren
ÖNORM B 5170	Rohre aus Polyäthylen niedriger Dichte (PE-weich) für Wasserleitungen, Maße und technische Lieferbedingungen
ÖNORM B 5172	Rohre aus Polyäthylen hoher Dichte (PE-hart) für Wasserleitungen; Maße und technische Lieferbedingungen
ÖNORM B 5174	Rohre aus Polypropylen (PP) für Wasserleitungen; Maße und technische Lieferbedingungen
ÖNORM B 5180	Abflußrohr und -formstücke aus PVC-hart (Polyvinylchlorid-hart), für Abwasseranlagen
ÖNORM B 5181	Abflußrohre und -formstücke aus PVC-hart (Polyvinylchlorid-hart) Richtlinien für die Verlegung
ÖNORM B 5182	Rohre aus PVC-hart (Polyvinylchlorid) für Wasserversorgungsanlagen
ÖNORM B 5183	Steckmuffen für Druckrohrleitungen aus PVC-hart
ÖNORM B 5184	Kanalrohre und Formstücke aus PVC-hart (Polyvinylchlorid-hart), Maße und technische Lieferbedingungen
ÖNORM C 9520	Schaumkunststoffe auf Polystyrolbasis als Dämmstoffe für den Hochbau, Abmessungen, Eigenschaften, Prüfungen
ÖNORM C 9710	Prüfung von Kunststoffen, Bestimmung der Glutbeständigkeit nach Schramm und Zebrowsky
ÖNORM C 9711	Prüfung von Kunststoffen, Schlagversuch nach Izod
ÖNORM C 9712	Zugversuch an unidirektional glasfaserverstärkten Laminaten
ÖNORM C 9720	Teil 1: Verstärkte Kunststoffe, Benennung und Definitionen Teil 2: Verstärkte Kunststoffe, Kurzzeichen

11. Bituminöse Baustoffe

Charakteristisch für die bituminösen Baustoffe ist ihr Gehalt an *bituminösen Bindemitteln*; man bezeichnet Baustoffe dann als bituminös, wenn die Baustoffeigenschaften in der Hauptsache vom bituminösen Bindemittel herrühren.

Bei den bituminösen Bindemitteln kennt man folgende Begriffsbestimmungen:

Als *Bitumen* bezeichnet man die bei der Destillation von Erdölen verbleibenden dunkelfarbigen, im Gebrauchstemperaturbereich flüssigen bis halbfesten Gemische hochmolekularer Kohlenwasserstoffe.

Durch Zusatz von Verschnittmitteln wird aus dem Bitumen das sogenannte *Verschnittbitumen* hergestellt.

Mittels Beigabe von Emulgatoren durch Verteilung von Bitumen oder Verschnittbitumen in Wasser erhält man die *Bitumenemulsionen*.

Die flüssigen, öligen Rückstände der Destillation von Steinkohle oder Braunkohle nennt man *Teer*.

Gemische aus Bitumen und Teer in unterschiedlicher Zusammensetzung heißen *Bitumenteere* oder *Teerbitumen*.

Neben dem durch Destillation aus dem Erdöl gewonnenen Bitumen gibt es auch natürliche Bitumenvorkommen. Man bezeichnet sie als *Naturasphalte*; sie stellen ein erdölhaltiges Gestein dar, aus dem in Laufe der Erdgeschichte die leichteren Erdölanteile verdunstet sind. Der Bitumenanteil der Naturasphalte schwankt in großen Grenzen (5 bis 95 %). Künstliche Gemische aus Bitumen und Mineralstoffen nennt man *Asphalt*.

Als *Asphaltmastix* bezeichnet man ein Gemisch aus gemahlenem Naturasphalt oder Bitumen mit Sand der Korngröße 0/2 (Sandgehalt etwa 60 Massen-%, Bindemittelgehalt etwa 40 Massen-%).

11.1. Eigenschaften bituminöser Baustoffe

Je nach der Art des Bindemittels besitzen die bituminösen Baustoffe charakteristische Eigenschaften.

Bituminöse Bindemittel zeigen ein gutes *Adhäsionsvermögen*, das bedeutet, daß sie artfremde Materialien gut miteinander verbinden. Dabei ist die an den Kontaktflächen auftretende Adhäsion im allgemeinen größer als die Kohäsion im Bindemittel selbst. Verformungen und Risse ergeben sich daher fast immer im Bindemittel. Zur Erzielung einer guten Verbindung z.B. zwischen Gesteinen muß deren Oberfläche möglichst trocken sein. Wenn zwischen dem Bindemittel und der Gesteinsoberfläche Wasser oder Wasserdampf eingeschlossen ist, wird das Haftvermögen beeinträchtigt.

Bituminöse Bindemittel sind bei hohen Temperaturen flüssig, bei Abkühlung erfolgt ein Übergang in den plastischen Zustand, bei weiterer Temperaturabnahme zeigen die Bindemittel ausgesprochen elastische Eigenschaften. Im Bereich tiefer Temperaturen wird das Material glasartig spröde, bereits bei kleinen Verformungen tritt der Bruch ein. Es besteht also ein direkter Zusammenhang zwischen Verformungsverhalten und Temperatur, man bezeichnet die bituminösen Bindemittel daher auch als *Thermoplaste*. Zur Beschreibung des Verformungsverhaltens benötigt man zwei Gesetze. Die elastischen Formänderungen lassen sich durch das *Hookesche Gesetz* $\sigma = \epsilon \cdot E$ beschreiben, d.h. die Spannung ist der Verformung proportional. Für das Fließverhalten gilt das *Newtonsche Fließgesetz,* welches besagt, daß die Verformungsgeschwindigkeit der angelegten Schubspannung proportional ist. Es gilt die Beziehung

$$\sigma = \nu \cdot \frac{d\epsilon}{dt}$$

wobei man ν als *dynamische Zähigkeit* oder *Viskosität* bezeichnet.

Eine weitere charakteristische Eigenschaft bituminöser Stoffe ist die Abhängigkeit der Verformung von der Dauer der Krafteinwirkung. Belastet man ein bituminöses Material und entfernt die Belastung, so verschwindet bei niedriger Temperatur und/oder kurzer Belastungszeit ein großer Teil der Verformung, hingegen bei hoher Temperatur und/oder langer Belastungszeit bleibt ein großer Anteil der Verformung bestehen. Diese Eigenschaften werden nicht nur von der Temperatur und der Belastungszeit bestimmt, sondern sind auch von der Zusammensetzung des Asphaltmischguts und des bituminösen Bindemittels abhängig.

Wegen der Unlöslichkeit der Bindemittel in Wasser zeigen bituminöse Baustoffe im allgemeinen einen hohen Grad an Wasserundurchlässigkeit. Weiters besitzen bituminöse Baustoffe je nach Art des Bindemittels im allgemeinen eine gute Beständigkeit gegenüber den meisten Chemikalien.

11.2. Bitumen

Zur Charakterisierung der verschiedenen Bitumenarten ist zunächst eine Beschreibung der wichtigsten Bitumenprüfverfahren notwendig, welche in der ÖNORM C 9250 bzw. in DIN 1995 zusammengefaßt sind. Von diesen Prüfmethoden werden im Bauwesen nur einige angewendet, und zwar:

a) Bestimmung der Penetration (Abb. 11.1.): Zur Prüfung der Penetration verwendet man eine Nadel mit einem Durchmesser von 1 mm. Bei einer Krafteinwirkung von 1 N wird während eines Zeitraumes von 5 sec und bei einer Temperatur von 25° C die Eindringtiefe in 1/10 mm festgestellt. Die Penetration gilt als ein Maß für die Härte (Konsistenz) des Bindemittels.

b) Bestimmung des Erweichungspunktes (Abb. 11.2.): Zur Ermittlung des Erweichungspunktes verwendet man meistens die *Ring-Kugel-Methode.* Dabei verwendet man die Last einer Stahlkugel von 3,5 g und 9,5 mm Durchmesser und mißt die Temperatur, bei der diese Auflast eine bestimmte Verformung des Bitumens verursacht. Das zu untersuchende Bindemittel wird in einen Meßring

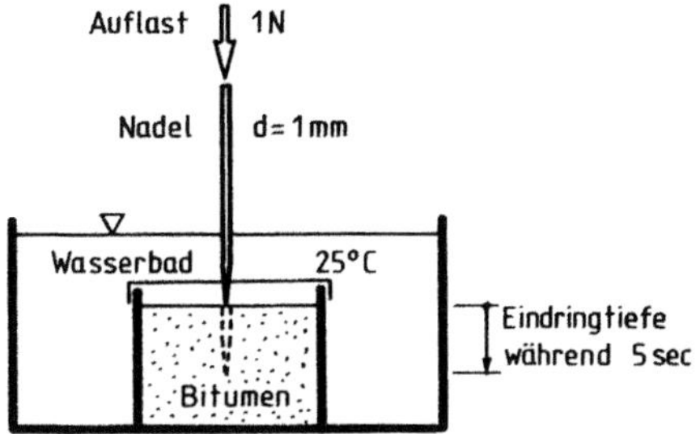

Abb. 11.1. Bestimmung der Penetration

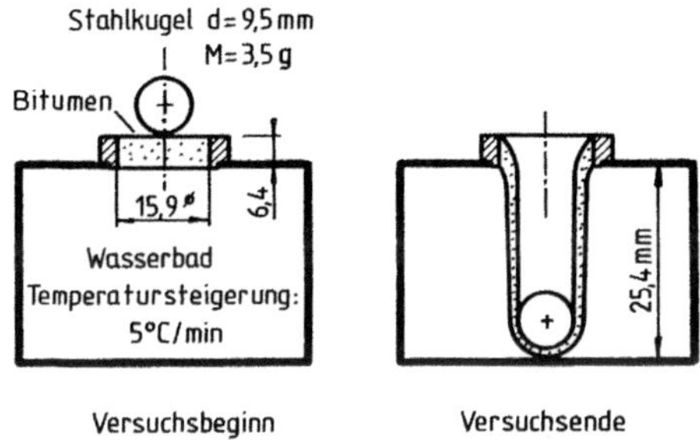

Abb. 11.2. Bestimmung des Erweichungspunktes (Ring und Kugel)

(lichte Weite 15,9 mm) in einer Dicke von 6,4 mm eingegossen. Die Prüfung erfolgt in einem Wasserbad, dessen Temperatur stufenweise um 5° C pro Minute erhöht wird. Wenn die Bitumenschicht einen Durchhang um 25,4 mm aufweist, wird die Temperatur des Wasserbades festgestellt.

c) Bestimmung des Brechpunktes nach Fraas: Der Brechpunkt nach Fraas gibt die Temperatur an, bei der ein Bindemittelfilm unter definierten Versuchsbedingungen spröde bricht. Dazu wird auf ein Stahlplättchen (41 x 20 mm) eine Bitumenmenge von 0,4 cm^3 aufgeschmolzen. Das Plättchen befindet sich in einem Dewar-Gefäß und wird pro Minute um 1° C abgekühlt. Jede Minute erfolgt ein gleichmäßiger Biege- und Streckvorgang des Plättchens. Die Temperatur, bei der der erste Riß sichtbar wird, ist der Brechpunkt.

Der *Erweichungspunkt* gibt einen Anhalt für die obere Temperaturgrenze und der *Brechpunkt* einen Kennwert für die untere Grenze, zwischen denen das Bindemittel eingesetzt werden kann. Der zwischen den beiden Grenzwerten liegende Temperaturbereich wird auch als *Plastizitätsspanne* bezeichnet. Die Plastizitätsspanne gilt als ein Maß für den Anwendungsbereich eines bituminösen Bindemittels.

d) Bestimmung der Viskosität (Abb. 11.3.): Die Ermittlung der Viskosität ist vor allem bei Verschnittbitumen oder Bitumenemulsionen notwendig. Zur Bestimmung der Viskosität wird das sogenannte Straßenteerviskosimeter (Abb. 11.3.) verwendet, welches aus einem temperierbaren Gefäß mit einer am Boden aufgebrachten Düse besteht. Dabei bezeichnet man als *Viskosität* jene Auslaufzeit in Sekunden, die eine Bindemittelmenge von 50 cm^3 bei einer bestimmten Temperatur und Düsengröße zum Auslaufen aus dem Gefäß benötigt. Je nach Art des Bindemittels verwendet man 4 oder 10 mm große Düsen bei Temperaturen von 20, 25, 30, 40 oder 50° C.

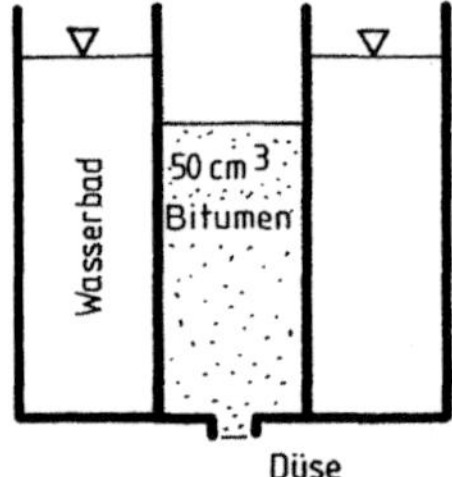

Abb. 11.3. Bestimmung der Viskosität

11.2.1. Bitumenarten

Bei der Destillation des Erdöls unter geringem Vakuum erhält man die *Destillations-* oder *Straßenbaubitumen*. Bezeichnet werden die Destillationsbitumen mit dem Buchstaben B und einer Zahl, welche die mittlere Penetration in 1/10 mm angibt.

Die Plastizitätsspanne, also der Temperaturbereich zwischen Erweichen und Verspröden, liegt bei etwa 50 bis 70° C. Diese Bitumenarten erweichen bereits unter Sonneneinstrahlung und müssen deshalb durch Füllstoffe versteift werden.

Hauptanwendungsgebiet ist der Straßenbau. Die Bitumensorte B 200, Verschnittbitumen und Bitumenemulsionen sind spritzfähig und werden für Oberflächenbehandlungen verwendet. Bitumen der Sorte B 200 bis B 40 verwendet man für Walzasphalte und Bitumen der Sorte B 40 bis B 10 für Gußasphalte.

Durch Destillation unter hohem Vakuum erhält man die härteren *Hochvakuumbitumen*. Man zählt sie ebenfalls zu den Straßenbaubitumen, da sie aus der gleichen Erdölzusammensetzung wie die Destillationsbitumen hergestellt werden. Gekennzeichnet werden sie durch Buchstaben HVB und die Spanne der Erweichungspunkte nach Ring und Kugel. Zum Beispiel bedeutet HVB 85/95, daß es sich um ein Hochvakuumbitumen mit einem Erweichungspunkt nach Ring und Kugel (EP R + K) zwischen 85 und 95° C handelt. Die Penetration ist bei dem HVB im allgemeinen so gering, daß sie vernachlässigt werden kann.

Bei Normaltemperaturen sind HVB bereits hart und spröde. Ihre Plastizitätsspannen sind praktisch ident mit denen der Straßenbaubitumen, der Erweichungspunkt liegt relativ hoch. Anwendung finden HVB bei Bauteilen, die bei tiefen Temperaturen keine oder nur geringe Verformungen erleiden. Im Bauwesen werden HVB 85/95 und HVB 95/105 für Gußasphaltestriche und Asphaltplatten verwendet.

Beim Durchblasen von Luft durch geschmolzenes Bitumen entsteht *geblasenes Bitumen*. Durch Oxidation werden die Grundstoffe entsprechend der Stärke des Vorganges so umgeformt, daß sich der ursprüngliche Zusammenhang zwischen Penetration und Erweichungspunkt des Ausgangsmaterials mehr oder weniger stark ändert. Dadurch können z.B. Bitumen gleicher Penetration, aber mit unterschiedlichen Erweichungspunkten entstehen. Zur Kennzeichnung des geblasenen Bitumens ist sowohl der Erweichungspunkt als auch die Penetration erforderlich.

Geblasenes Bitumen 85/25 bedeutet einen mittleren EP R + K von 85° C und eine Penetration von 25 · 1/10 mm. Die Plastizitätsspanne beträgt 100° C und auch darüber. Das heißt, geblasenes Bitumen zeigt auch bei höheren Temperaturen noch kein Fließen und versprödet nicht bei tiefen Temperaturen.

Die geblasenen Bitumen zeigen ein gummielastisches Verhalten mit geringen plastischen Verformungen. Hauptanwendungsgebiet ist das Beschichten von Dichtungsbahnen und -pappen; weiters verwendet man es als Klebebitumen in der Feuchtigkeitsisolierung und zum Vergießen von Fugen.

Als *Verschnittbitumen (VB)* bezeichnet man ein besonders weiches Bitumen, welches zur besseren Verarbeitbarkeit mit Teerölen oder anderen Erdöldestillaten verschnitten wird, wodurch man eine Herabsetzung der Viskosität erreicht. Nach DIN 1995 besitzt Verschnittbitumen einen Gehalt an Ölen von 15 %, dadurch erhält man eine Erniedrigung der Viskosität auf 100 bis 150 sec.

Der Ölzusatz hat den Nachteil, daß das Material zu Beginn stark wärmeempfindlich wird und unter Belastung leicht nachgibt. Erst nach dem fast vollständigen Verdunsten der zugegebenen Öle erhält man wieder die ursprünglichen Bitumeneigenschaften mit einer höheren Stabilität und geringerer Wärmeempfindlichkeit. Im Straßenbau verwendet man Verschnittbitumen für die Herstellung von wenig befahrenen Straßendecken und als Bindemittel für Oberflächenbehandlungen.

Verwendet man zur Herabsetzung der Viskosität statt Ölen Lösungsmittel, so entstehen bei Verschnitt eines weichen Bitumens mit etwa 20 % Lösungsmittel sogenannte *Kaltbitumen* und bei einem Lösungsmittelgehalt zwischen 30 und 80 % je nach der Härte des verwendeten Bitumens sogenannte *Bitumenlösungen*. Durch die Zugabe des Lösungsmittels erreicht man eine starke Herabsetzung der Viskosität, sodaß sich die Bindemittel bei Normaltemperaturen mischen, spritzen und streichen lassen. Wegen der raschen Verdunstung der Lösungsmittel ist die Abbindezeit dieser Bindemittel relativ kurz. Nach dem Abbinden wird die Härte des Ausgangsbitumens nahezu wieder erreicht. Wie beim Verschnittbitumen müssen die zu benetzenden Oberflächen trocken sein, zur Haftverbesserung verwendet man oft Haftmittel.

Wegen der Brennbarkeit der verdunstenden Lösungsmittel ist bei der Verarbeitung größte Vorsicht notwendig. Im Straßenbau werden Kaltbitumen u.a. zur Bodenverfestigung eingesetzt. In der Abdichtungstechnik verwendet man niedrig konzentrierte Lösungen als Voranstriche und höher konzentrierte Lösungen auch als Deckanstriche.

Bitumenemulsionen werden aus weichen Bitumensorten erzeugt. Die Verminderung der Viskosität wird durch Emulgieren in Wasser erreicht. Dabei muß man aber verhindern, daß die Bitumenteilchen sich untereinander berühren und verkleben, das läßt sich durch die Beigabe eines Emulgators erreichen. Durch diese Emulgatoren werden die Grenzflächenspannungen zwischen Wasser und Bitumen herabgesetzt und es entsteht eine Art Schwebezustand der Bitumenteilchen im Wasser. Die Verwendung von Bitumenemulsionen hat den Zweck, auf eine Erwärmung des Bitumens vor seiner Verarbeitung verzichten zu können.

Nach der Art des Emulgators unterscheidet man 2 Typen von Bitumenemulsionen:

Bei den *anionischen Emulsionen* bestehen die verwendeten Emulgatoren aus oberflächenaktiven Stoffen, z.B. Alkaliseifen, die im Wasser in hydrophile (wasserfreundliche) Kaliumionen und in oleophile (ölfreundliche) Fettsäurerestionen zerfallen. Die negativen, oleophilen Säurerestionen verbinden sich mit den Bitumentröpfchen und bewirken wegen der gleichen negativen Ladung eine Abstoßung der Bitumenteilchen untereinander. Solche Emulsionen bezeichnet man deshalb als anionisch, weil der Ladungssinn der Bitumenteilchen durch den anionischen Teil der Emulgatorteile bestimmt wird.

Bei den *kationischen Emulsionen* verwendet man statt Fettsäuren Fettamine; hier tritt an Stelle der negativ geladenen Fettsäurerestionen die positiv geladene Amingruppe, und die negativen Ionen des Säurerestes verbleiben in der wässerigen Phase. In diesem Fall sind die Ladungsverhältnisse gerade umgekehrt wie bei den anionischen Emulsionen.

Bei kieselsäurearmen Gesteinen wie z.B. Basalt erhält man mit anionischen Emulsionen eine gute Reaktion, hingegen zeigen kieselsäurereiche (saure) Gesteine wie z.B. Quarzite und Granite ein gutes Reaktionsvermögen mit kationischen Emulsionen.

Eine Unterscheidung der Bitumenemulsionen erfolgt hinsichtlich ihres Brechverhaltens, wobei man als *Brechen* die Trennung des Bitumens vom Wasser bezeichnet.

Unstabile Bitumenemulsionen (U) brechen sofort bei Berührung mit Gesteinen, können also nur verspritzt oder vergossen werden. Hiezu zählen die meisten kationischen Emulsionen.

Stabile Bitumenemulsionen (S) erlauben auch die Herstellung von feinkörnigem Mischgut, die Trennung von Bitumen und Wasser erfolgt erst durch die Verdunstung des Wassers, die Bindewirkung stellt sich erst allmählich ein.

Halbstabile Bitumenemulsionen (H) lassen sich vor dem Einbau mit füllerlosem Gesteinsmaterial (Korngröße 2 mm) vermischen. Das Material darf aber nicht lange gelagert werden.

Hauptanwendungsgebiet der Bitumenemulsionen ist der Straßenbau. In der Abdichtungstechnik werden Emulsionen nur selten verwendet, da sie zusätzliche Feuchtigkeit ins Bauwerk einbringen.

11.3. Asphalte

Als Asphalt bezeichnet man alle natürlichen oder künstlichen Mischungen von Bitumen mit Mineralbestandteilen.

Auf Grund des Aufschwunges der Industrieproduktion haben die in der Natur vorkommenden Bitumen-Mineralgemische, die sogenannten *Naturasphalte*, nur noch geringe Bedeutung. Das bedeutendste Asphaltvorkommen der Erde ist der auf der Insel Trinidad vorkommende *Trinidad-Asphalt*, den man nach der Aufbereitung und Reinigung als Trinidad-Epuré bezeichnet. Dieses Trinidad-Epuré besteht aus einem Gemisch von 53 bis 55 Massenprozent eines Bitumens der Penetration 10 bis 12 · 1/10 mm und eines Erweichungspunktes von 63 bis 71° C, aus 36 bis 37 Massenprozent sehr feinem Füller, bestehend aus Mineralstoffen und vulkanischen Aschen, sowie aus weiteren nicht näher definierten Bestandteilen in der Größenordnung von 10 Massenprozent.

Trinidad-Asphalte werden als Zusätze bei der Herstellung von Gußasphalten und Asphaltbetonen im Straßenbau verwendet.

11.4. Teer

Nach der ÖNORM B 3636 bzw. nach DIN 55946 bezeichnet man als Teer die durch thermische Zersetzung organischer Naturstoffe gewonnenen flüssigen bis halbfesten Erzeugnisse. Die Bezeichnung erfolgt entsprechend dem Ursprungsstoff. So gewinnt man aus Holz den Holzteer, aus Braunkohle den Braunkohlenteer, aus Steinkohle den Steinkohlenteer usw. Als bituminösen Baustoff verwendet man im allgemeinen nur den Steinkohlenteer.

Bei der thermischen Behandlung oder trockenen Destillation der Steinkohle entsteht Leuchtgas. Im Leuchtgas sind Kohlenwasserstoffverbindungen enthalten, aus denen nach ihrer Abscheidung der Steinkohlenteer entsteht. Durch Destillation des Steinkohlenteers gewinnt man verschiedene Teeröle (Leichtöl, Mittelöl, Schweröl, Anthrazenöl). Der dabei entstehende Rückstand, der etwa die Hälfte der übrigen Destillationserzeugnisse ausmacht, heißt *Steinkohlenteerpech.*

Das Teerpech ist eine schwarze, amorphe Masse, die als Grundstoff für weitere Teererzeugnisse Verwendung findet. Ähnlich wie beim Bitumen unterscheidet man zwischen *Weichteerpechen* und *Hartteerpechen.* Teerpeche haben Eigenschaften, die sich von denen des Bitumens wesentlich unterscheiden. Teerpech hat eine höhere Dichte (etwa 1,2 kg/cm^3) als Bitumen (etwa 1,0 kg/dm^3) und ist in der Kälte spröder als Bitumen.

Auf der Baustelle verwendet man immer den *präparierten Steinkohlenteer*, auch *Straßenteer* genannt. Straßenteer ist eine Lösung von Teerpech in hochsiedenden Teerölen (Pechgehalt 60 – 70 %). Die Bedingungen für den Straßenteer sind in der ÖNORM B 3622 bzw. in der DIN 1995 festgelegt. Wichtigste Prüfung bei Straßenteeren ist die Bestimmung der Viskosität mit dem Straßenteerviskosimeter (Abb. 11.3.). Straßenteer wird in der Hauptsache zu Oberflächenbehandlungen im Straßenbau verwendet.

Analog zum Asphaltbeton wird auch ein *Teerbeton* hergestellt, der sich aus Splitt, Sand, Gesteinsmehl vermischt mit Straßenteer zusammensetzt. Auch hier unterscheidet man zwischen Teerfeinbeton (Größtkorn 10 mm) und Teergrobbeton (Größtkorn etwa 20 mm). Für Teerbetone verwendet man vorwiegend Straßenbauteere mit Auslaufzeiten aus dem Straßenteerviskosimeter zwischen 40 und 70 Sekunden (T 40/70). Der Gehalt an Straßenteer einer Straßendeckenschicht beträgt im allgemeinen 8 % und hängt vom Hohlraumgehalt der Zuschlagstoffe ab.

Entsprechend den Bitumenemulsionen verwendet man auch Teeremulsionen, bei denen der Teer in Form feinster Tröpfchen im Wasser verteilt ist. Teeremulsionen lassen sich kalt verarbeiten und ihre Anwendung ist auch bei feuchtem Wetter möglich.

Für Abdichtungsarbeiten verwendet man meist mit Bitumen vermischte Weichteerpeche. Durch den Bitumenzusatz werden die Eigenschaften des Teerpeches verbessert, vor allem verhält es sich in der Kälte weniger spröde. Weiche Teerpeche mit Bitumenzusatz werden auch als Vergußmassen verarbeitet. Für den Straßenbau werden ebenfalls Teere mit Bitumenzusatz verwendet (ÖNORM B 3624, DIN 1995). Dabei beträgt der Gehalt an Bitumen meist 15 %.

11.5. Bituminöse Baustoffe für den Straßenbau

Hauptanwendungsgebiet der bituminösen Baustoffe ist zweifellos der Straßenbau. Dabei werden Asphalte sowohl im Oberbau als auch im Unterbau eingesetzt. Die heutigen Straßenkonstruktionen bestehen aus mehreren Schichten und die in den einzelnen Lagen verarbeiteten bituminösen Gemische aus Bitumen oder Teer mit Mineralstoffen müssen so zusammengesetzt sein, daß sie den jeweiligen Beanspruchungen ausreichend genügen.

Üblicherweise besitzen die Schichten von bituminösen Fahrbahnbefestigungen den in Abb. 11.4. dargestellten Aufbau.

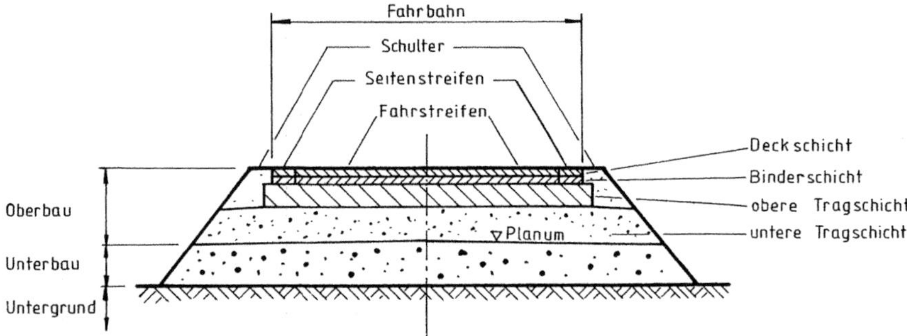

Abb. 11.4. Aufbau einer bituminösen Fahrbahnbefestigung

Als *Deckschicht* oder *Verschleißschicht* bezeichnet man die oberste Schicht einer bituminösen Fahrbahnbefestigung. Die Fahrbahndecke umfaßt nicht nur die Deckschicht, sondern auch noch eine oder zwei *Binderschichten.* Die Binderschichte befindet sich zwischen der Deckschicht und der *Tragschicht.* Maßgebend für die Ausführung bituminöser Tragschichten sind in Österreich die RVS (Richtlinien und Vorschriften für den Straßenbau) 8514 und in Deutschland die TVT (Technische Vorschriften und Richtlinien für die Ausführung der Tragschichten unter Fahrbahnschichten). Für die bituminösen Decken gelten in Österreich die RVS 8627 und in Deutschland die TVbit (Technische Vorschriften und Richtlinien für den Bau bituminöser Fahrbahndecken, Teil 1 bis 7).

Zusätzlich zu den Belastungen, denen das Material durch den Verkehr ausgesetzt ist, kommen Beanspruchungen infolge Witterungseinwirkungen. Um den Verkehrsbelastungen standhalten zu können, müssen die einzelnen Schichten eine ausreichende *Stabilität* aufweisen. Unter Stabilität versteht man im bituminösen Straßenbau die Formbeständigkeit bei Einwirkung von Kräften oder die

Widerstandskraft gegen zwangsweise aufgebrachte Verformungen. Hohe Widerstandskraft bei geringer Verformung bedeutet ein hartes und sprödes Material, geringe Widerstandskraft und große Verformung weisen auf ein weiches, verformungsfähiges Material hin. Zur Beurteilung der Stabilität und Fließfähigkeit von bituminösen Massen verwendet man die sogenannte *Marshall-Prüfung*. In Abb. 11.5. ist die hiefür notwendige Prüfvorrichtung abgebildet. Unter *Marshall-Stabilität* versteht man die auf 63,5 mm Probenhöhe korrigierte Höchstkraft, die beim Druckversuch an zylindrischen Probekörpern (Durchmesser 101,6 mm) mit teilweise behinderter Seitenausdehnung bei konstanter Vorschubgeschwindigkeit von 50 mm/min gemessen wird. Während des Druckvorganges liegen die Probekörper zwischen Druckschalen, die seine Mantelfläche nicht vollständig umfassen. Der *Marshall-Fließwert* ist die Differenz zwischen der ursprünglichen Meßlänge L_0 (Durchmesser des Probekörpers) und der Meßlänge L bei der Höchstkraft. Zur Marshall-Prüfung werden die Probekörper in einem Wasserbad auf 60° C erwärmt. Dies hat den Zweck, die Viskosität des Bindemittels soweit herabzusetzen, daß nicht nur der Einfluß des Bindemittels, sondern auch der des Mineralaufbaues mit in das Prüfergebnis eingeht.

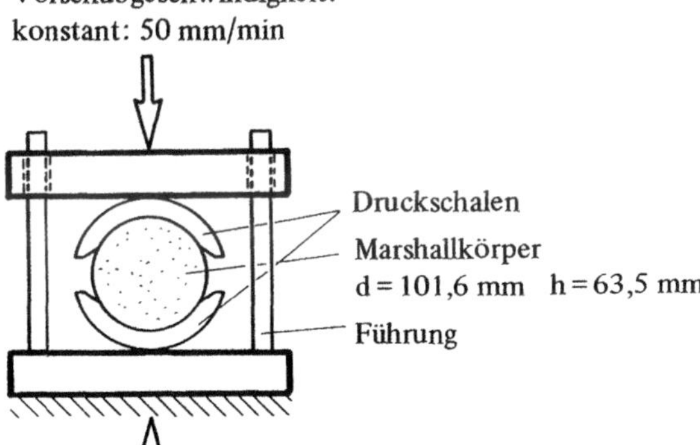

Abb. 11.5. Marshall-Prüfung

Zur Erzielung einer guten Witterungsbeständigkeit müssen die Deckschichten so dicht sein, daß das Eindringen von Wasser und Feuchtigkeit vermieden wird. Deshalb ist an fertig verdichtetem Mischgut die Prüfung auf Dichte, Hohlraumgehalt besonders wichtig (DIN 1996, Blatt 7 und 8). Die Erhaltung der Verkehrssicherheit erfordert bei den Deckschichten eine ausreichende Griffigkeit und Verschleißfestigkeit. Zur Erzielung und Gewährleistung dieser Eigenschaften ist neben dem richtigen Bindemittel auch die Wahl eines entsprechenden Zuschlagkornaufbaues von besonderer Bedeutung.

Für die im bituminösen Straßenbau verwendeten Zuschlagstoffe gelten ähnliche Regeln wie für die Zuschlagstoffe im Betonbau. Als geeignetste Zuschläge gelten in erster Linie Hartgesteine, gebrochener Kies und in zweiter Linie harte

Kalksteine. Angestrebt wird ein Kornaufbau, der möglichst wenig Hohlräume in der Gesteinskomponente zuläßt. Für die Zusammensetzung der Korngemische existieren Sollsieblinien, die in der praktischen Anwendung eingehalten werden müssen. Vorschriften über die Zusammensetzung und die Prüfung der Zuschlagstoffe finden sich in den Richtlinien für den Straßenbau, RVS 8111, 8627 und in DIN 1996.

11.5.1. Einteilung bituminöser Fahrbahnbefestigungen

Die Einteilung bituminöser Schichten kann entweder nach dem Hohlraumgehalt (Tabelle 11.1.) oder nach der Temperatur beim Einbau erfolgen (Tabelle 11.2.).

Tabelle 11.1. *Gliederung der Deckschichten nach dem Hohlraumgehalt*

Hohlraumgehalt	Bezeichnung der Bauweise
hohlraumreich mehr als 10 Vol.-%	Tränkmakadam, Streumakadam im Heiß-, Warm- oder Kalteinbau
mittelporös 5 – 10 Vol.-%	Teer- und Asphaltbeton im Warmeinbau
hohlraumarm 1 – 5 Vol.-%	Asphaltbeton, Sandasphalt Teerbeton im Heißeinbau
hohlraumfrei weniger als 1 Vol.-%	Gußasphalt im Heißeinbau

Tabelle 11.2. *Gliederung der Mischgutarten nach der Einbautemperatur*

Bezeichnung	Einbau-temperatur	Bindemittel	Mischgutart
Heißeinbau	über 150° C	Bitumen B 40 bis B 200	Gußasphalt, Asphaltbeton, Sandasphalt, Asphaltbinder, Tragschichtmischgut
Warmeinbau	40 – 130° C	(Straßenteere, Teer mit Bitumenzusatz)	Warmeinbaufähiger Asphalt- und Teerbeton, Streu- und Mischmakadam
Kalteinbau	unter 30° C	Bitumenemulsionen, Kaltbitumen (Kalt- teer, Teeremulsionen)	Emulsionsmischgut, Kalt- bitumenmischgut, bituminöse Schlämme

Nach der Zusammensetzung des Mischgutes und den Einbauverfahren unterscheidet man zwischen Makadambauweisen, Betonbauweisen und Gußasphaltbauweisen.

11.5.1.1. Makadambauweise

Bei dieser Bauweise wird eine leicht angewalzte Schotterschicht mit heißen Bitumen angespritzt, dann mit Grobsplitt und Feinsplitt abgedeckt und dann nochmals gewalzt. Zur Erzielung eines guten Deckenschlusses wird nach Entfernen des nicht gebundenen Splittes an der Oberfläche nochmals Bitumen aufgespritzt und wieder mit Splitt abgestreut. Bei den Makadambauweisen fehlen im Zuschlagkornaufbau meistens der Sand und der Füller. Aufgabe des bituminösen Bindemittels ist es, die einzelnen Schotter- und Splittkörner miteinander zu verkleben. Von Tränkmakadam spricht man dann, wenn das Bindemittel nach dem Einbau des Schotters und des Splitts aufgespritzt wird. Beim Streumakadam wird der Splitt vor dem Aufbringen mit dem bituminösen Bindemittel umhüllt. Die hochwertigste Makadambauweise ist der Mischmakadam, bei dieser Bauart werden der Schotter und der Splitt vor dem Einbau mit Bindemittel umhüllt.

Makadamdecken zeigen eine geringe Anfangsfestigkeit und einen anfänglich großen Hohlraumgehalt (etwa 12 bis 18 Vol.-%). Durch die starke Nachverdichtung infolge Verkehr ist die Gefahr einer Spurrillenbildung sehr groß, aus diesem Grund wird die Makadambauweise heute nur auf untergeordneten Straßen und Wegen angewendet.

11.5.1.2. Asphaltbeton im Heißeinbau

Bei den Asphaltbetonbauweisen entsteht wegen des gemischtkörnigen Aufbaues der Zuschlagkörner ein hohlraumarmes Gefüge. Die Zusammensetzung der Zuschläge hat nach vorgeschriebenen Sieblinien zu erfolgen. Der Bindemittelgehalt in einem hohlraumarmen Mischgut darf aber nur so hoch sein, daß auch bei starker Verdichtung beim Einbau und durch die Verkehrsbelastung ein bestimmter kleiner Restanteil an Hohlräumen bindemittelfrei bleibt. Hohlraumarme Mischgutarten besitzen im heißen Zustand eine körnige Struktur und werden erst beim Einbau durch die Verdichtung mit Bohlen und Walzen (Walzasphalt) hohlraumarm. Der notwendige Gehalt an bituminösem Bindemittel ist anhand einer Eignungsprüfung festzulegen.

Das mechanische Verhalten und die Stabilität eines Asphaltbetons werden vom relativen Volumen des Bindemittels und der Zuschlagkörner bestimmt. Der Widerstand gegenüber Verformungen setzt sich zusammen aus der Kohäsion des Mörtels und der inneren Reibung der Zuschläge. Bis zu einem bestimmten Bindemittelgehalt nimmt der Verformungswiderstand zu; er fällt aber stark ab, wenn alle Hohlräume mit Bindemittel gefüllt sind. Zur Aufrechterhaltung einer gegenseitigen Kornabstützung muß daher ein Anteil an Hohlräumen bindemittelfrei bleiben.

Bei Einwirkung von höheren Temperaturen, z.B. unter Sonneneinstrahlung, zeigen die bituminösen Bindemittel ein etwa 20 mal größeres Ausdehnungsverhalten als die in den Belägen enthaltenen Zuschlagkörner. Zur Aufnahme dieser Wärmedehnungen und zur Vermeidung schädlicher Temperaturspannungen muß ein bestimmter Hohlraumgehalt vorhanden sein, um diese Volumensvergrößerung des Bitumens aufnehmen zu können.

Je nach Korngrößenverteilung und Größtkorn unterscheidet man verschiedene Arten von Asphaltbeton:

Sandasphalt – Kornzusammensetzung 0/2 mm
Splittarmer Asphaltbeton – Kornzusammensetzung 0/5; 0/8; 0/12 mm
Splittreicher Asphaltbeton – Kornzusammensetzung 0/5; 0/8; 0/12 mm
Asphaltgrobbeton – Kornzusammensetzung 0/18 mm

11.5.1.3. Gußasphalt

Hinsichtlich Lebensdauer und Haltbarkeit unter Verkehrsbeanspruchung ist Gußasphalt der hochwertigste unter allen bituminösen Fahrbahnbelägen. Aus diesem Grund wird Gußasphalt vorzugsweise im Stadtstraßenbau und im Autobahnbau verwendet.

In ähnlicher Weise wie bei den hohlraumarmen Mischgutarten enthält der Gußasphalt einen genau abgestuften Kornaufbau. Besonderes Merkmal des Gußasphaltes ist sein hoher Bindemittelgehalt. Das heißt, alle Hohlräume zwischen den Zuschlagkörnern sind vollkommen mit Bindemittel ausgefüllt, im heißen Zustand ist sogar Bindemittelüberschuß vorhanden, die Zuschläge schwimmen gleichsam im Bindemittel. Der heiße Gußasphalt hat eine breiartige, grießförmige Konsistenz, nach dem Einbau ist keine Verdichtung mehr notwendig. Eine Beanspruchung ist nach dem Auskühlen sofort möglich. Im Gegensatz zu den hohlraumarmen Mischgutarten, wo ein Bindemittelüberschuß schädlich ist, entstehen beim Gußasphalt trotz des Bindemittelüberschusses bei Verkehrsbelastungen keine ungünstigen Verformungen. Die hohe Stabilität wird dadurch erreicht, daß das bituminöse Bindemittel durch einen großen Fülleranteil stabilisiert wird. Für einen Gußasphalt muß der Gehalt an Füllermaterial im Zuschlagkorngemisch mindestens 20 Massenprozent betragen. In der Praxis werden bei einem Bindemittelgehalt von etwa 7 – 8 Massenprozent bis zu 25 Massenprozent Füller verwendet. Dadurch erreicht man eine derart große Versteifung des Bindemittels, daß sich der Überschuß an Bindemittel nicht mehr nachteilig auswirkt. Im allgemeinen verwendet man für Gußasphalte Mischungen mit etwa 25 Massenprozent an Füller und etwa 48 Massenprozent an Splitten. Ein splittreicher Gußasphalt kann bis zu 55 Massenprozent Splitt enthalten.

Im Vergleich zum Asphaltbeton verwendet man beim Gußasphalt härtere Bitumensorten (B 15 bis B 40). Der Bindemittelüberschuß darf natürlich nicht zu groß sein, da sonst der Gußasphalt unter Sonneneinstrahlung im Sommer zu stark erweicht.

Zur Feststellung der Stabilität von Gußasphalt wird nach ÖNORM B 3638 die Kugeleindruckprüfung und nach DIN 1996 die Stempeldruckprüfung verwendet.

11.6. Gußasphaltestrich

Gußasphalte werden sehr häufig im Inneren von Gebäuden für die Herstellung von Estrichen verwendet. Im Vergleich zum Straßenbau sind hier jedoch einige Modifikationen in der Mischgutzusammensetzung erforderlich. Estriche werden in der Regel von Hand aus verlegt, deshalb wird eine möglichst gute Verarbeitbarkeit verlangt. Die Oberflächenrauhigkeit soll möglichst gering sein, was die Verwendung grober Splittkörner erübrigt. Da im Inneren eines Gebäudes keine großen Temperaturunterschiede auftreten, kann ohne Gefahr einer Rißbildung ein härteres Bindemittel gewählt werden. Ein härteres Bindemittel ist auch notwendig, da dadurch die Gefahr gegenüber Eindrückungen infolge statischer Belastungen entfällt.

Bei Gußasphaltestrichen an Außenflächen (Terrassen, Dächern usw.) muß wegen des Auftretens größerer Temperaturdifferenzen und der damit verbundenen Gefahr der Rißbildung ein etwas weicher eingestellter Gußasphalt verwendet werden. In diesem Fall muß man unter Umständen gewisse Eindrückungen in Kauf nehmen.

11.6.1. Gußasphaltestrich für Innenflächen

Zur Erzielung einer guten Verarbeitbarkeit und einer geringen Oberflächenrauhigkeit soll das im Mischgut verwendete Größtkorn maximal 5 mm betragen. Als Sand verwendet man in der Regel Natursand, wobei der notwendige Gehalt an Gesteinsmehl bis zu 30 Massenprozent beträgt. Wegen der erforderlichen Stabilität nimmt man Bindemittelgehalte zwischen 8 und 10 Massenprozent, wobei sich B 10 oder Hochvakuumbitumen HVB 85/95 als zweckmäßigstes Bindemittel erwiesen hat. Die Prüfung des richtigen Bitumengehaltes erfolgt mittels Stempeldruckprüfung nach DIN 1996.

Die ÖNORM B 2232 (Estricharbeiten) fordert bei der Verwendung von Hartgußasphalt als Unterlage für Fußbodenbeläge eine Dauerstandsfestigkeit von 60 N/cm^2 bei einer Raumtemperatur von etwa 20° C, wobei innerhalb von 24 Stunden Eindrücke bis höchstens 0,5 mm auftreten dürfen.

11.6.2. Gußasphaltestrich für Außenflächen

Die Kornzusammensetzung unterscheidet sich nicht wesentlich von derjenigen, welche bei Gußasphaltestrichen in Innenräumen verwendet wird. Zur Erzielung einer ausreichenden Griffigkeit werden Splittzusätze der Korngröße 2/5 oder 2/8 zugegeben. Wegen der größeren Temperaturdifferenzen verwendet man weichere Bitumenarten (z.B. B 15 für Terrassen oder B 40 bis B 70 für Dächer). Dadurch erhält man bei der Stempeleindruckprüfung auch bei nur geringem Bindemittelüberschuß größere Eindrucktiefen (bei Terrassen etwa 3 mm, bei Dächern bis etwa 10 mm). Der Bitumengehalt liegt zwischen 8 und 9 Massenprozent.

Da bei größeren Temperaturänderungen die Rissefreiheit eines solchen Gußasphaltbelages nicht immer gewährleistet werden kann, empfiehlt sich die Anordnung einer Dichtungsschicht z.B. aus Mastix unterhalb des Gußasphaltestriches.

11.7. Bituminöse Abdichtungsstoffe

Der Schutz von Bauwerken gegenüber einem Zutritt von Feuchtigkeit stellt einen wesentlichen Faktor bei deren Werterhaltung dar. In diesem Zusammenhang kommt den bituminösen Baustoffen eine besondere Bedeutung zu.

Auf dem Gebiet des Bautenschutzes mittels bituminöser Abdichtungsstoffe unterscheidet man 2 Arten von Anwendungen:

Die *Dachdeckung* und die *Bauwerksabdichtung.*

11.7.1. Dachdeckung

Bei der Verwendung bituminöser Materialien für die Dachdeckung handelt es sich in den meisten Fällen um *Dachpappen* oder bituminöse Dichtungsbahnen. Diese bestehen aus einer Einlage aus Rohfilzpappe, Glasvlies und Metall- oder Kunststoffolien. Diese Einlagen werden mit einer bituminösen Masse getränkt und beiderseits mit Sand abgestreut (Körnung unter 2 mm). Als bituminöse Klebemassen werden in erster Linie geblasene Bitumen oder Teersandpeche verwendet. In diesen mit einer Einlage versehenen Dichtungsschichten werden die Anforderungen nach Dichtheit und Festigkeit auf die zwei Komponenten, bituminöses Bindemittel und eingebettete Trägermasse, verteilt. Die Dichtheit wird vom Bindemittel und die Festigkeit von dem eingebetteten Trägermaterial übernommen.

11.7.2. Bauwerksabdichtungen

Bei den Bauwerksabdichtungen unterscheidet man zwischen Abdichtungen gegen nichtdrückendes und gegen drückendes Wasser. Bei den Abdichtungen gegen *nichtdrückendes Wasser* werden neben der Verwendung von bituminösen Pappen und Dichtungsbahnen auch folgende bituminöse Verfahrenstechniken angewendet:

Voranstriche (nur kalt zu verarbeiten)
Deckaufstriche (kalt oder heiß zu verarbeiten)
Spachtelmassen (kalt oder heiß zu verarbeiten)
Klebemassen (nur heiß zu verarbeiten).

Bituminöse Anstriche z.B. zur Abdichtung von senkrechten oder stark geneigten Wandflächen bestehen aus einem kaltflüssigen Voranstrich und mindestens 2 heiß- oder 3 kaltflüssig aufzubringenden Deckaufstrichen. Der Voranstrich ist für eine gute Haftung der Deckaufstriche notwendig und muß deshalb in die Poren der Bauteiloberfläche eindringen. Voranstriche und Deckaufstriche müssen jeweils die gleiche Grundstoffbasis (Bitumen oder Teer) aufweisen.

Die zur Abdichtung verwendeten Pappen sind meist nackte Pappen oder Dachpappen. Als nackte Pappen bezeichnet man Rohpappen, die mit Teer- oder Bitumentränkmasse vollkommen durchtränkt und an der Oberfläche leicht eingestaubt wurden.

Nach DIN 4117 benützt man als Abdichtungsmaterial fertige Dichtungsbahnen. Diese Dichtungsbahnen bestehen aus dickeren, mit Tränkmasse durchtränkten Einlagen, die meist noch mit einer Deckschicht aus Bitumen oder Teersonderpech versehen sind und mit feinen Sanden abgestreut wurden. Nach Art der Einlage kennt man z.B. folgende Dichtungsbahnen:

mindestens 3,5 mm dick, mit Rohfilzpappe als Einlage
mindestens 3,0 mm dick, mit Jutegewebe als Einlage
mindestens 3,0 mm dick, mit Glasgewebe als Einlage

zusätzliche Einlagen aus Kupferfolie oder Aluminiumfolie sind möglich.

Sind verstärkte Abdichtungen gegen nichtdrückendes Wasser notwendig, so kann dies mittels Spachtelmassen, Pappen oder Dichtungsbahnen erfolgen. Die Wandflächen sollen dabei auf dieselbe Weise vorbereitet werden wie zur Aufnahme bituminöser Anstriche und müssen einen kaltflüssigen Voranstrich erhalten. Bei Spachtelmassen sind stets zwei Lagen erforderlich. Pappen und Dichtungsbahnen werden einlagig mit einer Klebemasse auf die vorgestrichene Fläche geklebt und mit der gleichen Masse überstrichen.

Bituminöse Abdichtungen gegen *drückendes Wasser* müssen nach DIN 4031 die Bauwerke gegen hydrostatisch drückendes Wasser (z.B. Grundwasser) schützen und gegen natürliche oder durch Herauslösen aus dem Zementbeton entstandene aggressive Wässer unempfindlich sein. Derartige Abdichtungen bestehen aus nackten 500er Teer- oder Bitumenpappen; zusätzlich können auch 0,1 mm dicke Weichkupferbahnen verwendet werden, die mit heißen bituminösen Anstrichen verbunden und überstrichen werden. Die Pappen und Metallbahnen gewährleisten eine entsprechende Festigkeit und sind Träger der nachfolgenden mindestens 3-lagigen Anstriche, die als eigentliche Abdichtung wirken. Als Anstriche verwendet man Klebemassen aus Bitumen oder Teersandpechen (Erweichungspunkt nach Ring und Kugel 54 bis 74° C, Brechpunkt nach Fraß höchstens +3° C).

Für die Abdichtungen muß die Unterlage möglichst eben, trocken und sauber sein. Die Anzahl der Abdichtungslagen bestehend aus Pappen oder Metallbahnen richtet sich nach der Tiefenlage des Bauwerkes und dem zu erwartenden Einpreßdruck.

Zu den Bauwerksabdichtungen zählt man auch die *Fugenvergußmassen*. An diese Materialien werden besonders hohe Anforderungen hinsichtlich Dehnbarkeit bei tiefen und Stabilität bei hohen Temperaturen gestellt. Die Fugenvergußmassen müssen sich leicht vergießen lassen und dürfen an den Fugenflanken nicht abreißen. Da rein bituminöse Stoffe alle diese Anforderungen oft nicht erfüllen können, muß man je nach Verwendungszweck noch Zusätze von Kunststoffen, Gummi, Fasern usw. beigeben.

11.8. Literatur, Richtlinien, Normen

Georgy, W.: Die Baustoffe Bitumen und Teer. Köln – Braunfeld: Verlagsgesellschaft Rudolf Müller. 1963.

Velske, S: Baustofflehre, Bituminöse Stoffe. Düsseldorf: Werner Verlag. 1971.

Wehner, B., Siedek, P., Schulze, K. M.: Handbuch des Straßenbaues, Teil 2. Berlin–Heidelberg–New York: Springer. 1977.

Richtlinien

TV bit — Technische Vorschriften und Richtlinien für den Bau bituminöser Fahrbahndecken

RV bit	Richtlinien für die Ausführung des Unterbaues bituminöser Fahrbahndecken, beide Forschungsgesellschaft für das Straßenwesen Köln
RVS	Richtlinien und Vorschriften für den Straßenbau des Bundesministeriums für Bauten und Technik Wien
RVS 8514	Bituminöse Tragschichten im Heißmischverfahren
RVS 8627	Bituminöse Decken im Heißmischverfahren

Normen

DIN 1995	Bituminöse Bindemittel für den Straßenbau, Probenahme und Beschaffenheit, Prüfung
DIN 1996	Prüfung bituminöser Massen für den Straßenbau und verwandte Gebiete (Teil 1 bis Teil 19)
DIN 4031	Wasserdruckhaltende bituminöse Abdichtungen für Bauwerke, Richtlinien für Bemessung und Ausführung
DIN 4117	Abdichtung von Bauwerken gegen Bodenfeuchtigkeit, Richtlinien für die Ausführung
DIN 4122	Abdichtung von Bauwerken gegen nicht drückendes Oberflächenwasser, Sickerwasser, mit bituminösen Stoffen, Metallbändern und Kunststoffolien, Richtlinien
DIN 18190	Dichtungsbahnen für Bauwerksabdichtungen (Teil 1 bis Teil 5)
DIN 52000–07	Prüfung bituminöser Bindemittel
DIN 52010–17	Prüfung bituminöser Bindemittel
DIN 52023–35	Prüfung bituminöser Bindemittel
DIN 52040–48	Prüfung bituminöser Bindemittel
DIN 52117	Rohfilzpappe, Begriff, Bezeichnung, Anforderungen
DIN 52118	Rohfilzpappe, Prüfung
DIN 52121	Teerdachbahnen mit Rohfilzeinlage, Begriff, Bezeichnung, Anforderungen
DIN 52123	Prüfung von bituminösen Bahnen; Dachbahnen und nackte bituminöse Bahnen (Teil 1); Dichtungsbahnen für Bauwerksabdichtungen (Teil 2)
DIN 52126	Nackte Teerbahnen, Begriff, Bezeichnung, Anforderungen
DIN 52128	Bitumendachbahnen mit Rohfilzeinlage, Begriff, Bezeichnung, Anforderungen
DIN 52129	Nackte Bitumenbahnen, Begriff, Bezeichnung, Anforderungen
DIN 52130	Bitumen-Dachdichtungsbahnen, Begriff, Bezeichnung, Anforderungen
DIN 52131	Bitumen-Schweißbahnen, Begriff, Bezeichnung, Anforderungen
DIN 52136	Steinkohlenteere als Dachanstriche, Anforderungen, Prüfung
DIN 52140	Teer-Sonderdachbahnen und Teer-Bitumendachbahnen, Begriff, Bezeichnung, Anforderungen
DIN 52141	Glasvlies als Einlage für Dach- und Dichtungsbahnen, Begriff, Bezeichnung, Anforderungen
DIN 52142	Glasvlies als Einlage für Dach- und Dichtungsbahnen, Prüfung
DIN 52143	Glasvlies-Bitumendachbahnen, Begriff, Bezeichnung, Anforderungen
DIN 55946	Bituminöse Stoffe, Begriffe

ÖNORM B 3610	Erdölbitumen für Straßenbauzwecke
ÖNORM B 3611	Erdölbitumen für industrielle Verwendung
ÖNORM B 3612	Steinkohlenteerprodukte für industrielle Verwendung
ÖNORM B 3622	Straßenteere
ÖNORM B 3624	Bitumenteere

ÖNORM B 3625	Teil 1: Bitumenemulsionen, Anionische Bitumenemulsionen
ÖNORM B 3626	Kaltteer
ÖNORM B 3627	Verschnittbitumen
ÖNORM B 3628	Straßenöle
ÖNORM B 3631	Glasvlies, Einlage für Dach- und Abdichtungsbahnen, Anforderungen (Teil 1), Prüfung (Teil 2)
ÖNORM B 3632	Glasgewebe, Einlage für Dach- und Abdichtungsbahnen, Anforderungen (Teil 1), Prüfung (Teil 2)
ÖNORM B 3634	Rohpappe; Einlage für Dach- und Abdichtungsbahnen (Teil 1), Prüfung (Teil 2)
ÖNORM B 3635	Bituminöse Dach- und Abdichtungsbahnen mit Rohpappeeinlage, Anforderungen
ÖNORM B 3637	Prüfmethoden für bituminöse Werk- und Baustoffe
ÖNORM B 3638	Kugeleindruck – Prüfung von Gußasphalten
ÖNORM B 3646	Bituminöse Dach- und Abdichtungsbahnen (Teil 1 bis Teil 7)
ÖNORM B 3651	Bituminöse Dach- und Abdichtungsbahnen mit Glasvlieseinlage, Anforderungen (Teil 1) Bituminöse Dach- und Abdichtungsbahnen mit Glasvlieseinlage und einseitiger Kunststoffolie und Kaschierung, Anforderungen (Teil 2, Vornorm)
ÖNORM B 3652	Bituminöse Dach- und Abdichtungsbahnen mit Glasgewebeeinlage, Anforderungen
ÖNORM B 3653	Bituminöse Dach- und Abdichtungsbahnen, Dampfsperrbahnen mit Aluminiumbandeinlage, Anforderungen
ÖNORM C 9211	Bituminöse Grundstoffe, Dichte und relative Dichte, Prüfung
ÖNORM C 9216	Bituminöse Grundstoffe, Viskosität von Bitumen, Prüfung
ÖNORM C 9250	Erdölbitumen, Asphalt, Teer, Prüfung (Teil 1 bis Teil 24)

12. Glas

Glas ist ein anorganisches, aus dem Schmelzfluß entstandenes Produkt, welches ohne merkliche Kristallisationserscheinungen abkühlt und erstarrt. Diese Definition ist insofern einschränkend, als es in der Zwischenzeit auch eine Reihe von organischen Gläsern gibt. Für das Bauwesen sind jedoch nur die anorganischen Gläser von Bedeutung.

Glas besteht aus einem amorphen Gemenge von Silikaten. Es entsteht durch Zusammenschmelzen von Quarzsand mit alkalihaltigen und erdalkalihaltigen Stoffen. Je nach Verwendungszweck können noch weitere Bestandteile wie Borsäure (temperaturfeste Borsilikatgläser), Bleioxid (Bleigläser) oder seltene Erden (optische Gläser) hinzukommen.

Wichtig für die Glasherstellung ist das richtige Auskühlen der Schmelze. Beim Auskühlvorgang dürfen sich keine Kristalle ausbilden, da das Glas dadurch getrübt wird. Glas besitzt keinen festen Schmelzpunkt, es tritt eine allmähliche Erweichung ein.

12.1. Flachglas

Unter Flachglas versteht man maschinell gezogenes (Fensterglas, Dickglas), sowie gegossenes und gewalztes Glas (Gußglas, Profilglas). Die in den Glashütten hergestellten Tafeln werden vielfach größer dimensioniert, als es für die Verwendung erforderlich ist. Die Einbaumaße, die den Zusammenhang von Belastung, Tafelgröße und Dicke berücksichtigen, sind in der ÖNORM B 2227 bzw. DIN 1249 festgelegt.

Die Rohstoffe für die Flachglasherstellung bestehen aus Siliziumdioxid (SiO_2) in Form von reinem Quarzsand in feinster Körnung. Zugegeben werden Dolomit ($CaCO_3 \cdot MgCO_3$) und Kalksteinmehl ($CaCO_3$) als Flußmittel, weiters Soda (Na_2CO_3) für Natronglas oder Pottasche (K_2CO_3) für das härtere Kaliglas.

Die Rohstoffe müssen in möglichst feinen Körnungen vorliegen und möglichst geringe Mengen an Eisenoxid enthalten. Bereits durch kleine Eisenoxidverunreinigungen kommt es zu einer Grün- bzw. Braunfärbung des Glases. Das Rohstoffgemisch wird nach festgelegten Verhältnissen zusammen mit Glasabfällen als Flußmittel in Schmelzöfen geschmolzen. Die Schmelztemperatur beträgt etwa 1 450° C. Die Glasherstellung erfolgt durch Ziehen in der gewünschten Scheibenbreite mit nachfolgendem Kühlen (Abb. 12.1.). Anschließend daran wird das Glas durch Zuschneiden in Tafeln zerteilt. Die Glastafeln weisen beidseits feuerpolierte Oberflächen auf und sind praktisch eben und gleichmäßig dick. In geringem Maß können Fehler (Blasen, Schlieren, Kratzer) auftreten, in der Durchsicht muß das Glas aber nahezu farblos sein. Eine Sortierung wird in bezug auf das Vorhandensein von Fehlern vorgenommen.

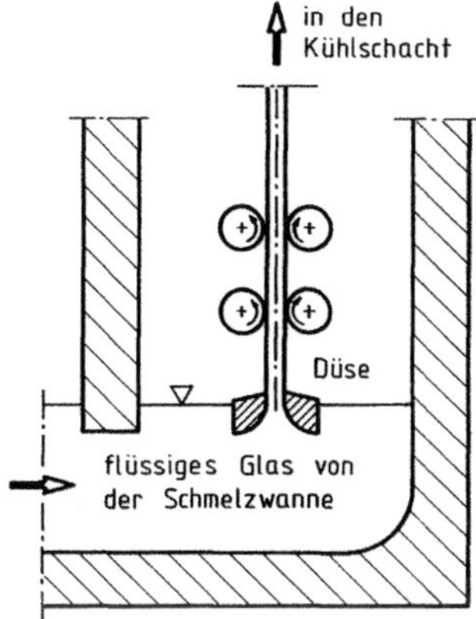

Abb. 12.1. Flachglas-Ziehverfahren

Glas besitzt eine Rohdichte von 2,5 kg/dm^3, die Druckfestigkeit beträgt mindestens 800 N/mm^2 (bis etwa 1 200 N/mm^2) und die Biegefestigkeit bewegt sich zwischen 30 und 90 N/mm^2. Wegen der geringen Verformbarkeit ist Glas spröde und sehr schlagempfindlich. Nach der Mohsschen Härteskala liegt die Härte des Glases etwa zwischen 6 und 7.

Die Wärmedehnung liegt zwischen 0,008 und 0,009 mm/m K. Bei größeren Scheiben können im Falle von Temperaturänderungen Längenunterschiede von mehreren Millimetern auftreten, deshalb muß das Temperaturdehnungsvermögen ausreichend beachtet werden. Die Wärmeleitfähigkeit von Glas ist im Vergleich mit anderen dichten Baustoffen relativ niedrig (etwa 0,80 W/m K). Die Wärmedurchgangszahl k wird nicht für die Glasfläche allein, sondern für die Gesamtfensterfläche angegeben. Dabei ist nicht nur die Glasdicke, sondern auch die Anzahl der Scheiben und die Art des Fensters bzw. des Rahmens maßgebend.

Mit Ausnahme der Flußsäure ist Glas unlöslich in Wasser, Laugen und Säuren. Bei lang anhaltender Wassereinwirkung vor allem auf frisches Glas besteht die Gefahr einer Erblindung der Scheiben. Die Lichtdurchlässigkeit beträgt bei rechtwinkeligem Lichteinfall und bei einer üblichen Glasdicke etwa 90 bis 92 %.

Bei gezogenem Flachglas unterscheidet man drei Gruppen

Dünnglas
Fensterglas
Dickglas

Das *Dünnglas* wird in erster Linie für technische Zwecke, z.B. als Objektträger, Fotoplatten, Schutzgläser für Geräte und Feuermelder, Bilderglas usw. verwendet. Die Dicken schwanken zwischen 0,9 und 1,6 mm. Für jede Glasdicke sind in den Normen (ÖNORM B 3710, DIN 1249) Toleranzen festgelegt.

Fensterglas wird zur Bauverglasung verwendet und hat die in Tabelle 12.1. angegebenen Bezeichnungen und Dicken.

Die Lieferung von Fensterglas erfolgt im „Bandmaß" zur Lagerhaltung in produktionsbedingten Abmessungen, im „Freimaß" zur Lagerhaltung in Standardlängen, im „Festmaß" nach Angabe des Bestellers.

Tabelle 12.1. *Bezeichnungen, Dicken und Toleranzen von Fensterglas*

Bezeichnung	Dicke in mm	Toleranzen in mm
ED (einfache Dicke)	1,8	+0,2 –0,05
MD (mittlere Dicke)	2,9	±0,1
DD (doppelte Dicke)	3,8	±0,2

Entsprechend der Fensterglasgüte unterscheidet man folgende Sorten:

Güte AA: Bei Durchsicht innerhalb des Betrachtungsbereiches (Abb. 12.2.) dürfen keinerlei Bildstörungen auftreten. Dieses Glas wird nur für Sonderzwecke, z.B. Spiegelerzeugungen, verwendet.

Güte A: Das Glas darf nur kleine, unauffällige und bei der Herstellung nicht zu vermeidende Fehler aufweisen. Vereinzelt dürfen Blasen und Kratzer vorkommen. Diese Glassorte wird für Verglasungen mit hohen Ansprüchen verwendet.

Güte B: Glas dieser Güte darf Fehler in größerer Zahl enthalten und wird üblicherweise für Bauzwecke verwendet.

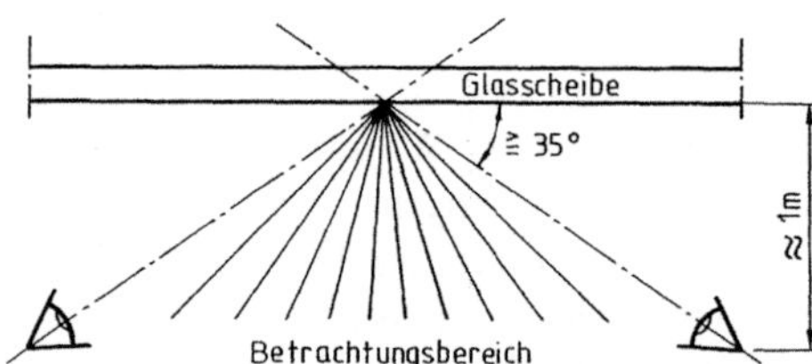

Abb. 12.2. Beurteilung der Fensterglasgüte

Dickglas wird in den Dicken 4,5 mm, 5,5 mm und 6,5 mm erzeugt. Die Lieferung erfolgt wie beim Fensterglas in Form von Bandmaßen, Freimaßen und Festmaßen. Für die Gütebezeichnung und die Prüfung gelten die gleichen Bedingungen wie bei Fensterglas.

12.2. Glassonderformen

Gartenblankglas wird zum Verglasen von Gewächshäusern, Stallungen usw. verwendet. Dieses Glas darf erhebliche Herstellungsfehler aufweisen; für dieses Glas gelten nicht die für Fenster- und Dickglas festgelegten Bedingungen.

Gußglas wird maschinell gewalzt, ist praktisch eben und gleichmäßig dick, es weist produktionsbedingte Unregelmäßigkeiten in der Oberfläche auf. Gußglas wird farblos durchscheinend oder gefärbt erzeugt. Es wird häufig mit mehr oder weniger stark strukturierter Oberfläche hergestellt. Nach der Oberflächenbeschaffenheit und Dicke (Dicke zwischen 3 und 8 mm) unterscheidet man verschiedene Sorten wie z.B. Rohgußglas, Schnürlgußglas, Kathedralglas, Ornamentglas, Drahtglas mit Drahteinlage, Drahtornamentglas mit Drahtnetzeinlage. Die Lieferung geschieht in Form von Freimaßen und Festmaßen.

Profilglas ist ein durchscheinendes, gewalztes Gußglas mit einem U-förmigen Querschnitt mit einer glatten und einer genoppten Oberfläche. Es wird ohne oder mit Drahteinlagen erzeugt.

12.3. Sicherheitsgläser

Einscheibensicherheitsglas wird aus gezogenem Glas ab 4,5 mm Dicke, aus Spiegelglas oder geeigneten Gußgläsern hergestellt. Die einbaufähige Scheibe wird durch Erwärmen auf etwa 700° C mit anschließendem beidseitigen raschen Abkühlen vorgespannt (Erhöhung der Biegefestigkeit auf etwa 150 N/mm^2). Dieses Glas muß sehr gute elastische Eigenschaften aufweisen, mechanisch widerstandsfähig und temperaturwechselbeständig sein. Beim Bruch muß das Glas in kleinste, stumpfkantige Teile zerfallen, die keine Verletzungen hervorrufen. Einscheibensicherheitsgläser lassen sich nach der Fertigstellung nicht mehr weiter bearbeiten.

Verbundsicherheitsglas wird aus Fenster-, Dick- oder Spiegelglas erzeugt. Es besteht aus zwei oder mehreren, durch hochelastische Kunststoffzwischenschichten zusammengeklebten Glasscheiben. Es muß splitterbindend, durchschlaghemmend, licht- und witterungsbeständig sein und auch nach einer mechanischen Beschädigung durchsichtig bleiben.

12.4. Isoliergläser

Als Isolierglas bezeichnet man Verglasungselemente aus mindestens zwei Glasscheiben mit Luftzwischenraum. Die Verbindung der einzelnen Glasscheiben muß luft- und feuchtigkeitsdicht sein. Ein Beschlagen und Verstauben soll dadurch verhindert werden. Zur Herstellung von Isoliergläsern verwendet man Fensterglas, Dickglas, Sicherheitsglas, Spiegelglas, aber auch Drahtglas oder einseitig gemustertes Gußglas. Die Aufgabe der Isoliergläser ist es, wärme- und schalldämmend zu wirken.

Sonnenschutzabsorptionsgläser werden so eingefärbt, daß ein Großteil des Infrarotanteiles des Sonnenlichtes absorbiert wird, dabei wird die Durchlässigkeit des sichtbaren Lichtes nicht wesentlich herabgesetzt.

Bei *Sonnenschutzreflexionsgläsern* ist die äußere Scheibe an ihrer Innenseite mit einer dünnen Beschichtung aus Metalloxiden versehen, wodurch die Infrarotstrahlen großteils reflektiert werden.

12.5. Glasbaustoffe

Glashohlsteine verwendet man dann, wenn man in einen Raum möglichst ohne Wärmeverlust Licht einlassen möchte. Der Hohlraum im Glashohlstein wirkt wärme- und schalldämmend. Nach DIN 4242 dürfen sie nur für nichttragende Wände verwendet werden.

Glasvollsteine werden hauptsächlich als Glasdachziegel verwendet, ihre Größe und Form entspricht den üblichen Dimensionen von Dachziegeln und Dachsteinen. Zu dieser Kategorie zählt man auch die Glasfliesen.

Betongläser nach DIN 4243 sind im Preßverfahren hergestellte Glaskörper und dienen zur Herstellung von begehbaren Bauteilen aus Glasstahlbeton.

Glaswolle und *Glasfasern* sind feinste mineralische Fäden, die durch Ziehen oder Blasen aus der Glasschmelze gewonnen werden. Der Hohlraumgehalt der Glasfaserstoffe beträgt etwa 95 %, aus diesem Grund eignen sie sich gut für die Wärme und Schalldämmung. Gehandelt werden Glasfasern in Form von Matten, Platten, Rollen oder in loser Form.

Ein sehr guter Wärmedämmstoff ist auch das *Schaumglas* (Foamglas). Hergestellt wird Schaumglas aus einem Gemisch aus feinstgemahlenem Glaspulver mit Stoffen, die beim Erhitzen Gase entwickeln. Infolge Sintern bilden sich kleine, geschlossene Hohlräume, die eine gute Wärmedämmung gewährleisten. Schaumglas läßt sich gut bearbeiten und auch mit Beschichtungen versehen. Die Rohdichte beträgt etwa 0,2 kg/dm^3. Es besitzt eine Wärmeleitfähigkeit von etwa 0,066 W/m K. Da in die geschlossenen Poren kein Wasser eindringen kann, ist Schaumglas frostbeständig, weiters zeigt es eine gute Feuerbeständigkeit.

12.6. Literatur und Normen

Lohmeyer, S.: Werkstoff Glas, Kontakt + Studium, Bd. 22. Technische Akademie Eßlingen: Lexika Verlag. 1979.

Petzold, A., Marusch, H.: Der Baustoff Glas. Berlin: VEB Verlag für Bauwesen. 1973.

Scholze, H.: Glas – Natur, Struktur und Eigenschaften. Berlin – Heidelberg – New York: Springer. 1977.

Normen

DIN 1249 Flachglas im Bauwesen; Spiegelglas, Begriff, Maße
DIN 1259 Glas; Begriffe für Glasarten (Teil 1); Begriffe für Glaserzeugnisse (Teil 2)
DIN 4242 Glasbaustein-Wände, Ausführung und Bemessung
DIN 4243 Betongläser, Anforderungen, Prüfung
DIN 18174 Schaumglas als Dämmstoff für das Bauwesen
DIN 18175 Glasbausteine, Anforderungen, Prüfung

ÖNORM B 2227 Glaserarbeiten unter Verwendung von Flachglas, Werkvertragsnorm
ÖNORM B 3710 Flachglas, Sorten, Dicken, Prüfung, Maßangabe

13. Metallische Baustoffe

Im Bauwesen hat die Verwendung metallischer Werkstoffe seit jeher eine große Bedeutung, und zwar vorwiegend in Form von Legierungen. Durch eine mehr oder weniger gezielte Herstellung der Legierungen lassen sich bestimmte und gewünschte Materialeigenschaften herbeiführen bzw. beeinflussen. Die am meisten verwendeten metallischen Baustoffe sind Eisen und Stahl. Von den Nichteisenmetallen gehört Aluminium zu dem im Bauwesen am häufigsten eingesetzten Material, Anwendung findet es bei Dächern, Paneelen, vorgehängten Fassaden, aber auch in Form von Rohren oder Kanälen im Bereich der Haustechnik.

13.1. Eisen und Stahl

Das Element Eisen gehört neben dem Aluminium zu den auf der Erde am weitesten verbreiteten Metallen. In der Natur kommt Eisen nicht chemisch rein vor, sondern wegen seiner starken Neigung, sich mit Sauerstoff zu verbinden, in Form von Eisenoxiden, den sogenannten Eisenerzen. Folgende Eisenerze werden für die Eisen- und Stahlerzeugung verwendet:

Magneteisenstein (Eisenoxid Fe_3O_4), Eisengehalt bis zu 70 %; Fundstellen in Schweden und Norwegen

Roteisenstein (Eisenoxid Fe_2O_3), Eisengehalt bis zu 50 %; Fundstellen in Spanien, Neufundland, Nordafrika

Brauneisenstein (wasserhaltiges Eisenoxid $Fe_2O_3 . 3 H_2O$), Eisengehalt bis zu 34 %; Fundstellen in Frankreich, Deutschland

Spateisenstein (Eisencarbonat $FeCO_3$), Eisengehalt bis zu 40 %; Fundstellen in Österreich (Erzberg)

Die Gewinnung von metallischem Eisen erfolgt im Hochofen bei hohen Temperaturen durch Reduktion der oxidischen Eisenerze durch Hüttenkoks. Durch die Reduktion des Eisenerzes mit Koks entsteht das zunächst flüssige, stark kohlenstoffhaltige Roheisen (Kohlenstoffgehalt zwischen 3 und 5 %). Das erstarrte Roheisen ist in dieser Zusammensetzung spröde und als Werkstoff nicht verwendbar. Es wird zu Stahl, Grauguß, Hartguß oder Temperguß weiter verarbeitet.

Der Hochofen hat die Form eines Schachtofens (Abb. 13.1.) und ist für einen ununterbrochenen Betrieb angelegt. Die Beschickung erfolgt schichtenweise abwechselnd mit Eisenerz und Koks. In den meisten Erzen sind größere Mengen von Verunreinigungen enthalten, die man als *Gangart* bezeichnet. Durch Zugabe von Zuschlägen lassen sich diese Verunreinigungen in eine leicht schmelzbare Schlacke überführen. Besteht die Gangart aus Quarz oder anderen sauren

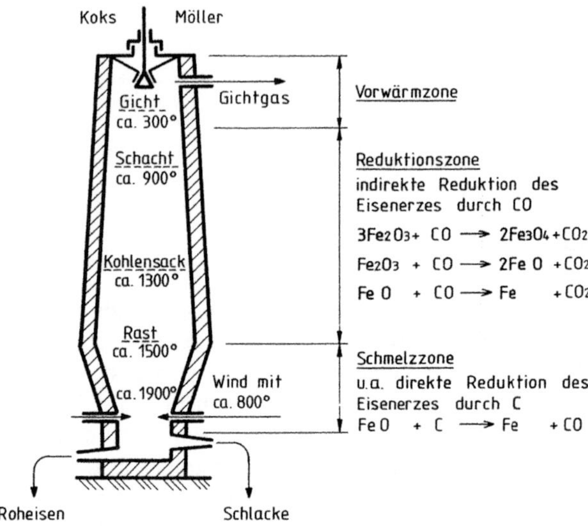

Abb. 13.1. Schematische Darstellung der Vorgänge im Hochofen

Gesteinen, so wird Kalk oder Dolomit als Zuschlag beigegeben; bei kalkigen oder dolomitischen Erzen verwendet man Tonschiefer, Granit oder andere kieselsäurehaltige Gesteine als Zuschläge. Das Mischen von Erz und Zuschlägen zum sogenannten *Möller* geschieht außerhalb des Hochofens, die Einbringung von Möller und Koks in den Hochofen erfolgt schichtenweise.

Tabelle 13.1. *Verwertungsmöglichkeiten der Hochofenschlacke*

Art der Gewinnung	Schlackenart	Verwendung
langsames Erkalten durch Kippen auf Halden, kristalline Struktur	Stückschlacke	Schotter, Splitt, Brechsand für Straßenbaustoffe, Gleisbaustoffe, Betonzuschläge
schnelles Erkalten mit Wasserüberschuß, glasige Struktur (Granulat)	Hüttensand	Bindemittel für Hochofenzement, Eisenportlandzment, Sulfathüttenzement, Hüttensteine, Hüttensand für Mörtel
schnell, schäumendes Erkalten bei oberflächlicher Berührung mit Wasser, porige Struktur	Hüttenbims	Hüttenbims als Zuschlag für Leichtbeton und Schüttbeton; Leichbetonvollsteine, Hohlblocksteine, Hüttenbims und Schaumschlacken für Dämmstoffe
Zerstäuben durch Dampf oder Druckluft, faserige Struktur	Hüttenwolle	Isolierstoffe für Dämmplatten, lose Holzwolle

Das entstandene Roheisen wird in gewissen Zeitabständen abgestochen und in Formen gegossen oder sofort in flüssiger Form zur Stahlerzeugung weitergeleitet. Die Tagesleistung eines Hochofens beträgt bis zu 10 000 Tonnen Roheisen. Bei der Erzeugung von Roheisen fallen etwa 30 % Schlacke an. Die Schlacke enthält etwa 35 bis 50 % Kalk, 2 bis 13 % Magnesia, 30 bis 40 % Kieselsäure und 6 bis 10 % Aluminiumoxid sowie kleine Mengen an Manganoxid und Eisenoxid. Die Zusammensetzung der Schlacke läßt sich durch die Auswahl der Erze und der Zuschläge beeinflussen.

Je nachdem, ob man die geschmolzene Schlacke langsam oder schnell abkühlt, erhält man verschiedene Möglichkeiten für ihre Verwendung. Die diesbezüglichen Möglichkeiten sind in Tabelle 13.1. zusammengestellt.

Je nach der Temperaturführung im Hochofen erhält man verschiedene Roheisensorten. Neben dem Gehalt an Kohlenstoff (etwa bis 5 %), der entweder frei als Graphit (graues Roheisen) oder gebunden in Form von Zementit (weißes Roheisen) vorhanden ist, enthält das Roheisen noch verschiedene Beimengungen in der Größenordnung von 6 bis 10 %. Das Roheisen ist nicht schmiedbar und schmilzt ohne vorheriges Erweichen. Entsprechend dem Gehalt an Silizium oder Mangan unterscheidet man zwischen *weißem* und *grauem Roheisen.*

Hochofenroheisen
(Kohlenstoffgehalt 3 bis 5 %)

Weißes Roheisen	*Graues Roheisen*
Mangangehalt 2 bis 3 %,	Siliziumgehalt 2 bis 4 %
viel Phosphor	wenig Phosphor
wenig Silizium	wenig Mangan
Schmelztemperatur 1 100 bis 1 130° C	Schmelztemperatur 1 200 bis 1 250° C
Dichte 7,5 bis 7,8 kg/dm^3	Dichte 7,0 bis 7,3 kg/dm^3
hart und spröde	weich und zäh
Bruchfläche weiß	Bruchfläche grau
rasche Abkühlung	langsame Abkühlung
Kohlenstoff gebunden als	Kohlenstoff größtenteils frei,
Zementit (Fe_3C)	als Graphit ausgeschieden
Ausgangsmaterial für	Ausgangsmaterial für
Stahl (0 bis 1,7 % C),	Gußeisen (Grauguß 2 bis 4 % C)
Temperguß (1 bis 4 % C)	

13.1.1. Gußeisen

Man unterscheidet zwischen Gußeisen, welches direkt vom Hochofen in Sandformen vergossen wird, und Gußeisen, welches in Gießereien in sogenannten Kupolöfen einem Umschmelzvorgang unterzogen wurde. Durch das Umschmelzen in Kupolöfen werden die Eigenschaften des Gußeisens wesentlich verbessert.

Die Herstellung des *Graugußeisens* erfolgt aus grauem Roheisen; je nach der Form, in der der Kohlenstoff im Graugußeisen enthalten ist, unterscheidet man folgende Gußeisensorten:

Gußeisen mit Lamellengraphit (Kurzzeichen GG): Bei dieser Gußeisenart bewegt sich der Kohlenstoffgehalt zwischen 3,0 und 4,2 %. Kennzeichen ist die lamellenartige Ausbildung des Graphits, dies muß auch als Grund für die geringe Zugfestigkeit und das nichtelastische Verhalten des GG angesehen werden. Dieses Gußeisen hat eine geringere Festigkeit als Stahl und ist spröde. Nach DIN 1691 wird GG in 7 Festigkeitsklassen zwischen GG 10 bis GG 40 (entsprechend den Mindestzugfestigkeiten in kp/mm^2) hergestellt. Wegen seiner billigen Herstellung wird dieses Gußeisen (auch als normaler Grauguß bezeichnet) sehr häufig für die Herstellung von Rohren, Kesseln, Öfen und in der Haustechnik verwendet.

Durch Zusatz von wenig Magnesium beim Umschmelzen erhält man *Gußeisen mit Kugelgraphit* (Kurzzeichen GGG). Dieser Werkstoff wird als dunkles (zähes) Gußeisen bezeichnet und weist einen Kohlenstoffgehalt von etwa 3,7 % auf. Durch das Vorliegen des Graphits in Kugelform erreicht GGG gegenüber GG wesentlich höhere Zugfestigkeiten und eine bessere Verformungsfähigkeit. Dieses Material besitzt einen hohen Verschleißwiderstand, läßt sich gut bearbeiten und zeigt ein günstiges Korrosionsverhalten. Unter gewissen Umständen ist es auch schweißfähig. Nach DIN 1693 wird Gußeisen mit Kugelgraphit in den Festigkeitsklassen GGG 40 bis GGG 80 (Mindestzugfestigkeit in kp/mm^2) hergestellt. Verwendet wird dieses duktile Gußeisen für Druckrohre in der Wasser- und Gasversorgung sowie in Form von Gußteilen für schwere Maschinen.

Der *Temperguß* nach DIN 1692 (Kurzbezeichnung GT) wird aus weißem Roheisen hergestellt und erhält erst nach dem Gießen durch nachträgliche Glühbehandlung seine charakteristischen Eigenschaften. Temperguß ist eine weiße, graphitfrei erstarrte, harte und spröde Eisen-Kohlenstofflegierung. Je nach Art der Glühbehandlung entsteht weißer (GTW) oder schwarzer (GTS) Temperguß. Ähnlich dem Stahl läßt sich der Temperguß gut bearbeiten und je nach Kohlenstoffgehalt härten oder vergüten. Hauptsächliche Verwendung für Maschinenbauelemente, Schlösser und Beschläge.

13.1.2. Stahlherstellung

Zur Herstellung von Stahl wird weißes Roheisen verwendet. Als Stahl bezeichnet man jedes Eisen, welches sich ohne Nachbehandlung schmieden läßt. Die Umwandlung des Roheisens zu Stahl besteht hauptsächlich in der Verminderung bzw. Entfernung des Gehaltes an Kohlenstoff und der unerwünschten *Eisenbegleiter* wie Phosphor, Schwefel, Mangan und Silizium durch Oxidation. Dieser auch als *Frischen* benannte Vorgang erfolgt durch Luft- bzw. Sauerstoffzuführung mittels verschiedener Verfahren. Bei den Frischverfahren unterscheidet man das *Blasfrischen* und das *Herdfrischen*.

13.1.2.1. Blasstahlverfahren

Beim *Windfrischverfahren* verwendet man den in der Luft (Wind) enthaltenen natürlichen Sauerstoff als Oxidationsmittel. Dabei wird erhitzte Luft durch den Boden eines birnenförmigen Konverters von unten durch die Schmelze hindurchgeblasen. Man unterscheidet zwischen dem Bessemer-Konverter mit saurer Auskleidung (Kieselsäure-saures Futter) für die Verarbeitung von siliziumreichem und phosphorarmen Roheisen und dem Thomas-Konverter mit basischer Auskleidung (Dolomit-basisches Futter) für die Verarbeitung von phosphorreichem Roheisen (Abb. 13.2.). Beim Thomasverfahren wird der Phosphorgehalt des Eisens durch Zugabe von Kalk gebunden. Zur Senkung des Stickstoffgehaltes in der Luft, der die Stahleigenschaften ungünstig beeinflußt, werden der Luft Sauerstoff, Wasserdampf oder Kohlensäure zugesetzt. Aus Wirtschaftlichkeitsgründen haben die Windfrischverfahren gegenüber dem *Sauerstoffblasverfahren* an Bedeutung verloren.

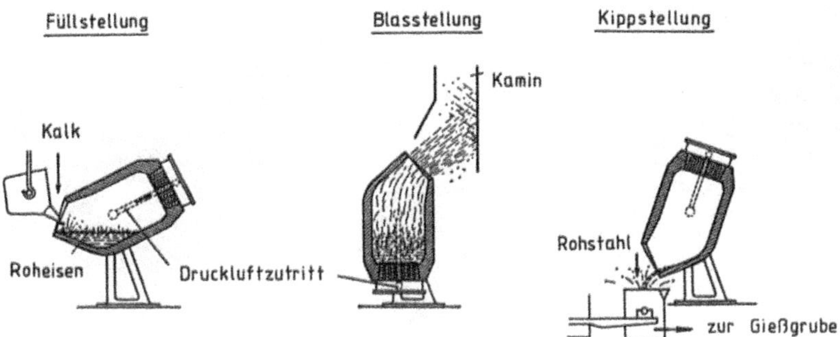

Abb. 13.2. Arbeitsvorgang im Thomas (Bessemer) Konverter

Beim Sauerstoffblasverfahren (entwickelt von der VÖEST in Linz-Donawitz, deshalb auch LD-Verfahren genannt) wird reiner Sauerstoff mit hohem Druck über eine von oben in den Konverter eingeführte, wassergekühlte Lanze in das flüssige Roheisen eingeblasen (Abb. 13.3.). Auf diese Weise erreicht man sehr heftige Oxidationsvorgänge. Mit dem Blasstahlverfahren lassen sich auf wirtschaftliche Weise sehr hochwertige Stähle mit geringen Stickstoff- und Phosphorgehalten erzeugen.

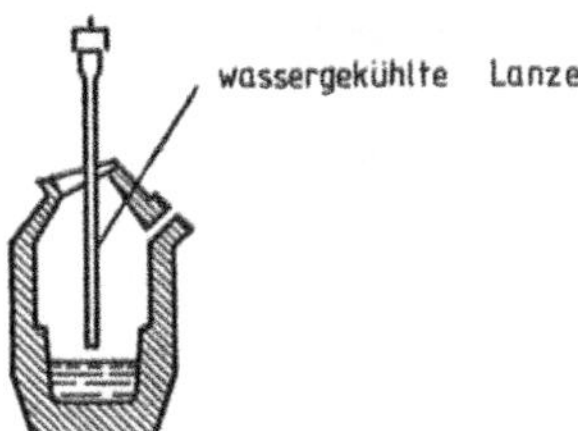

Abb. 13.3. LD-Sauerstoffblasverfahren

13.1.2.2. Herdschmelzfrischverfahren

Beim *Siemens-Martin-Verfahren* werden in einer großen Wanne aus feuerfestem Material (saures oder basisches Futter) Roheisen und Schrott eingeschmolzen (Abb. 13.4.). Bei den Schmelzverfahren muß man im Gegensatz zu den Frischverfahren äußere Energie zuführen, indem man ein Gemisch von Gas oder Öl und Luft verbrennt und die heißen Gase über die Wanne streichen läßt. Die Verbrennungsgase bewirken die notwendigen Frischvorgänge und das Herausbrennen der unerwünschten Eisenbegleiter. Das Siemens-Martin-Verfahren arbeitet bei sehr hohen Temperaturen, etwa um 1 700° C. Der Siemens-Martin-Ofen wird weniger für die Umwandlung von Roheisen in Stahl eingesetzt, sondern in der Hauptsache zum Umschmelzen von Schrott verwendet.

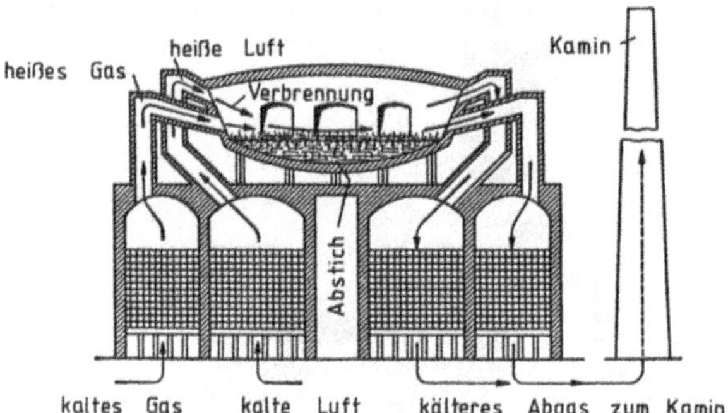

Abb. 13.4. Siemens-Martin-Verfahren

13.1.2.3. Elektroverfahren

Beim Elektroverfahren erzeugt man besonders hochwertige Stähle mit genauer Legierungszusammensetzung. Die erforderlichen Mengen an Schmelzwärme bekommt man durch einen elektrischen Lichtbogen zwischen zwei Elektroden. Zum Frischen wird Sauerstoff eingeblasen. Das Elektroverfahren wird auch zum Umschmelzen und Verfeinern des Stahls verwendet.

13.1.3. Stahlvergießungsarten und Weiterverarbeitung

Zur Weiterverarbeitung wird der mittels Frisch- bzw. Schmelzverfahren erzeugte flüssige Stahl in Formen (Kokillen) gegossen, in denen die Erstarrung zu Blöcken erfolgt. Neben dem Kokillenguß gewinnt das Gießen in Strängen (Strangguß) zunehmend an Bedeutung.

Im flüssigen Stahl ist vom Oxidationsprozeß her noch Sauerstoff in gelöster Form vorhanden. Während des Erstarrens erfolgt mit diesem Sauerstoff und dem im Stahl vorhandenen Restkohlenstoff eine Umsetzung zu Kohlenstoffoxid. Einen unter solchen Umständen erstarrten Stahl bezeichnet man als *unberuhigt vergossenen Stahl.*

Zur Herstellung eines *beruhigt vergossenen Stahls* müssen dem noch flüssigen Stahl Silizium, Mangan oder Aluminium beigegeben werden. Diese Stoffe binden den Sauerstoff unter Oxidbildung. Das Aluminium hat weiters die Eigenschaft, mit dem im Stahl vorhandenen Stickstoff Nitride zu bilden. Diese Nitridbildung bringt eine feine Kornverteilung im Stahl mit sich, was sich in einer Erhöhung der Streckgrenze und Verbesserung der Sprödbruchsicherheit auswirkt. Bei einer zusätzlichen Bindung des Stickstoffes an Aluminium spricht man von einem *besonders beruhigten Stahl.*

Neben dem unberuhigten und beruhigten Stahl kennt man noch den *halbberuhigten Stahl.* Bei dieser Stahlart wird die für den beruhigten Stahl charakteristische Seigerungsfreiheit erreicht, ohne die Umsetzung von Kohlenstoff und Sauerstoff zu Kohlenstoffoxid vollständig zu unterbinden.

Beruhigte und unberuhigte Stähle unterscheiden sich durch ein unterschiedliches Gefüge. Der beruhigte Stahlblock hat eine dichte Struktur, hingegen hat der unberuhigte Stahlblock eine dünne, saubere Oberfläche mit daran anschließenden blasigen Randschichten und einem mit Blasen durchsetzten Blockkern. Dadurch, daß sich die Schmelze bis zur vollkommenen Erstarrung bewegt, ergibt sich eine ungleichmäßige Verteilung der Stahlbegleiter wie Kohlenstoff, Mangan, Phosphor und Schwefel. Diese Erscheinung bezeichnet man als *Seigerung.*

Im Bauwesen werden in erster Linie unberuhigte Stähle verwendet, diese Stähle besitzen in ihrer Querschnittmitte oft Seigerungszonen mit ungünstigeren Eigenschaften wie höhere Sprödbruchempfindlichkeit und geringere Alterungsbeständigkeit. Beim Schweißen muß darauf geachtet werden, daß man diese Seigerungszonen nach Möglichkeit nicht berührt. Wenn man die Richtlinien und Vorschriften für das Schweißen berücksichtigt, kann unberuhigter Stahl im Bauwesen ohne weiteres verwendet werden.

Die Weiterverarbeitung des Stahls erfolgt im Walzwerk. Vor dem Walzen werden die Blöcke oder Brammen aus Stahl auf die Walztemperatur von etwa 1 200° C gebracht. Die Querschnittsumformung zu Formstahl, Stabstahl, Blechen oder Profilerzeugnissen erfolgt im Walzwerk zwischen waagrecht und senkrecht sich bewegenden Walzen. Beim Stranggußverfahren werden an Stelle der Rohblöcke die kontinuierlich gegossenen Stränge weiterverarbeitet. Im Bauwesen verwendet man hauptsächlich durch Walzen geformte Stahlerzeugnisse, geschmiedeter oder gepreßter Stahl bzw. Stahlguß wird eher selten verwendet.

Die Weiterverarbeitung warmgewalzter Stahlprodukte kann durch Kaltumformung (Kaltwalzen, Kaltziehen) erfolgen. Dadurch erhält man eine Oberflächenverfeinerung und Erhöhung der Festigkeit.

13.1.4. Struktureller Aufbau von Eisen und Stahl

Reines Eisen (Fe) hat bei Raumtemperatur ein raumzentriertes Gitter (α-Eisen) und bei hohen Temperaturen ein flächenzentriertes Gitter (γ-Eisen). Beim raumzentrierten Gitter (Abb. 13.5a.) sitzt je ein Eisenatom an den acht Ecken und ein Fe-Atom im Zentrum eines gedachten Würfels. Bis zu einer Erwärmung von 911° C erfährt diese Struktur keine Änderung, ab dieser Temperatur klappt das raumzentrierte Gitter in ein flächenzentriertes Gitter um. Bei dieser Gitterstruktur sitzen acht Fe-Atome in den Ecken des Gitterwürfels, weiters befinden sich sechs Fe-Atome in der Mitte der sechs Würfelflächen, das Zentrum des Würfels bleibt frei (Abb. 13.5b.). Durch die Umwandlung des raumzentrierten Gitters in ein flächenzentriertes Gitter, also beim Übergang von α-Eisen zum γ-Eisen; nimmt der Abstand der Eckpunkte um etwa 25 % zu. Das flächenzentrierte Gitter beansprucht also mehr Raum als das raumzentrierte Gitter.

Bei einer weiteren Erwärmung auf 1 392° C erfolgt eine Umwandlung des flächenzentrierten γ-Eisens in das raumzentrierte δ-Eisen. Beim Abkühlen laufen diese Vorgänge in umgekehrter Reihenfolge ab. Wichtig ist, darauf hinzuweisen, daß die beschriebenen Gitterumwandlungen unterhalb des Schmelzpunktes, also im festen Zustand erfolgen.

Das reine Eisen besteht aus unregelmäßig und ungleichmäßig ausgebildeten Eisenkristallen, man bezeichnet dieses Gefüge als *Ferrit*.

Der Kohlenstoff im Stahl bildet mit dem Eisen die chemische Verbindung Fe_3C, welche man als *Eisenkarbid* oder *Zementit* bezeichnet. Dieses sehr harte Eisenkarbid lagert sich in einem bestimmten Mengenverhältnis in Form dünner

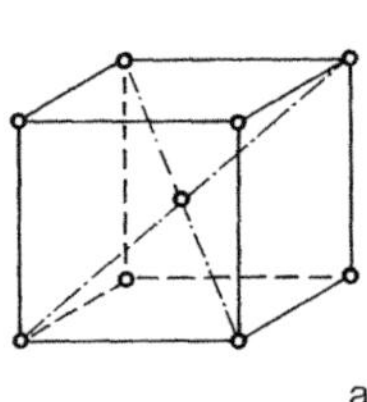

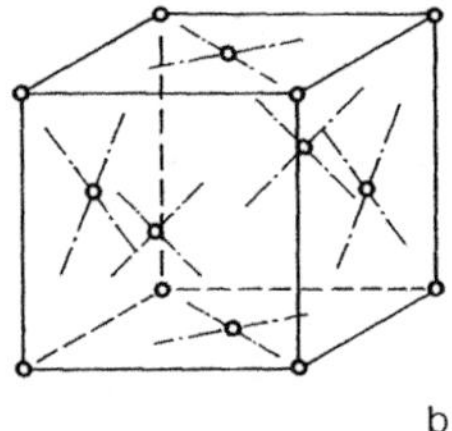

Abb. 13.5. Atomaufbau des a) raumzentrierten Eisens, b) flächenzentrierten Eisens

Platten zwischen den Eisenkristallen ab. Bei einem Stahl mit einem Kohlenstoffgehalt von 0,8 % sind alle Eisenkristalle mit solchen Zementitplatten gleichmäßig durchzogen, eine solche Gefügestruktur wird *Perlit* genannt.

Bei einem Stahl mit einem Kohlenstoffgehalt unter 0,8 % sind neben den Perlitkörnern auch noch kohlenstoffarme Eisenkristalle, also Ferritkristalle vorhanden. Enthält ein Stahl mehr als 0,8 % Kohlenstoff, so besteht ein Überschuß an Eisenkarbid, welches sich zwischen den Perlitkörnern schalenförmig ablagert. Die Härte des eingelagerten Eisenkarbids verleiht dem Stahl eine besondere Steifigkeit und Festigkeit. Mit steigendem Kohlenstoffgehalt nimmt das Wachstum der Eisenkarbidschalen immer mehr zu, während der Kohlenstoffgehalt in den Perlitkörnern mit 0,8 % konstant bleibt. Bis zu einem Kohlenstoffgehalt von 2,06 % nimmt das Anwachsen der Eisenkarbidschalen ständig zu und findet dann plötzlich ein Ende. Ein weiterer Zusatz von Kohlenstoff (über 2,06 %) hat keinen Einfluß mehr auf die Schalenbildung des Eisenkarbids, vielmehr erfolgt eine unregelmäßige Zusammenballung des überschüssigen Kohlenstoffes in Form von groben Karbidkörnern.

Zur Charakterisierung des Gefügezustandes von Stählen mit unterschiedlichen Kohlenstoffgehalten bei verschiedenen Temperaturen verwendet man das sogenannte *Eisen-Kohlenstoff-Diagramm*. Man bezeichnet das Eisen-Kohlenstoff-Diagramm auch als *Zustandsschaubild* für die temperaturabhängigen Veränderlichkeiten der verschiedenen Zustandsformen von kohlenstoffhaltigem Eisen. Besonders für die gesamte Warmbehandlung des Stahls ist das in Abb. 13.6. dargestellte Eisen-Kohlenstoff-Diagramm von besonderer Wichtigkeit.

In diesem Diagramm sind auf der Ordinate die Temperaturen und auf der Abszisse der Gehalt an Kohlenstoff und darunter zum Vergleich die Gehalte an Zementit aufgetragen. Nimmt man das reine Eisen als Ausgangspunkt und geht auf der Abszisse nach rechts, so erreicht man bei einem Kohlenstoffgehalt von 0,8 % jenen Punkt, bei dem alle Kristalle mit Eisenkarbidplatten durchsetzt sind.

Diese Gefügestruktur wurde bereits als Perlit bezeichnet. Ein solcher Stahl wird *eutektoider Stahl* genannt. Kohlenstoffstähle mit einem C-Gehalt zwischen 0 und 0,8 % heißen *untereutektoid* und Stähle mit einem C-Gehalt über 0,8 % haben die Bezeichnung *übereutektoid.*

Erhöht man bei reinem Eisen die Temperatur, so zeigen sich in den niedrigen Temperaturbereichen keinerlei Veränderungen. Erst bei der Temperatur von 769° C (Punkt M im Zustandsschaubild) verliert das Eisen seine magnetischen Eigenschaften, es wird zum „unmagnetischen α-Eisen". Bei fortgesetzter Erwärmung erfolgt bei einer Temperatur von 911° C die Umwandlung vom raumzentrierten α-Eisen in das flächenzentrierte γ-Eisen. Diese Gefügeform heißt *Austenit.* Dieser Temperaturpunkt 911° C hat die Markierung G. Bei einer weiteren Temperaturzunahme vergrößern sich die Austenitkristalle und bei der Temperatur von 1 392° C (Punkt N im Zustandsschaubild) entsteht aus dem flächenzentrierten Austenitgitter wieder ein raumzentriertes Gitter, das sogenannte δ-Eisen. Diese Gefügeform bleibt bis 1 536° C, dem Schmelzpunkt des reinen Eisens erhalten. Die gleichen Erscheinungen wie beim Erwärmen ergeben sich auch beim Abkühlen nur in umgekehrter Reihenfolge.

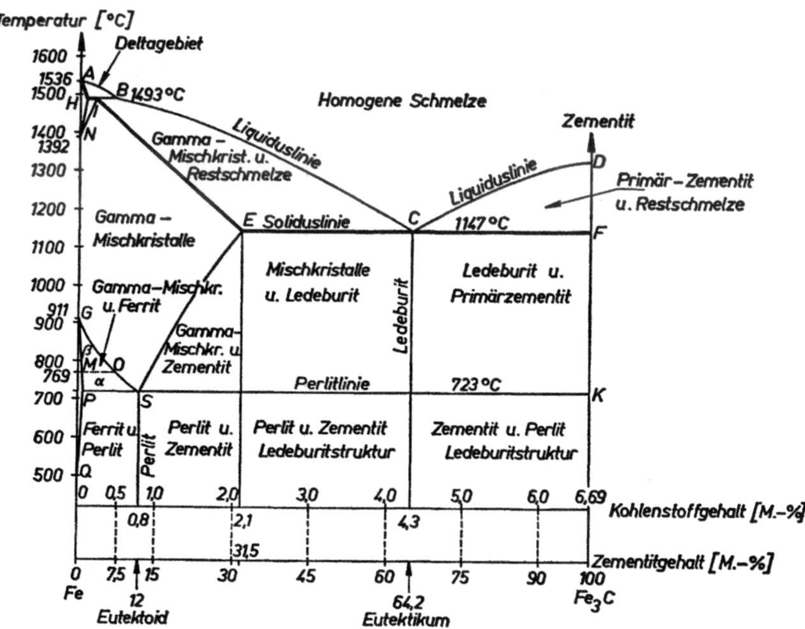

Abb. 13.6. Eisen-Kohlenstoff-Diagramm

Betrachtet man die Vorgänge beim Erwärmen bei einem Stahl mit einem Kohlenstoffgehalt von 0,8 % (Perlit), so zeigen sich bis zu einer Temperatur von 723° C keinerlei Gefügeänderungen. Bei 723° C erfolgt eine Auflösung des Eisenkarbids Fe_3C im Eisen selbst. Der Gehalt an Kohlenstoff hat zur Folge, daß bereits bei 723° C (im Gegensatz zum reinen Eisen erst bei 911° C) eine Umwandlung des bei tiefen Temperaturen beständigen raumzentrierten Ferrits in den flächenzentrierten Austenit stattfindet (Buchstabe S im Zustandsschaubild). Dabei befinden sich jetzt die Kohlenstoffatome in der Mitte der flächenzentrierten Gitterstruktur. Diesen Zustand bezeichnet man als feste Lösung. Bei weiterer Temperaturerhöhung trifft man bei etwa 1 370° C auf die sogenannte *Soliduslinie.* Bei dieser Temperatur beginnt der Stahl langsam zu schmelzen. Beim Erreichen der *Liquiduslinie* (etwa 1 470° C) ist der ganze Stahl geschmolzen. Durch den Kohlenstoffgehalt von 0,8 % wurde der beim reinen Eisen bei 911° C liegende Umwandlungspunkt G (α-γ-Umwandlung) auf 723° C herabgesetzt; in gleicher Weise wurde auch der Schmelzpunkt (reines Eisen 1 536° C) auf einen Temperaturbereich zwischen 1 370° C und 1 470° C gesenkt.

Untereutektoider Stahl, z.B. mit einem Kohlenstoffgehalt von 0,4 %, besteht teils aus plattendurchsetzten Perlitkörnern und teils aus Ferritkristallen. Erhöht man bei diesem Stahl die Temperatur, so ändert sich bis 723° C nichts. Bei dieser Temperatur zerfällt in den Perlitkörnern das Eisenkarbid und der Kohlenstoff löst sich in das Gitter hinein, da eine Umwandlung vom α- in das γ-Gefüge erfolgt. Die Umwandlung der einzelnen Perlitkörner erfolgt bei jedem Kohlenstoffstahl bei der gleichen Temperatur von 723° C (Perlitpunkt). Der Bereich unterhalb der Linie GOS und oberhalb der Temperatur von 723° C enthält also γ-Mischkristalle und Ferritkristalle. Mit steigender Temperatur werden die Ferritkristalle von den zu Austenitkristallen umgewandelten Perlitkristallen aufgesogen. Dieser Vorgang ist bei etwa 770° C (Schnittpunkt mit der Linie GOS) mit der Bildung des reinen Austenits (γ-Mischkristalle) beendet. Erhöht man die Temperatur weiter, so erreicht man bei etwa 1 450° C die Soliduslinie, an der der Stahl in den geschmolzenen Zustand übergeht.

In ähnlicher Weise verlaufen auch die Vorgänge bei den übereutektoiden Stählen. Betrachtet man im Eisen-Kohlenstoff-Diagramm den Punkt E (Temperatur etwa 1 147° C), so bemerkt man, daß hier der Austenit den größten Gehalt an gelöstem Kohlenstoff, nämlich von 2,06 %, aufweist, der Austenit kann also maximal 2,06 % an Kohlenstoff in gelöster Form aufnehmen. Hochgekohlte Stähle mit einem Kohlenstoffgehalt über 2,06 % bezeichnet man als *ledeburitisch.* Ledeburitstahl ist durch große Härte ausgezeichnet.

13.1.5. Wärmebehandlung von Stahl

Das Eisen-Kohlenstoff-Diagramm erlaubt eine Übersicht über das Verhalten der Kohlenstoffstähle infolge schneller oder langsamer Temperaturänderungen. Durch Temperaturbehandlungen lassen sich die Materialeigenschaften des Stahls auf Grund von Strukturumwandlungen oder durch Änderung der inneren Spannungszustände wesentlich beeinflussen (DIN 17014). Die Wärmebehandlung von Stählen kann auf drei Arten erfolgen:

Glühen
Härten
Vergüten

13.1.5.1. Glühen der Stähle

Man unterscheidet drei Arten von Glühvorgängen

Weichglühen
Normalglühen
Spannungsfreiglühen

Bei Stählen mit einem Kohlenstoffanteil von mehr als 0,8 % sind die Perlitkörner von Karbidschalen umschlossen, wodurch der Stahl besonders hart wird und einer Kaltbearbeitung wie Fräsen oder Drehen einen erheblichen Widerstand entgegenbringt.

Durch das *Weichglühen* knapp unterhalb der Perlitlinie (723° C) mit anschließendem langsamen Abkühlen erreicht man eine Umformung der Karbidplatten in körnigen, gut verteilten Zementit, wodurch eine Kaltbearbeitung des Stahls ohne Schwierigkeiten möglich wird.

Das *Normalglühen* wird etwa 20° C bis 40° C oberhalb der GOS-Linie im Eisen-Kohlenstoff-Diagramm, also im austenitischen Bereich durchgeführt. Durch das zweimalige Durchlaufen der α-γ-Umwandlung erfolgt eine Umkristallisation und es entstehen kleinere Kristalle mit einem feinen Gefüge. Zweck des Normalglühens ist es, den Stahl, der beim Schmieden oder Walzen durch Überhitzung ein ungleichmäßiges Gefüge erhalten hat, zu homogenisieren.

Infolge ungleichmäßiger Abkühlungsvorgänge oder Verformungsverfestigungen entstehen im Stahl oft beträchtliche Eigenspannungen. Diese Spannungen lassen sich durch *Spannungsfreiglühen* bei einer Temperatur um 600° C mit anschließender langsamer Abkühlung beseitigen. Dabei ist es wichtig, daß die Glühtemperatur weit genug unter der Perlitlinie liegt, damit keine Gefügeänderungen auftreten.

13.1.5.2. Härten der Stähle

Betrachtet man z.B. einen Stahl mit 0,8 % Kohlenstoff, so bringt eine rasche Abkühlung mittels Druckluft oder durch ein Öl- oder Wasserbad von etwa 50° C oberhalb der GOS-Linie im Eisen-Kohlenstoff-Diagramm eine erhebliche Härtesteigerung mit sich.

Beim Erwärmen des Stahls mit einem Kohlenstoffgehalt von 0,8 % erfolgt bei 723° C eine Umwandlung des raumzentrierten Ferrits in den flächenzentrierten Austenit. Dabei befinden sich die Kohlenstoffatome in der Mitte der flächenzentrierten Gitterstruktur. Ein plötzliches Abschrecken des auf Temperaturen oberhalb von 723° C erhitzten Stahles hat eine rasche Umwandlung des flächenzentrierten γ- zum raumzentrierten α-Eisen zur Folge, dabei bewegt sich das Fe-Atom schnell in den Gitterraum hinein, während das dort befindliche C-Atom keine Zeit findet, das Gitter zu verlassen. Daher befinden sich ein Fe-Atom und ein C-Atom zwangsweise im raumzentrierten Gitter, was eine Verzerrung der Elementarzelle zur Folge hat. Dieser Zustand führt zu hohen inneren Spannungen, die sich äußerlich in einer großen Härte des Stahles ausdrücken. Zur Erzielung dieser Wirkung muß die Abkühlungsgeschwindigkeit etwa 600°/sec betragen, das dabei entstehende nadelige Gefüge bezeichnet man als *Martensit.*

13.1.5.3. Vergüten der Stähle

Unter Vergüten versteht man eine zusammengesetzte Wärmebehandlung. Sie setzt sich zusammen aus einem Härtungsvorgang mit einem anschließenden Anlassen auf höhere Temperaturen (etwa 400° bis 750° C). Durch das Anlassen kann sich ein Teil der Kohlenstoffatome aus seiner Zwangslage im Gitter wieder befreien, wodurch die Härte etwas gemildert und die Zähigkeit wesentlich gesteigert wird. Je höher die Anlaßtemperatur, desto mehr verliert der gehärtete Stahl an Festigkeit und umsomehr nimmt seine Zähigkeit zu. Durch entsprechendes Anlassen kann man alle gewünschten Festigkeitsstufen erreichen.

13.1.5.4. Kalthärten der Stähle

Neben dem Härten des Stahls durch plötzliches Abschrecken kennt man auch das Härten durch Kaltverfestigung oder Kaltverformung. Bei kalter Verformung durch Ziehen, Hämmern, Walzen usw. bei Raumtemperatur werden die einzelnen Kristalle zerstört und ausgerichtet. Da bei gewöhnlichen Temperaturen keine Kornbildung stattfinden kann, kommt es zu Änderungen der Stahleigenschaften wie z.B. Zunahme der Festigkeit, Abnahme der Zähigkeit. Durch Kaltverformung lassen sich gezielte Festigkeitssteigerungen erzielen.

Beim Glühen kaltverformter Stähle werden die durch die Kaltverformung erhaltenen Eigenschaften wieder aufgehoben, beim Glühvorgang erfolgt eine Entspannung und Erholung der verfestigten und verspannten Einzelkristalle.

13.1.6. Mechanische Eigenschaften der Stähle

13.1.6.1. Zugfestigkeit

Zur Beurteilung der Zugfestigkeit von Stählen bestimmt man die Festigkeitswerte und Dehnungen im einachsigen Zugversuch entsprechend DIN 50145. Die Prüfung erfolgt an bearbeiteten, runden oder prismatischen Prüfstäben, deren Länge in einem bestimmten Verhältnis zum Querschnitt steht (Proportionalstab nach DIN 50125). Dabei verwendet man den langen Proportionalstab (Meßlänge $l = 10\ d_o$) oder den kurzen Proportionalstab (Meßlänge $l = 5\ d_o$). Zur Prüfung von Betonstahl nimmt man unbearbeitete Probestücke mit einer freien Einspannlänge $l = 20\ d_e$. Die Probekörper mit dem Anfangsquerschnitt A_0 werden durch die Kraft F gleichmäßig beansprucht und gedehnt. Die sich dabei ergebenden Zusammenhänge zwischen Spannung und Dehnung (Spannungs-Dehnungs-Diagramm) sind in Abb. 13.7a. für einen naturharten Stahl und in Abb. 13.7b. für einen kaltgereckten Stahl dargestellt.

Wie Abb. 13.7a. zeigt erfolgt bis zu einer gewissen Spannung ein rein elastisches Verhalten. Der elastische Bereich, in welchem das Hookesche Gesetz $\sigma = E \cdot \epsilon$ gilt, endet an der sogenannten *Proportionalitätsgrenze.* Da sich dieser Punkt mechanisch oft nicht einwandfrei ermitteln läßt, gibt man statt der Proportionalitätsgrenze die Elastizitätsgrenze $\sigma_{0,01}$ an, welche jener Spannung entspricht, bei der die bleibende Verformung 0,01 % beträgt.

Aus dem Zusammenhang zwischen Spannung und Dehnung im elastischen

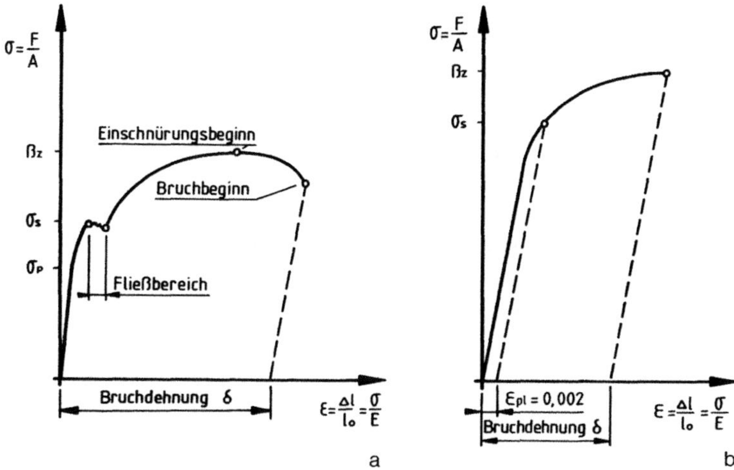

Abb. 13.7. Spannungs-Dehnungs-Diagramm für einen a) naturharten Stahl, b) kaltgereckten Stahl

Bereich läßt sich der Elastizitätsmodul bestimmen. Dieser ist der Quotient aus der auf den Anfangsquerschnitt der Probe bezogenen Spannung und der auf die Meßlänge bezogenen Längenänderung für den Bereich, in dem das Hookesche Gesetz gilt.

Bei der Spannung σ_s, der sogenannten *Streckgrenze*, beginnt der Stahl zu fließen (Abb. 13.7a.). Die Streckgrenze charakterisiert die beginnende Verformung (Fließen) des Stahls, für die Aufrechterhaltung des Fließzustandes wird keine Kraft benötigt. Ergibt sich während des Fließens ein Spannungsabfall, so unterscheidet man zwischen einer *unteren* und *oberen Streckgrenze*. Naturharte Stähle sind durch einen deutlichen Fließbereich (Abb. 13.7a.) gekennzeichnet. Die meisten anderen Stähle, wie z.B. kaltgereckter Stahl, hochfeste Baustähle und Spannbetonstähle zeigen kein ausgeprägtes Fließen (Abb. 13.7b.). Als Streckgrenze verwendet man den Wert $\sigma_{0,2}$, der jener Spannung entspricht, bei der die plastische Verformung 0,2 % beträgt. In einem Tragwerk darf ein Stahl nicht durch Spannungen oberhalb der Streckgrenze beansprucht werden, da der Stahl sonst in den Fließzustand überginge.

Mit fortschreitender Belastung erreicht man im Spannungs-Dehnungs-Diagramm bei der Höchstkraft F_{max} die *Zugfestigkeit* β_Z. Bis zu diesem Punkt ist die Dehnung gleichmäßig über die Länge der Zugprobe verteilt, bei weiterer Belastung erfolgt an der Stelle des späteren Bruches eine Einschnürung, die sich bis zum Bruch steigert (Abb. 13.7a.). Durch Überlagerung der gleichmäßig über die Probe verteilten Dehnung (Gleichmaßdehnung) mit der an der Einschnürstelle zusätzlich auftretenden Dehnung (Einschnürdehnung) kommt es zum Bruch des Probekörpers. Die *Bruchdehnung*, also die bleibende Dehnung nach dem Bruch, setzt sich zusammen aus der Gleichmaßdehnung und der Einschnürdehnung und ist ein wichtiges Kennzeichen für die Formbarkeit der Stähle. Das Verhältnis zwischen dem ursprünglichen Stabquerschnitt und dem reduzierten Querschnitt an der Bruchstelle bezeichnet man als *Einschnürung*.

13.1.6.2. Oberflächenhärte

Die Bestimmung der Oberflächenhärte an Stählen ist ein wertvolles Hilfsmittel zur indirekten Bestimmung der Zugfestigkeit. Als Prüfmethode verwendet man in den meisten Fällen die Härteprüfung nach Brinell (DIN 50351), bei der eine gehärtete Stahlkugel (Durchmesser D) mit einer bestimmten Kraft F über eine gewisse Zeit in die Oberfläche des Prüfkörpers eingedrückt wird. Durch Ausmessen der erhaltenen Kugelkalotte (Durchmesser d) erhält man die Brinellhärte HB nach der Beziehung

$$HB = \frac{2F}{D\,(D - D^2 - d^2)}$$

Für Baustähle gilt in etwa folgender Zusammenhang zwischen der Brinellhärte HB und der Zugfestigkeit $\beta_Z = 0{,}35$ HB.

13.1.6.3. Dauerbeanspruchung

Bei Baustählen ergibt sich unter normalen Temperaturbedingungen bei lange andauernden Belastungen keine Verminderung der Festigkeit, d.h. die *Dauerstandsfestigkeit* entspricht der Kurzzeitfestigkeit.

Treten bei Dauerbelastungen mit Spannungen unterhalb der Streckgrenze bleibende Verformungen auf, so bezeichnet man diese Erscheinung als Kriechen. Während normale Baustähle unter länger andauernden Belastungen nicht kriechen, müssen hochelastische Spannstähle bezüglich Kriechen untersucht werden (ÖNORM B 4250, DIN 4227). Als Maß des *Kriechverhaltens* eines Spannstahles gilt die Kriechgrenze, sie wird als jene Spannung definiert, bei der der Stahl in der Zeit von der 6. Minute nach dem Aufbringen der Belastung bis zur 1 000. Stunde eine Zeitdehnung von 3 % der bei zügiger Belastung auftretenden Dehnung erleidet.

Bei einer dynamischen Beanspruchung nimmt die Stahlfestigkeit mit zunehmender Zahl der Lastwechsel ab und nähert sich einem Grenzwert, der sogenannten *Dauerschwingfestigkeit*. Die Bestimmung der Dauerschwingfestigkeit erfolgt meist nach dem *Wöhler-Verfahren*. Dabei werden mehrere, völlig gleichartige Stahlproben gestaffelt Schwingbeanspruchungen unterworfen und die entsprechenden Lastspielzahlen bis zum Bruch gemessen. Für Stahl liegt die Grenzlastzahl bei etwa 10^7 Lastwechseln. Zur Ermittlung der Dauerfestigkeit genügt es jedoch, die Versuche bis zu $2 \cdot 10^6$ Lastwechseln durchzuführen. Die Dauerschwingfestigkeit von Stahl liegt in etwa derselben Höhe wie die zugehörige Streckgrenze.

13.1.6.4. Verformbarkeitseigenschaften

Die Verformbarkeitseigenschaften wie Bruchdehnung und Brucheinschnürung lassen sich anhand des bereits beschriebenen Zugversuches ermitteln.

Als weiterer Nachweis hinsichtlich der Verformbarkeit dient der sogenannte

Faltversuch nach DIN 1605. Bei dieser Prüfung erhält man mittels des erreichten Biegewinkels eine Aussage über das Verformungsverhalten von Stählen.

Eine weitere häufig angewandte und wichtige Prüfung bezüglich der Verformbarkeit ist der *Kerbschlagbiegeversuch* nach DIN 50115. Er dient zur Überwachung der Wärmebehandlung von Stahl sowie für den Nachweis zur Neigung eines Stahles zum Sprödbruch. Bei dieser Prüfung wird eine gekerbte Probe, die an ihren Enden auf zwei Widerlagern aufliegt, durch einen Schlag von einem Schlagwerk durchbrochen und die verbrauchte Schlagarbeit gemessen (Abb. 13.8.). Die Kerbschlagzähigkeit ist die an der Probe verbrauchte Schlagarbeit dividiert durch den Querschnitt des Probestückes an der Kerbe vor dem Versuch. Falls es notwendig ist, bestimmt man die Kerbschlagzähigkeit in Abhängigkeit von der Temperatur. Diese Prüfung hat große Bedeutung für die Unterscheidung von Stählen in bezug auf ihre Sprödbruchempfindlichkeit. Je nach der Temperatur kann der gleiche Werkstoff spröde oder duktil sein. Dies zeigt Abb. 13.9. am Beispiel einiger Kohlenstoffstähle. Aufgetragen ist die Kerbschlagzähigkeit in Abhängigkeit von der Temperatur, sie ist klein bei tiefen und groß bei hohen Temperaturen. Aus diesem Diagramm wird verständlich, daß Stähle in der Kälte plötzlich zu Bruch gehen können. Gelegentliche Verformungen werden bei normalen Temperaturen durch kleine plastische Verformungen aufgefangen, bei tiefen Temperaturen entsteht bei der gleichen Überlastung ein spröder Bruch.

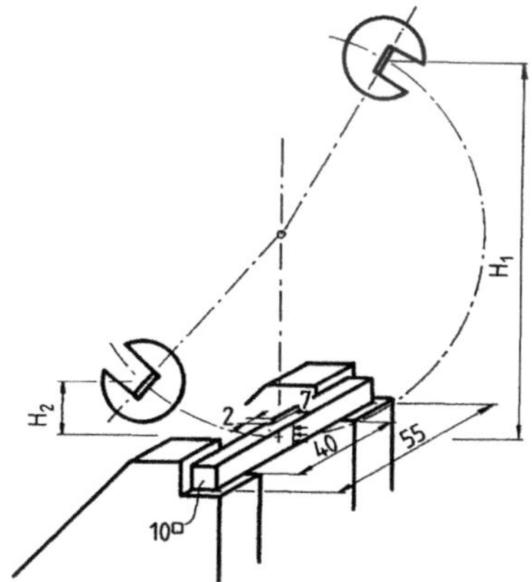

Abb. 13.8. Kerbschlagbiegeversuch

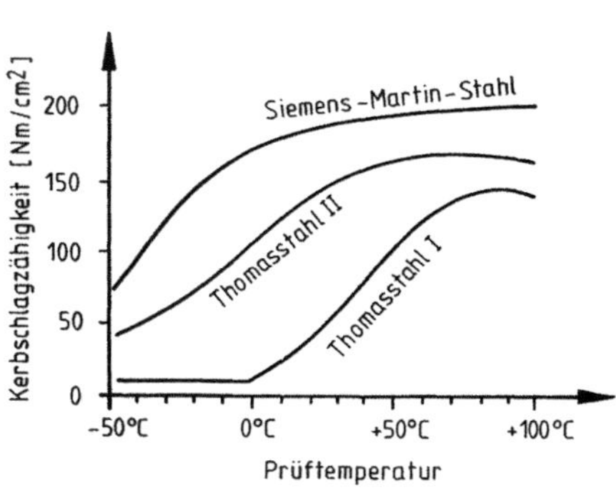

Abb. 13.9. Abhängigkeit der Kerbschlagzähigkeit von der Temperatur für einige Kohlenstoffstähle

Die Neigung zum Sprödbruch wird nicht nur durch Kälte verstärkt, sondern auch durch eine grobkörnige Struktur des Werkstoffes, weiters durch eine hohe Beanspruchungsgeschwindigkeit (Schlag) und durch dreiachsige Spannungszustände, wie sie im Bereich von Kerben auftreten können.

13.1.7. Korrosion und Korrosionsschutz

Als Korrosion bezeichnet man die unbeabsichtigte, von der Oberfläche ausgehende Zerstörung von Metallen durch chemische oder elektrochemische Reaktionen mit der Umgebung. Die am häufigsten auftretende Korrosionsform ist die *elektrochemische Korrosion*. Diese Art der Korrosion tritt dann auf, wenn zwischen einem edlen und einem weniger edlen Metall über einen Elektrolyten eine Potentialdifferenz besteht.

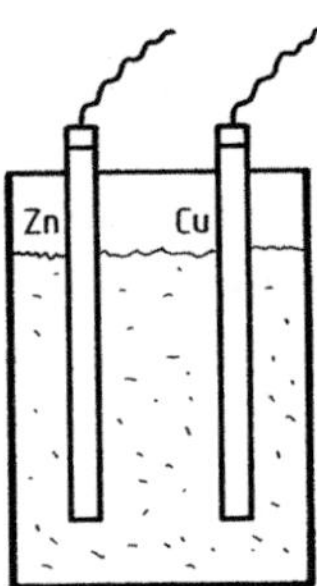

Abb. 13.10. Galvanisches Element

Abb. 13.10. zeigt ein Gefäß, welches mit einem Elektrolyten (schwache Säure, schwache Lauge oder Salzlösung) gefüllt ist. In dieser Lösung befinden sich zwei Elektroden aus den Metallen Zink und Kupfer. Beide Metalle haben das Bestreben, Atome in Form von Ionen in die Lösung zu entsenden; da die Metallionen eine positive Ladung aufweisen, verbleiben die Metallstücke negativ geladen. Das Bestreben, Ionen in Lösung zu schicken, ist beim Zink viel größer als beim Kupfer. Deshalb ergibt sich zwischen den beiden Elektroden eine meßbare Spannung, wobei das Zink negativer erscheint als das Kupfer. Einen solchen Versuchsaufbau nennt man ein galvanisches Element. Die Größe seiner Spannung ist für jedes Metallpaar charakteristisch und man erhält sie aus der Tabelle 13.2. als Differenz der dort angegebenen Zahlenwerte.

Die Werte in der Tabelle 13.2. sind geordnet nach dem Bestreben der jeweiligen Metalle, als Ionen in Lösung zu gehen, man bezeichnet die Anordnung auch als elektrochemische Spannungsreihe. Die in Tabelle 13.2. oben stehenden Metalle sind sehr unedel und zeigen großes Bestreben, sich mit Sauerstoff zu verbinden, die unten stehenden Metalle sind sehr edel und zeigen geringe oder kaum Tendenz zu einer Verbindung mit Sauerstoff. Verbindet man in Abb. 13.10. die beiden Elektroden mittels eines Drahtes, so fließt Strom. Dabei gehen im Elektrolyten weitere Zinkionen in Lösung, während die Kupferionen zur Kupferelektrode wandern, wo sie sich abscheiden. Chemisch gesehen wird das Zink oxidiert zu $Zn \rightarrow Zn^{2+} + 2\,e^-$ und das Kupferion reduziert zu $Cu^{2+} + 2\,e^- \rightarrow Cu$.

Das Metall, zu dem im Elektrolyten die Kationen hinwandern (Metall- und Wasserstoffionen sind positiv geladen, also Kationen), nennt man Kathode. Die andere Elektrode ist die Anode. Der Anodenprozeß (Oxidation) und der Kathodenprozeß (Reduktion) verlaufen gleichlaufend. Die Anode liefert Elektronen,

Tabelle 13.2. *Elektrochemische Spannungsreihe*

Metall	Ion	Potential in Volt
Li	Li^{+}	−3,02
K	K^{+}	−2,92
Na	Na^{+}	−2,71
Mg	Mg^{++}	−2,34
Al	Al^{+++}	−1,69
Zn	Zn^{++}	−0,76
Cr	Cr^{++}	−0,55
Fe	Fe^{++}	−0,45
Cd	Cd^{++}	−0,40
Ni	Ni^{++}	−0,25
Sn	Sn^{++}	−0,136
Pb	Pb^{++}	−0,126
H	H^{+}	0
Cu	Cu^{++}	+ 0,345
Hg	$(Hg_2)^{++}$	+ 0,80
Ag	Ag^{+}	+ 0,80
Pt	Pt^{++}	+ 1,20
Au	Au^{+++}	+ 1,42
O	OH^{-}	+ 0,41

die Kathode verbraucht sie. Wenn beide Vorgänge ungehindert ablaufen, spricht man von Metallkorrosion. Bei den praktisch auftretenden Korrosionsfällen ist die elektronenverbrauchende Kathodenreaktion entweder die Reduktion von Wasserstoffionen $2\,H^{+} + 2\,e^{-} \rightarrow H_2$ (Korrosion mit Wasserstoffentwicklung) oder die Reduktion von Sauerstoff $1/2\,O_2 + H_2O + 2\,e^{-} \rightarrow 2\,OH^{-}$ (Korrosion mit Sauerstoffverbrauch). In beiden Fällen wird die Anode abgetragen und zerstört.

In der Praxis genügt das Vorhandensein von Feuchtigkeit für die Ausbildung eines Elektrolyten. Potentialdifferenzen entstehen aber nicht nur zwischen verschiedenartigen Metallen, sondern auch zwischen inhomogenen Bereichen an der Oberfläche ein und desselben Metalles auf Grund von Unterschieden im Gefüge oder in der Zusammensetzung. Solche inhomogenen Bereiche sind oft Stellen an der Stahloberfläche, an denen sich Zunder oder Rost befindet. Die Anwesenheit von Feuchtigkeit und Luftsauerstoff begünstigt die Ausbildung der Potentialdifferenz und somit die verstärkende Wirkung der Korrosion.

Die häufigste Korrosionsform beim Stahl ist der Rost, der die Stahloberfläche mit einer Deckschicht aus verschiedenen Eisenoxiden überzieht. Diese Eisenoxide bilden keinen Schutz gegenüber einem Zutritt von Feuchtigkeit und Luftsauerstoff, sodaß die korrodierende Wirkung bis zur Zerstörung fortschreiten kann.

Neben einem flächenmäßigen Korrosionsangriff gibt es noch andere Erscheinungsformen der Korrosion:

Eine örtlich begrenzte Korrosion wie z.B. der *Lochfraß* entsteht bei ungleichmäßiger Belüftung oder örtlich verschiedenen Korrosionsbedingungen.

Bei Berührung von zwei Metallen in einer leitenden Flüssigkeit entsteht *Kontaktkorrosion*. Dabei wird das unedlere Metall (Anode) immer zerstört.

Interkristalline Korrosion entsteht durch Elementbildung aus verschiedenartig zusammengesetzten Kristallzonen in der Tiefe eines Metalls.

Als *Spannungsrißkorrosion* bezeichnet man das Einwirken von aggressiven Stoffen zusammen mit dem Aufreißen eines unter Zugspannung stehenden metallischen Werkstoffes (wichtig bei Spannstählen). Bei dieser Art von Korrosion kommt es wegen der durch die Korrosion geförderten Kerbwirkungen zu plötzlichen Brüchen des unter Zugspannung stehenden Materials.

Auch durch Berührung von Metallen mit nichtmetallischen Materialien (z.B. Erdreich) kann es zu einer sogenannten *Berührungskorrosion* kommen.

Der Korrosion von Stahl kann man auf verschiedene Arten begegnen. Aktiver Korrosionsschutz bei der Erzeugung von *wetterfesten Stählen*, wird dadurch erreicht, daß man der Stahlschmelze in geringen Mengen Chrom, Kupfer, Phosphor oder Nickel zusetzt. Dadurch entstehen auf den Oberflächen der Walzprodukte mit der Zeit feste und dichte Schutzschichten, die den Stahl vor korrodierenden Angriffen aus der Umgebung bewahren.

Die einfachste und gebräuchlichste Art des Schutzes gegen Korrosion ist das Versehen der Stahloberfläche mit einem *schützenden Überzug*. Dazu verwendet man Farb- oder Kunstharzanstriche, Überzüge aus bituminösen, zementgebundenen oder kunststoffhaltigen Materialien oder festhaftende Oxidschichten. Alle diese Überzüge sind Isolatoren, eine Korrosion wird nur dort stattfinden, wo die Schutzschicht beschädigt wurde.

Eine weitere sehr häufig angewandte Korrosionsschutzmethode ist die Verwendung von metallischen Überzügen wie z.B. das Versehen von Eisenblechen mit einem Zinküberzug. Wird die Zinkschicht an einer Stelle verletzt, so bildet sich ein Lokalement mit einer richtigen Polung: Große Anode und kleine Kathode, Zinkionen von der großen Fläche gehen in Lösung, die Eisenionen von der Schadstelle nicht. Auf diese Weise läßt sich Eisenblech über Jahre hinweg gegenüber atmosphärischen Einwirkungen schützen.

13.1.8. Allgemeine Baustähle

Die allgemeinen Baustähle nach ÖNORM M 3116 und DIN 17100 sind die am häufigsten verwendeten metallischen Baustoffe. Zu den allgemeinen Baustählen zählt man unlegierte oder niedrig legierte Stähle, die auf Grund ihrer Zugfestigkeit oder Streckgrenze für geschweißte, genietete oder geschraubte Konstruktionen im Hochbau, Tiefbau, Brückenbau, Wasserbau und Behälterbau verwendet werden.

Ein Stahl gilt dann als unlegiert, wenn er neben dem Kohlenstoff und den aus dem Rohmaterial herstammenden Begleitelementen wie Phosphor und Schwefel keine Zusätze enthält. Enthält ein Stahl weniger als 5 % an Legierungselementen, dann bezeichnet man ihn als niedrig legiert.

Die mechanischen Eigenschaften der unlegierten Stähle wie z.B. Streckgrenze, Zugfestigkeit, Bruchdehnung, Schweißbarkeit werden in erster Linie vom Kohlenstoffgehalt bestimmt. Abb. 13.11. zeigt die Änderungen der Zugfestigkeit, der Streckgrenze und der Brucheinschnürung in Abhängigkeit vom Kohlenstoffgehalt des Stahls. Wegen der Sprödbruchgefahr wird der Gehalt an Kohlenstoff bei Baustählen auf 0,15 bis 0,25 % begrenzt, eine Erhöhung der Festigkeit erhält man durch Zugabe von anderen Elementen wie z.B. Mangan.

Da heutzutage im Bauwesen viele Stahlbauverbindungen geschweißt ausgeführt werden, stellt die Schweißbarkeit der Stähle eine sehr wichtige Güteeigenschaft dar. Die Schweißeignung wird neben den Elementen Schwefel und Phosphor hauptsächlich vom Kohlenstoff bestimmt. Da beim Schweißen der Baustahl stark erhitzt wird, entstehen bei zu großem Kohlenstoffgehalt beim Abkühlen lokale Härtezonen, wodurch das Gefüge gestört wird. Unlegierte Stähle bis zu

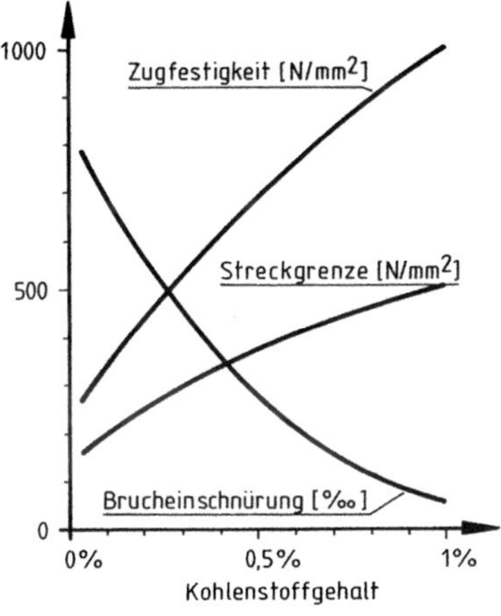

Abb. 13.11. Änderung der Zugfestigkeit, der Streckgrenze und der Brucheinschnürung in Abhängigkeit vom Kohlenstoffgehalt des Stahls

0,22 % Kohlenstoff lassen sich ohne Schwierigkeiten schweißen. Bei höheren Kohlenstoffgehalten sind gesonderte Schweißvorgänge und ein langsames Abkühlen der Schweißstellen erforderlich.

Der Gehalt an Phosphor im Stahl bewirkt eine Erhöhung der Festigkeit und gleichzeitig eine Steigerung der Sprödigkeit. Wegen des Sprödverhaltens beschränkt sich der Phosphorgehalt bei Baustählen auf höchstens 0,05 %. Da Schwefel die Rotbrüchigkeit und Schweißrissigkeit fördert, darf der Schwefelgehalt in den Baustählen einen Wert von 0,05 % nicht übersteigen.

Die Herstellung der Baustähle erfolgt in den meisten Fällen mittels LD (Linz-Donawitz)- und Siemens-Martin-Verfahren oder durch Erschmelzen im Elektroofen. In den jeweiligen Normen (ÖNORM M 3116, DIN 17100) befinden sich umfassende Angaben über die verschiedenen Lieferformen der Baustähle zusammen mit deren mechanischen Eigenschaften und chemischen Zusammensetzungen. Eine Unterteilung in Gütegruppen erfolgt in bezug auf chemische Zusammensetzung, Sprödbruchempfindlichkeit und Schweißeignung.

13.1.9. Betonstähle

Ein Beton ohne Bewehrung kann zwar hohe Druckbeanspruchungen, aber nur in geringem Maße Zugspannungen aufnehmen. Das Einführen einer Stahlbewehrung ermöglicht es dem Verbundsystem Stahl-Beton, auch Zugbeanspruchungen zu übertragen, da diese von den Stahleinlagen übernommen werden. Die Stahleinlagen müssen einen genügenden Verbundwiderstand mit dem Beton und eine ausreichende Dehnfähigkeit und Sprödbruchsicherheit aufweisen. Die Herstellung der Betonstähle darf nur aus Siemens-Martin-, LD- oder Elektrostahl erfolgen.

Nach der Art der Verarbeitung unterscheidet man zwischen *Betonstählen* und *Betonstahlmatten*.

Je nach der Oberflächengestaltung verwendet man Stäbe aus

warmgewalztem Rundstahl
warmgewalztem Rippenstahl
warmgewalztem und anschließend kaltverwundenen Rippenstahl
kaltgeformtem Rippenstahl.

Geschweißte Bewehrungsmatten werden aus
glatten Drähten
profilierten Drähten
oder gerippten Drähten hergestellt.

Da bei glatten Rundstäben oft kein ausreichender Verbund mit dem Beton vorhanden ist, verwendet man Rippenstähle, bei denen sich durch kalt oder warm aufgewalzte Längs- oder Querrippen eine Verbesserung der Verbundwirkung erzielen läßt (Abb. 13.12.).

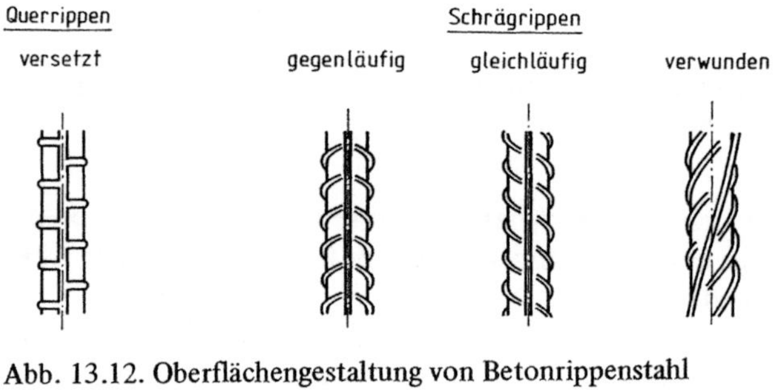

Abb. 13.12. Oberflächengestaltung von Betonrippenstahl

Bei den Betonstählen unterscheidet man zwischen zwei Herstellungsarten.

Unbehandelte, naturharte Betonstähle (Kurzzeichen U) werden nur warmgewalzt, die Festigkeitseigenschaften sind nur durch die chemische Zusammensetzung gegeben, die Festigkeit dieser naturharten Stähle läßt sich auf den Kohlenstoffgehalt zurückführen, der zwischen 0,25 und 0,6 % liegt. Diese Stähle besitzen einen Gehalt an Mangan bis 2,5 % und einen Siliziumanteil bis etwa 0,6 % und gehören zu den niedriglegierten Stählen.

Kaltverformte Betonstähle (Kurzzeichen K) erhalten ihre hohen Festigkeitseigenschaften nach dem Warmwalzen durch zusätzliches Kaltverformen mittels Kaltziehen, Kaltwalzen, Verdrillen oder Recken. Durch die Kaltverformung erreicht man eine Erhöhung der Streckgrenze und eine Erhöhung der Zugfestigkeit bei gleichzeitig abnehmender Bruchdehnung. Der Elastizitätsmodul bleibt konstant.

Abb. 13.7. zeigt das typische, unterschiedliche Spannungs-Dehnungsverhalten zwischen naturharten und kaltverformten Betonstählen. Die naturharten Stähle besitzen eine ausgeprägte Streckgrenze, während bei den kaltverformten Stählen der elastische Bereich ohne Übergang in den plastischen Bereich übergeht. Die Differenz zwischen der Streckgrenze oder 0,2-Grenze und der Zugfestigkeit ist bei den naturharten Stählen größer als bei den kaltverformten. Die kaltverformten Stähle haben in bezug auf die naturharten Stähle aber eine höhere Zugfestigkeit.

Nach der ÖNORM B 4200 7. Teil erfolgt eine Einteilung der Betonstähle in 4 Gruppen. Betonstahl der Gruppe I ist warmgewalzter Rundstahl, dessen Schweißbarkeit ohne besonderen Nachweis gewährleistet ist. Betonstähle der Gruppe III, IV und V sind ausschließlich Rippenstähle, die durch Warmwalzung oder Kaltverformung hergestellt wurden; diese Stähle dürfen nur im Zusammenhang mit einer besonderen Güteprüfung geschweißt werden. Die Gruppe M IV beinhaltet die Betonstahlmatten.

Nach DIN 488 erfolgt eine Einteilung der Betonstähle gemäß Tabelle 13.3.

Tabelle 13.3. *Einteilung der Betonstähle nach DIN 488*

Kurzzeichen	Nenndurchmesser (mm)	Mechanische Eigenschaften Mindeststreckgrenze (N/mm^2)	Mindestzugfestigkeit (N/mm^2)	Mindestbruchdehnung (%)
B St 22/34 GU	5 bis 28	220	340	18
B St 22/34 RU	6 bis 40	220	340	18
B St 42/50 RU	6 bis 28	420	500	10
B St 42/50 RK	6 bis 28	420	500	10
B St 50/55 GK	4 bis 12	500	550	8
B St 50/55 PK	4 bis 12	500	550	8
B St 50/55 RK	6 bis 12	500	550	8

Zum Nachweis einer ausreichenden Formbarkeit wird bei allen gerippten und profilierten Baustählen der sogenannte Rückbiegeversuch verwendet. Bei dieser Prüfung muß sich eine um 90° gebogene Probe nach einer halbstündigen Wärmebehandlung bei 250° C und nachfolgender Abkühlung ohne Auftreten von Rissen oder Bruch um mindestens 20° zurückbiegen lassen.

13.1.10. Spannstähle

Stähle, die sich für eine Betonvorspannung eignen, bezeichnet man als Spannstähle. Im Verhältnis zu den Betonstählen zeigen sie eine höhere Streckgrenze und größere Zugfestigkeit. Die Abb. 13.13. zeigt die Unterschiede im Spannungs-Dehnungsverhalten zwischen normalen Betonstählen und Spannstählen. Die Zugfestigkeiten der Spannstähle liegen zwischen 90 und 200 N/mm^2. Dabei müssen diese Stähle eine ausreichende Zähigkeit und Korrosionsbeständigkeit aufweisen.

Je nach Art der Herstellung verwendet man derzeit folgende Spannstähle:

Naturharte Stähle mit einem Kohlenstoffgehalt von etwa 0,7 % und Legierungszusätzen von Silizium und Mangan.

Naturharte, kaltgereckte Stähle; durch das Recken erreicht man eine Erhöhung der Festigkeit, durch anschließendes Anlassen auf etwa 250° C erzielt man eine Verbesserung der Zähigkeit.

Vergütete Stähle sind legierte Stähle besonders hoher Zugfestigkeit. Das erreicht man durch Glühen bei 800° C, Abschrecken im Ölbad und anschließendes Anlassen im Bleibad auf etwa 400° C.

Kaltgezogene Stähle und Drähte, Gehalt an Kohlenstoff zwischen 0,5 % und 0,8 %. Nach dem Walzen wird der Stahl auf etwa 950° C erhitzt und danach im

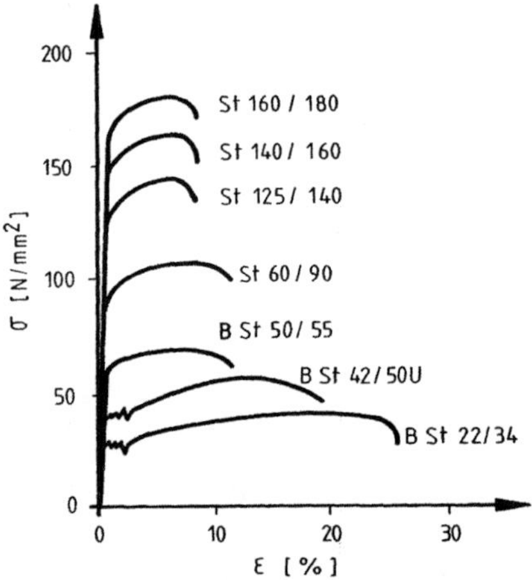

Abb. 13.13. Spannungs-Dehnungs-Diagramme für einige Bau- und Spannstähle

Bleibad auf etwa 500° C abgekühlt (Patentieren). Dadurch entsteht ein für die Kaltverformung besonders günstiges Gefüge. Die Kaltverformung zu Drähten erfolgt durch Ziehen des Stahlstabes durch eine Ziehdüse. Dadurch wird der Stahlquerschnitt verkleinert und die Festigkeit erhöht. Zur Verbesserung der elastischen Eigenschaften werden die Drähte nach dem Ziehen auf 150° bis 400° C angelassen.

In der Tabelle 13.4. sind die von gebräuchlichen Spannstählen geforderten Eigenschaften zusammengestellt (DIN 4227).

Die allgemeinen Bedingungen über Spannstähle sind in der ÖNORM B 4258 (Spannstähle) der ÖNORM B 4250 (Spannbetontragwerke) und in DIN 4227 (Spannbeton) enthalten.

Tabelle 13.4. *Eigenschaften gebräuchlicher Spannstähle (nach DIN 4227)*

	Stahlsorte	Herstellungsart	Form	Elastizitätsgrenze $\sigma_{0,01}$ N/mm²	Streckgrenze σ_s N/mm²	Zugfestigkeit β_z N/mm²
Stabstähle	St 85/105	warm gewalzt gereckt und angelassen	rund, glatt und rund mit Gewinderippen	735	835	1030
	St 100/125	warm gewalzt gereckt und angelassen	rund, glatt und rund mit Gewinderippen	885	980	1230
	St 110/135	warm gewalzt gereckt und angelassen	rund, glatt und rund mit Gewinderippen	930	1080	1320
Drähte	St 135/150	vergütet	rund gerippt oval mit Rippen rechteckig, mit Rippen rund, mit Gewinderippen	1175	1325	1470
	St 145/160	vergütet	rund, glatt rund, gerippt und oval, mit Rippen	1225	1420	1570
	St 140/160	kalt gezogen	rund, glatt	1130	1375	1570
	St 150/170	kalt gezogen	rund, glatt und rund, profiliert	1225	1470	1670
	St 160/180	kalt gezogen	rund profiliert	1275	1570	1770
Litze	St 160/180	kalt gezogen	7 Drähte verlitzt	1130	1570	1770

13.2. Aluminium und Aluminiumlegierungen

Aluminium ist das am weitesten verbreitete Metall in der Erdrinde, es ist mit etwa 8 % stärker vertreten als das Eisen mit rund 5 %. Wegen seiner starken Affinität zu Sauerstoff kommt Aluminium in der Natur nicht in reiner Form vor, sondern immer nur gebunden als Oxid, Hydroxid oder Silikat.

Die starke Neigung des Aluminiums, sich mit Sauerstoff zu Aluminiumoxid zu verbinden, ist der Grund, warum die Gewinnung des Aluminiums nicht wie beim Eisen durch einen normalen Reduktionsvorgang erfolgen kann. Ausgehend vom Bauxit, einem Mineral das hauptsächlich aus Aluminiumoxid (50 – 70 %) und Eisen- und Siliziumverbindungen besteht, erzeugt man zunächst durch chemischen Aufschluß mit Natronlauge reines Aluminiumoxid (Tonerde Al_2O_3). Die Herstellung des Aluminiums erfolgt dann in einem Elektrolyseofen durch elektrolytische Zerlegung des Aluminiumoxids in reines Metall und Sauerstoff. Zu diesem Zweck wird die Tonerde in einem Bad von geschmolzenem Natriumfluorid (Kryolith) gelöst. Im Elektrolyseofen setzt sich das Aluminium am Boden der Ofenwanne (Kathode) ab. Der Sauerstoff bildet an den als Anode wirkenden Kohleelektroden Kohlenoxid bzw. Kohlendioxid. Die Aufbereitung des Bauxits und die Weiterverarbeitung zu Aluminium sind technisch sehr aufwendige Vorgänge und bedürfen großer Mengen an elektrischer Energie.

Aluminium ist ein leichtes, relativ weiches und sehr gut verformbares Metall mit einer Dichte von 2,7 kg/dm³. Gegenüber Wasser und Sauerstoff ist es beständig, hingegen wird es von den meisten Säuren und Basen gelöst. Die Tabelle 13.5. zeigt eine Gegenüberstellung einiger physikalischer Kennwerte von Alumimium im Vergleich zu seinen wichtigsten Legierungsmetallen und zum Eisen. Die Korrosionsbeständigkeit des Aluminiums erklärt sich durch Bildung einer dünnen festhaftenden Oxidschicht an der Oberfläche, die gegen weitere Oxidation schützt und sich bei jeder Verletzung neu ausbildet.

Tabelle 13.5. *Wichtige physikalische Kennwerte von Aluminium im Vergleich zu seinen hauptsächlichen Legierungsmetallen und zum Eisen*

Kennwert	Al	Fe	Mg	Cu	Si	Zn
Dichte (kg/dm³)	2,7	7,87	1,74	8,96	2,33	7,14
Schmelztemperatur (°C)	660	1536	650	1083	1430	419
lineare Wärmedehnung ($x\,10^{-6}/°C$)	24,6	11,7	24,5	16,2	7,6	29,8
Elastizitätsmodul (kN/mm²)	72	210	45	125	15	94

Beim Elektrolysevorgang wird Aluminium mit einem Reinheitsgrad zwischen 99 % (Reinaluminium) und 99,9 % (Reinstaluminium) hergestellt. Wegen der geringen Festigkeit und niedrigen Dehngrenze wird reines Aluminium im Bauwesen nur sehr selten verwendet. Erst durch Zulegieren von anderen Elementen erreicht man solche Festigkeiten, daß eine Verwendung im Bauwesen möglich ist. Als Legierungselemente verwendet man hauptsächlich Kupfer, Silizium, Magnesium, Zink und Mangan. Anteilmäßig sind diese Zusätze so gering, daß sich die Dichte des Metalls nur geringfügig ändert.

Die Aluminiumlegierungen sind genormt (ÖNORM M 3429, M 3430, M 3435, DIN 1725), wobei man zwischen Knetlegierungen und Gußlegierungen unterscheidet.

Die *Knetlegierungen* werden durch Walzen, Strangpressen, Ziehen oder Schmelzen zu Halbzeug weiterverarbeitet.

Die *Gußlegierungen* entstehen durch Gießen zu Formgußstücken.

Innerhalb dieser Gruppen unterscheidet man noch zwischen *aushärtbaren Legierungen* und *nicht aushärtbaren* oder *naturharten Legierungen*.

Die naturharten Legierungen erhalten ihre Festigkeit ausschließlich durch Kaltverformung (z.B. Walzen) bei der Halbzeugherstellung. Durch die Kaltverformung wird die Dehnarbeit verringert.

Bei den aushärtbaren Legierungen besteht der Härtungsvorgang durch Glühen gefolgt von einer Kalt- oder Warmauslagerung. Vom Kalthärten spricht man beim Auslagern bei Raumtemperatur; die Warmaushärtung erfolgt bei Temperaturen um 150° C und ergibt bei gleichem Legierungsaufbau bessere Festigkeiten als die Kaltaushärtung.

Für konstruktive Bauelemente verwendet man sehr häufig die Knetlegierungen AlMg 3 mit etwa 3 % Mg, AlMgMn mit etwa 2 % Mg und rund 1 % Mn und AlMn mit etwa 1 % Mn. Die Zugfestigkeiten dieser Legierungen bewegen sich zwischen 90 und 230 N/mm².

Sehr hohe Festigkeitswerte bei ausreichender Dehnung erreichen die kalt aushärtbaren Legierungen der Type AlCuMg. Im Bauwesen verwendet man die Legierungen AlCuMg 1 mit etwa 4 % Cu und 0,7 % Mg und AlCuMg 2 mit etwa 4,4 % Cu und 1,5 % Mg. Die Zugfestigkeiten dieser Legierungen liegen zwischen 370 und 440 N/mm². Da die kupferfreien Legierungen hinsichtlich Beständigkeit gegen Witterung ein besseres Verhalten zeigen, ist die Verwendung der AlCuMg-Legierungen im Bauwesen trotz der guten mechanischen Eigenschaften stark zurückgegangen. So bevorzugt man sehr häufig die kupferfreie und kalt aushärtbare AlMgSi-Legierung mit rund 1 % Si. Diese Legierung zeigt ein sehr günstiges Korrosionsverhalten und läßt sich außerdem gut schweißen. Sehr häufig wird auch die Legierung AlMg mit 5 % Mg eingesetzt.

Die Werkstoffeigenschaften der verschiedenen Aluminiumlegierungen sowie ihre chemische Zusammensetzung und Hauptanwendungsgebiete sind in den bereits erwähnten Normen enthalten.

Bezüglich der Schweißeignung gelten für Aluminium die gleichen Bedingungen wie bei Stahl. Trotz seines niedrigen Schmelzpunktes gegenüber Stahl benötigt Aluminium wegen seiner guten Wärmeleitfähigkeit in etwa dieselbe Schmelzwärme wie der Stahl. Die unerwünschte Verschlackung wegen der leichten Oxidierbarkeit des Aluminiums bei Zufuhr von hoher Schmelzwärme kann durch das Schweißen unter Schutzgas (Argon) unterbunden werden. Beim Schweißen von ausgehärteten Legierungen entsteht im Bereich der Schweißzone ein Festigkeitsverlust, der sich nur durch nochmalige Aushärtung rückgängig machen läßt.

13.3. Literatur und Normen

Gladischefski, H.: Kleine Stahlkunde für das Bauwesen. Düsseldorf: VDI-Verlag. 1974.
Scheer, L.: Was ist Stahl? Berlin – Heidelberg – New York: Springer. 1974.
Stüwe, H. P.: Einführung in die Werkstoffkunde. BI-Hochschultaschenbücher, Band 467.

Normen

DIN 488	Betonstahl (Teil 1 bis 6)
DIN 1000	Stahlbauten, Ausführung
DIN 1045	Beton- und Stahlbetonbau
DIN 1050	Stahl im Hochbau, Berechnung und bauliche Durchbildung
DIN 1073	Stählerne Straßenbrücken, Berechnungsgrundlagen
DIN 1079	Stählerne Straßenbrücken, Grundsätze für die bauliche Durchbildung
DIN 1691	Gußeisen mit Lamellengraphit (Grauguß)
DIN 1692	Temperguß, Begriffe, Eigenschaften, Abnahme
DIN 1693	Gußeisen mit Kugelgraphit
DIN 1694	Austenitisches Gußeisen
DIN 1695	Verschleißfestes, legiertes Gußeisen
DIN 1910	Schweißen
DIN 4099	Schweißen von Betonstahl
DIN 4100	Geschweißte Stahlbauten mit vorwiegend ruhender Belastung
DIN 4101	Geschweißte stählerne Straßenbrücken, Berechnung und bauliche Durchbildung
DIN 4115	Stahlleichtbau und Stahlrohrbau im Hochbau
DIN 8565	Korrosionsschutz von Stahlbauten durch thermisches Spritzen von Zink und Aluminium, allgemeine Grundsätze
DIN 17006	Eisen und Stahl, Systematische Benennung
DIN 17100	Allgemeine Baustähle, Gütevorschriften
DIN 18800	Stahlbauten, Berechnung und Konstruktion, Bauteile mit vorwiegend ruhender Belastung

ÖNORM B 4200	Teil 7, Massivbau, Stahleinlagen
ÖNORM B 4258	Spannstähle
ÖNORM B 4600	Stahlbau (Teil 2, 3, 4 und 7)
ÖNORM B 4601	Stahlbau, Tragwerke des Hochbaues, Berechnung und Ausführung der Tragwerke
ÖNORM B 4602	Stahlbau, Straßenbrücken
ÖNORM B 4603	Stahlbau, Eisenbahnbrücken
ÖNORM B 4604	Stahlbau, Krantragwerke
ÖNORM B 4605	Stahlbau, Maste
ÖNORM M 3116	Allgemeine Baustähle, Gütevorschriften
ÖNORM M 3131	Baustahl-Güte R für geschweißte Rohre
ÖNORM M 3181	Stahlguß für allgemeine Verwendungszwecke
ÖNORM M 3191	Gußeisen mit Lamellengraphit (Grauguß)
ÖNORM M 3192	Temperguß
ÖNORM M 3193	Gußeisen mit Kugelgraphit (Teil 1 und 2)

Aluminium

Altenpohl, D.: Aluminium und Aluminiumlegierungen. Berlin: Springer. 1965.
Kosteas, D.: Geschweißte Aluminiumkonstruktionen. Braunschweig: Vieweg. 1978.

Normen

DIN 1712	Aluminium (Teil 1 und Teil 3)
DIN 1725	Aluminiumlegierungen (Teil 1 bis 3)
DIN 4113	Aluminium im Hochbau

ÖNORM M 3426	Aluminium, Reinaluminium in Masseln, Granalien und Grieß, Reinst- und Reinaluminium in Halbzeug
ÖNORM M 3429	Aluminiumlegierungen; Gußlegierungen
ÖNORM M 3430	Aluminium – Knetlegierungen
ÖNORM M 3435	Aluminium und Aluminiumlegierungen, Abnahme und Prüfung von Guß- und Kneterzeugnissen, Richtlinien

Sachverzeichnis

Abschlämmbares 98
α-Eisen 199
Aluminium 216
Aluminiumlegierungen 217
Anhydritbinder 66, 67
Anhydritestrich 89
Anionische Emulsionen 176
Asbestzement 91
Asphalt 171
Asphaltbeton 181
Asphaltmastix 171, 176
Äthylen 153
Ausbreitmaß 105
Ausfallkörnung 103, 136
Ausgleichsfeuchte 11
Aushärten 157
Austenit 201

Bast 141
Baugipse 66
Baukalk 63
Baustahl 210
Bauwerksprüfung 119
Bauxit 216
Berührungskorrosion 210
Bessemer-Konverter 196
Beton 93 ff.
–, Hookesches Gesetz 124
–, statischer E-Modul 121, 124
–, thermischer Ausdehnungskoeffizient 124
–, Widerstand gegen chemische Angriffe 123
Beton-alter 117
– -anfangsfestigkeit 95
– -angriffe 123
– -biegezugfestigkeit 20, 120
– -dichtungsmittel 107
– -druckfestigkeit 14, 110, 119
– -erhärtung 117 ff.
– -festigkeitsklassen 94
– -frostbeständigkeit 97, 123
– -kriechen 124
– -längenänderung 123
– -nacherhärtung 96
– -nachbehandlung 117
– -quellen 124
– -raumbeständigkeit 122
– -reife 118
– -schnellerhärtung 119
– -schwinden 124
– -spaltzugfestigkeit 19, 120
– -temperatur 117
– -verarbeitung 115
– -verdichtung 116
– -verflüssiger 107
– -verschleißwiderstand 121
– -wasserundurchlässigkeit 122
– -witterungsbeständigkeit 122
– -würfelprüfung 15
– -zugfestigkeit 19, 120
– -zusammensetzung 108
– -zusätze 106
– -zusatzmittel 106
– -zusatzstoffe 107
– -zuschlagstoffe 96
Betonglas 192
Betonstahl 212
Betonstahlmatten 212
Biberschwanz 57
Biegefestigkeit 20, 120
Bindemittel 63 ff.
Binderschicht 178
Bitumen 171, 172
– -dachpappen 184
– -emulsionen 171, 175
– -lösungen 175
– -teer 171
Bituminöse Abdichtungsstoffe 183 ff.
– Anstriche 185
– Baustoffe 171 ff.
Blasstahlverfahren 196

Bleiglas 188
Blochen 150
Bluten 71, 110
Borke 141
Borsilikatglas 188
Brandverhalten 37, 38
Branntkalk 63
Brauneisenstein 193
Braunkohlenteer 177
Brechpunkt nach Fraß 173
Bretter 150
Brinell-Härte 27, 206
Bruchdehnung 205

Copolymerisation 154

Dachpappe 184
Dachpfanne 58
Dachziegel 57
Dämpfung 31
Dauerschwingfestigkeit 24, 206
Dauerstandsfestigkeit 24, 206
Deckenziegel 59
Deckschicht 178
δ-Eisen 199
Destillationsbitumen 174
Dichte 5
Dichtigkeit 7
Dickglas 189, 190
Dinasziegel 61
Dolomitkalk 64
Doppelbindung 154
Doppelblochen 150
Drähnrohre 59
Druckfestigkeit 14, 110, 119
Dünnglas 189
Duroplaste 155
Dynamische Festigkeit 24 ff.
– Steifigkeit 31
– Zähigkeit 172

Eigenfeuchte der Zuschläge 108
Eignungsprüfung 119
Einkornbeton 136
Einpreßmörtel 89
Einscheibensicherheitsglas 191
Einschnürung 205, 206
Einstelltränkung 149
Eisen 193 ff.
– -begleiter 196
– -erz 193
– -karbid 200
Eisen-Kohlenstoff-Diagramm 200, 201
Eisenportlandzement 70, 80
Elastische Formänderungen 28
Elastizitätsmodul, dynamisch 30
–, statisch 29, 121, 124, 205
Elastomere 155
Elektrochemische Korrosion 208
– Spannungsreihe 208
Elektrolyt 208
Elektroverfahren 198
Erhärtungsprüfung 119
Ermüdungsfestigkeit 24
Erstarrungsbeschleuniger 107
Erstarrungsverzögerer 107
Erweichungspunkt 172, 173
Estrichgips 66, 67
Estrichmörtel 86
Eutektoider Stahl 201

Faltversuch 207
Fasersättigungsfeuchte 142, 143
Fayence 60
Fensterglas 189, 190
Ferrit 200
Festbeton 93
Feuerbeständigkeit 37
Feuerfeste Baustoffe 61
Firstziegel 59
Flachglas 188
Fließbeton 107
Fließmittel 107
Flußmittel 54
Formänderungen 28
Fraktile 48
Frischbeton 93
Frischen 196
Frostbeständigkeit 36
Frost-Tausalzbeständigkeit 36
Frühholz 141
Fugenvergußmassen 185

Galvanisches Element 208
γ-Eisen 199
Gangart 193
Gartenblankglas 190
Gasbeton 129, 136
Geblasenes Bitumen 174
Gewicht 5

Gipsestrich 89
Gipsstein 66
Glas 188 ff.
Glasfasern 192
Glashohlsteine 192
Glastemperatur 157
Glasvollsteine 192
Glaswolle 192
Glaszustand 157
Gleichmaßdehnung 205
Glühen 202
Graugußeisen 195
Griffigkeit 178
Größtkorn 101
Grundgesamtheit 45
Grüner Beton 93
Gußasphalt 182
Gußasphaltestrich 182
Gußglas 191
Gußeisen 195
Güteprüfung 119

Haftfestigkeit 23
Härte 27, 206
Härten 202
Hartsteingut 60
Hartteerpech 177
Häufigkeitsverteilung 46
Haufwerksdichtigkeit 99
Hausbock 148
Hausschwamm 148
Hemizellulose 140
Herdschmelzfrischverfahren 197
Hirnschnitt 141
Hochhydraulische Kalke 66
Hochlochziegel 55
Hochofen 193, 194
Hochofenzement 70, 80
Hochvakuumbitumen 174
Hohlziegel 55
Holz 144 ff.
–, abholzig 150
–, elastische Eigenschaften 145
–, hygroskopische Eigenschaften 146
–, Lieferformen 150
–, Quellen 147
–, Rohdichte 142
–, vollholzig 150
Holz-faserplatten 151
– -faserwerkstoffe 150
– -fehler 147
– -festigkeit 143
– -feuchtigkeit 142
– -schutz 148
– -schwinden 147
– -spanwerkstoffe 150
– -werkstoffe 150 ff.
Holzteer 177
Holzwolle-Leichtbauplatten 91
Homopolymerisation 154
Hookesches Gesetz 29, 124, 172, 205
Hüttensteine 90
Hüttenzement 79
Hydratation 69, 71, 108
Hydratationsgrad 108
Hydratationswärme 78
Hydraulefaktoren 65
Hydraulische Kalke 65, 66

Innenrüttlung 116
Interkristalline Korrosion 210
Isolierglas 191

Jahresring 141
Junger Beton 93

Kaliglas 188
Kalksandstein 90
Kaltbitumen 175
Kaltgereckter Stahl 204
Kalthärten 204
Kambium 141
Kanalklinker 59
Kantholz 150
Kapillarporen 8, 73, 108
Kationische Emulsionen 176
Kellerschwamm 148
Keramische Baustoffe 54 ff.
Kerbschlagbiegeversuch 207
Kernholz 141
Kesseldurchtränkung 149
Klinkerziegel 59
Knetlegierungen 217
Kokillen 198
Konsistenz 104
Kontaktkorrosion 210
Kornform 99
Körnungsziffer 104
Kornzusammensetzung 99
Körperschall 42

Korrosion 208
Korrosionsbeständigkeit 37
Kriechen 34, 76, 124, 138, 206
Kriechzahl 34
Kugelschlagprüfung 120
Kunststoffe 153 ff.
–, Alterungsbeständigkeit 165
–, Brennbarkeit 166
–, Eigenschaften 160
–, glasfaserverstärkte 166
–, Lieferformen 158
–, Quellen 165
–, Struktur 154
–, Verarbeitung 160
Kupolofen 195

Lagenholz 150
Langholz 150
Langlochziegel 56
Latten 150
LD-Verfahren 197
Ledeburit 202
Leichtbeton 129 ff.
–, Elastizitätsmodul 138
–, Haufwerksporen 129, 136
–, Kriechen 138
–, Kornporen 129 ff.
–, Schwinden 138
Lignin 140
Liquidus-Linie 202
Lochfraß 210
Lochziegel 55
Löschkalk 64
Luftgehalt 111
Luftkalk 64
Luftporenbildner 107
Luftporengehalt 107
Luftporentopf 123
Luftschall 42
Luftschalldämmaß 42
Luftschallschutzmaß 43

Magerungsmittel 54
Magmatische Gesteine 50
Magnesiabinder 68
Magnesiaziegel 62
Magneteisenstein 193
Mahlfeinheit 76
Majolika 60
Makadam 181
Markstrahlen 141
Markstrang 141
Marmorgips 67
Marshall-Fließwert 179
Marshall-Prüfung 179
Marshall-Stabilität 179
Martensit 203
Masse 5
Mauermörtel 82
Mauerziegel 55
Mehlkorngehalt 101, 112
Metallische Baustoffe 193 ff.
Metamorphe Gesteine 52
Mindestzementgehalt 111
Mischmakadam 181
Modulordnung 3
Mohshärte 26, 189
Möller 194
Mönchziegel 58
Monomere 153
Mörtelgips 67
Mürbkorn 97

Natronglas 188
Naturasphalt 171
Naturharter Stahl 204
Natursteine 50 ff.
Newtonsches Fließgesetz 172
Nonnenziegel 58
Normalglühen 203
Normalverteilung 46

Oberflächenrüttler 116
Oberflächenwasser 99, 104

Patentieren 214
Penetration 172
Perlit 200
Pfosten 150
Pigmente 108
Plastische Formänderungen 32
Plastizitätsspanne 173
Plastomere 155
Pochkäfer 148
Polyaddition 154
Polyäthylen 154
Polykondensation 154
Polymerisation 153
Polymerisationsgrad 154
Porenschwamm 148

Porosität 7, 73
Portlandzement 68, 79
Porzellan 61
Profilglas 191
Proportionalitätsgrenze 204
Proportionalstab 18, 204
Pumpbeton 125
Putzgips 67
Putzmörtel 84

Qualitätsbeherrschung 44
Quellen 35, 76, 124
Querdehnungsbehinderung 16
Querdehnungszahl 29

Raumbeständigkeit 35, 122
Regelsieblinien 102
Reifeformel nach Saul 118
Relaxation 34
Resonanzfrequenzmethode 30
Ring- und Kugel-Methode 172
Ringziegel 59
Rockwell-Härte 27
Rohdichte 6
Roheisen 193
Rost 209
Roteisenstein 193
Roving 167
Rückbiegeversuch 213
Rückprallhammer 120
Rüttelflasche 116
Rütteln 116

Sanitärsteingut 60
Sättigungswert 9
Sauerstoffblasverfahren 197
Schallabsorption 44
Schallängsleitung 43
Schallpegel 42
Schallstärke 42
Schalungsrüttler 116
Schamotteziegel 61
Schaumbeton 129, 136
Schaumglas 192
Scherfestigkeit 22
Schlagfestigkeit 23
Schlankheit 16
Schnittholz 150
Schubmodul 30
Schüttdichte 6
Schweißbarkeit 211
Schwinden 35, 76, 124
Sedimentäre Gesteine 50
Segerkegel 62
Seigerung 189
SI-Einheiten 3
Sicherheitsglas 191
Sichtbeton 125
Sieblinie 100, 180
Siemens-Martin-Verfahren 197
Silikaziegel 61
Soliduslinie 202
Sonnenschutzabsorptionsgläser 191
Sonnenschutzreflexionsgläser 191
Sorption 10
Sorptionsisothermen 10
Spaltware 150
Spaltzugfestigkeit 19
Spannbeton 214
Spannstahl 214
Spannungsfreiglühen 203
Spannungsrißkorrosion 165, 210
Spateisenstein 193
Spätholz 141
Sperrholz 151
Splintholz 141
Splintholzkäfer 148
Spritzbeton 126
Sprödbruch 207
Stabilisatoren 165
Stabilität 178
Staffel 150
Stahl 193 ff.
Stahlherstellung 196
Stampfen 116
Statische Festigkeiten 14 ff.
Statistische Verfahren 44
Steingut 60
Steinkohlenteer 177
Steinkohlenteerpech 177
Steinzeug 61
Stempeldruckprüfung 182, 183
Stichprobe 45
Stochern 116
Stoffraumrechnung 113, 114
Strangfalzziegel 58
Strangguß 198
Straßenbaubitumen 174
Straßenteer 177
Straßenteerviskosimeter 173

Streckgrenze 205
Streumakadam 181
Stuckgips 67
Sulfathüttenzement 80

Teer 171, 177
– -beton 177
– -bitumen 171
– -dachpappen 184
– -emulsion 177
– -öl 177
Temperguß 196
Thermischer Ausdehnungskoeffizient 34, 124
Thermoplaste 155, 172
–, amorph 155, 163
–, teilkristallin 155, 163
Thomas-Konverter 196
Tischlerplatten 151
Tone 54
Tonerdeschmelzzement 80
Tonhohlplatten 59
Torsionsfestigkeit 22
Tragschicht 178
Tränkmakadam 181
Transportbeton 125
Trinidad-Asphalt 176
Trinidad-Epuré 176
Trittschall 42
Trittschallschutzmaß 43
Trogtränkung 149

Überkorn 103
Unterkorn 103
Unterwasserbeton 126
UV-Beständigkeit 36, 166

Verbundsicherheitsglas 191
Verdichtungsmaß 106
Vergüten 202
Verschleißschicht 178
Verschleißwiderstand 27, 121, 179
Verschnittbitumen 171, 175
Verseifung 165
Verwendungsklasse der Zuschläge 98
Vickers-Härte 27
Viskoelastisches Verhalten 33
Viskosität 172, 173
Vollziegel 55

Wärmebehandlung 202
Wärmedurchgang 40
Wärmedurchgangszahl 41
Wärmedurchlaßwiderstand 41
Wärmedurchlaßzahl 41
Wärmeeindringzahl 41
Wärmeleitfähigkeit 39
Wärmeschutz 39
Wärmespeicherung 41
Wärmeübergang 40
Wasseranspruch 106, 113
Wassergehalt 8
Wasserdampfdiffusion 12
Wasserkalk 65
Wassertransport 9
Wasserundurchlässigkeit 11, 57, 122, 172
Wasserzementfaktor 71, 108
Weichglühen 203
Weichmacher 158
Weichteerpech 177, 178
Weißkalk 64
Wetterfeste Stähle 210
Windfrischverfahren 196
Witterungsbeständigkeit 36, 122, 179
Wöhlerversuch 25, 206

Zeitschwingfestigkeit 24
Zellulose 140
Zement 68 ff.
Zementestrich 88
Zementfestigkeitsklassen 70, 74, 110
Zementgel 71
Zementit 200
Zementleim 71, 108
Zementstein 71, 108
Zopf 150
Zugfestigkeit 18, 204, 205
Zuschlagstoffe 96 ff., 179

Printed by Printforce, the Netherlands